高等院校土建类创新规划教材　建筑学系列

建筑画法几何

陈　萍　康锦润　主编

清華大學出版社
北　京

内 容 简 介

本书主要针对高等工科院校中的建筑学、风景园林、城乡规划等相关专业的 32 学时课程编写。本书在对以往教学内容进行调整与删减后，力求少而精，希望学生能在有限的课时内融会贯通所学内容。

本书共 8 章，第 1 章为绪论，建议 2 课时完成，主要介绍投影的概念及形成。第 2 到 4 章分别介绍点、直线、平面的投影特性及各要素之间相交、平行、交叉等的位置关系和投影图作法，建议 14 课时完成。第 5 章主要介绍投影变换中换面法的具体运用，建议 4 课时完成。第 6 章主要介绍平面立体的投影作法，是对点、线、面投影作法的一个综合运用，建议 4 课时完成。第 7 章删减内容较多，主要去掉了一些不常见的曲线、曲面，减轻学习负担，保留了一些常见的曲线及曲面，如圆周、圆柱、圆锥、球体等，建议 4 课时完成。第 8 章主要介绍轴测投影的形成及作法，建议 4 课时完成。

本书内容作为专业基础知识将直接影响学生空间想象能力的培养和日后在专业学习方面的创造性，希望通过对本书的学习能使广大建筑及相关专业的学生和爱好者对绘制和阅读工程图样有所帮助。

图书在版编目(CIP)数据

建筑画法几何/陈萍，康锦润主编. —北京：清华大学出版社，2019(2024.8重印)
(高等院校土建类创新规划教材　建筑学系列)
ISBN 978-7-302-51574-6

Ⅰ. ①建…　Ⅱ. ①陈…　②康…　Ⅲ. ①建筑制图—高等学校—教材　Ⅳ. ①TU204

中国版本图书馆 CIP 数据核字(2018)第 257412 号

责任编辑：桑任松
装帧设计：杨玉兰
责任校对：吴春华
责任印制：杨　艳
出版发行：清华大学出版社
　　网　　址：https://www.tup.com.cn, https://www.wqxuetang.com
　　地　　址：北京清华大学学研大厦 A 座　　**邮　　编**：100084
　　社 总 机：010-83470000　　**邮　　购**：010-62786544
　　投稿与读者服务：010-62776969, c-service@tup.tsinghua.edu.cn
　　质量反馈：010-62772015, zhiliang@tup.tsinghua.edu.cn
　　课件下载：https://www.tup.com.cn, 010-62791865
印 装 者：北京建宏印刷有限公司
经　　销：全国新华书店
开　　本：185mm×260mm　　**印　　张**：12　　**字　　数**：288 千字
版　　次：2019 年 1 月第 1 版　　**印　　次**：2024 年 8 月第 5 次印刷
定　　价：38.00 元

产品编号：071055-01

前　言

目前，工科院校中的机械、土木、设计、建筑等专业中都开设有“画法几何”课程，但各专业对该课程的要求和侧重点是截然不同的，如不分专业及课时特点选用教材，会对课堂教学效果影响甚大，达不到各专业对人才培养的要求。

本书就是根据教育部高等教育司制定的“普通高等学校本科专业目录和专业介绍”中对建筑类各专业的培养目标及专业课建议学时，以及全国高等学校建筑学学科专业指导委员会编制的《高等学校建筑学本科指导性专业规范》中对课程知识体系及知识点分布的要求编制的专业基础课教材，主要针对高等工科院校中的建筑学、风景园林、城乡规划等相关专业的32学时课程编写，书中内容侧重于建筑形体中常见的点、线、面、体的表达，曲线、曲面中晦涩难懂之处略有删减，教材章节经认真遴选，力求少而精，使师生在正常授课学时中能讲清学透。

本书注重实践环节，附有课后习题。习题内容均与教材内容相吻合，实现同步或随堂练习，主要为课堂所学理论方法提供实践途径。

本书章节结构清晰，图文并茂，阐述简明易懂，不仅可以作为专业初学者的教材使用，也可作为建筑专业爱好者自学的工具书，以及建筑专业相关培训班的入门教材。

本书在编写过程中得到了兄弟单位及院系各级领导的大力支持，各章节负责整理的主要参编人员为：第1章由淮阴工学院建筑工程学院建筑系的康锦润编写；第2、3章由淮阴工学院建筑工程学院建筑系的陈萍编写；第4章由淮阴工学院建筑工程学院土木系的李建编写；第5章由淮阴工学院建筑工程学院建筑系的王天驰编写；第6章由江苏镇淮建设集团有限公司的耿立祥编写；第7章由合肥学院建筑工程系的陶峰编写；第8章由新疆翰庭房地产开发有限公司的康堆堆编写。

本书的编写主要立足于编者多年的教学经验与学习体会，但为了更准确、全面地完成本书，在编写过程中参考借鉴了部分高职院校的同类教材以及文献资料，这些资料一并作为参考文献附于教材后，在此向相关作者致以衷心感谢。除参考文献中所列的署名作品外，部分作品的名称及作者由于无法详细核实，未予注明，在此表示歉意，特此说明。

由于编者水平有限，教材中难免有不足和疏漏之处，敬请各位专家、同行和广大读者提出宝贵意见，我们定将不断修正和改进。

编　者

目　　录

第1章　绪论……1

1.1　工程图学概况……2
1.2　投影……4
1.3　工程图的种类……6
本章小结……8

第2章　点……9

2.1　一点的投影……10
2.1.1　点的单面投影……10
2.1.2　点的两面投影……10
2.1.3　点的三面投影……12
2.1.4　点的投影和空间直角坐标系……15
2.1.5　特殊位置的点……18
2.2　两点的投影……19
2.2.1　两点的相对位置……19
2.2.2　有轴投影图和无轴投影图……20
2.2.3　重影点……21
本章小结……22

第3章　直线……23

3.1　直线的分类与单面投影……24
3.1.1　直线的分类……24
3.1.2　直线的投影特性与图示……24
3.2　一般位置直线的实长与倾角作法……27
3.2.1　一般位置直线的投影特征……27
3.2.2　直角三角形法……27
3.3　特殊位置直线的投影特性……32
3.3.1　投影面平行线……32
3.3.2　投影面垂直线……35
3.4　点和直线的位置关系……37
3.4.1　直线上点的投影……37
3.4.2　直线上各线段之比……37
3.4.3　直线的迹点……40
3.5　两直线的相对位置……41
3.5.1　平行两直线……42
3.5.2　相交两直线……43
3.5.3　交叉两直线……45
3.5.4　垂直两直线……47
本章小结……49

第4章　平面……51

4.1　平面的投影特征……52
4.1.1　平面的表示方法……52
4.1.2　平面的投影……53
4.2　平面上的点和直线……54
4.2.1　平面上的点……54
4.2.2　平面上的直线……55
4.2.3　平面上的投影面平行线……57
4.2.4　迹线平面上的直线……58
4.3　平面对投影面的相对位置……59
4.3.1　一般位置平面……60
4.3.2　投影面垂直面……63
4.3.3　投影面平行面……65
4.4　线面、面面的相对位置……67
4.4.1　平行……67
4.4.2　垂直……70
4.4.3　相交……74
本章小结……82

第5章　投影变换……83

5.1　投影变换的目的和方法……84
5.1.1　投影变换的目的……84
5.1.2　投影变换的方法……84
5.2　辅助投影面法……85
5.2.1　辅助投影面法的基本条件……85
5.2.2　辅助投影面法的基本作图……86
5.3　辅助投影面法的四种基本情况……89

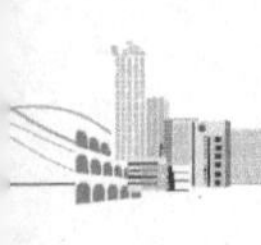

5.3.1 一般位置直线变换成投影面平行线……90
5.3.2 一般位置直线变换成投影面垂直线……91
5.3.3 一般位置平面变换成投影面垂直面……92
5.3.4 一般位置平面变换成投影面平行面……93
5.4 辅助投影面法解题时应注意的问题……94
本章小结……96

第6章 平面立体……97

6.1 平面立体的投影……98
6.1.1 棱柱和棱锥……99
6.1.2 平面立体的投影性质……100
6.1.3 平面立体表面上的点和直线……104
6.1.4 平面立体的外表面展开……108
6.2 平面与平面立体相交……109
6.2.1 平面立体的截交线……109
6.2.2 平面立体截交线的作法……110
6.3 直线与平面立体相交……115
6.3.1 平面立体的贯穿点……115
6.3.2 平面立体贯穿点的综合解题……116
6.4 两平面立体相交……117
6.4.1 两平面立体的相贯线……117
6.4.2 两平面立体相贯的综合解题……117
6.4.3 同坡屋顶的投影……118
本章小结……120

第7章 曲线及曲面立体……121

7.1 曲线与曲面……122
7.1.1 曲线……122
7.1.2 曲面……126
7.2 曲面立体……127
7.2.1 圆柱体……127
7.2.2 圆锥体……129
7.2.3 球体……131
7.3 平面和曲面立体相交……133
7.4 螺旋线和螺旋面……137
7.4.1 圆柱螺旋线……137
7.4.2 正螺旋面……138
7.4.3 螺旋楼梯……139
本章小结……141

第8章 轴测投影……143

8.1 轴测投影的基本知识……144
8.1.1 轴测图的形成及特性……144
8.1.2 轴测图的分类……145
8.2 正等轴测投影……147
8.2.1 正等轴测投影的形成及特性……147
8.2.2 正等轴测投影的作法……147
8.3 斜轴测投影……151
8.3.1 斜轴测投影的形成……151
8.3.2 正面斜二等轴测投影图……152
8.3.3 水平斜等轴测图……154
本章小结……156

配套习题……157

参考文献……184

第1章 绪　论

【本章教学要点】

知识要点	掌握程度
图学简史	了解
投影的概念与分类	掌握
正投影的特性	重点掌握
工程图的分类	熟悉

【本章技能要点】

技能要点	掌握程度
投影的作法	掌握

【本章导读】

工程图学有着悠久的历史，几乎涉及工程技术的每一个领域。我国早在两千年前就已有工程图应用于建筑工程施工上的例子，时至今日，工程图也在经历了长期的发展与沉淀后，成为工程界的重要技术文件，是技术交流的重要工具，因此，被称为“工程界的语言”。而画法几何正是这种语言的语法，它能将三维的工程形体，明显而准确地表现在图纸上，变成二维的几何信息。对画法几何的学习，还能促进人们的空间概念和空间想象能力的发展。

1.1 工程图学概况

我国有着绵延几千年的悠久历史，在各方面都积淀了灿烂的文化。其中，工程图学就是一门历史悠久、应用广泛的学科，在长期的发展演变过程中，它几乎涉及工程技术的每一个领域。

早在两千年之前，我国已有工程图应用于建筑工程施工上的例子。1977 年冬，在河北省平山县的战国中山王墓出土了大批青铜器，其中有一块中山王墓兆域图(见图 1-1)，它是一块长 94 厘米、宽 48 厘米、厚约 1 厘米的铜板。板上用镶嵌的金银线表示出了帝王、两位王后、两位夫人的坟墓和相应享堂的位置和尺寸。

图 1-1 中山王墓兆域图

经修整后，可以看出这是一幅酷似现代用正投影法绘制的建筑规划平面图。该图上南下北，图中用细线围成的扁凸字形表示堆土而成的高台的坡脚线。五座正方形享堂(三大两小)对称地排列于高台上。从镶嵌的 439 个文字可知，建筑物的名称、大小，并知该图是按 1∶500 比例绘制成后，经帝王核准，复制在铜板上的。该铜板为中国最早的缩尺制图，是至今中国发现最早的建筑平面设计图实物，也是世界上发现最早的铜质建筑平面设计图。

在汉代也出现了类似于透视图、轴测图等的图形及绘图工具。例如，矩和规，矩是用来画方形的，规是用来画圆形的，类似于今天的角尺和圆规。

南北朝时期的宗炳《画山水序》有“今张绢素以远映，则昆阆之形，可围于方寸之内，竖画三寸，当千仞之高，横墨数尺，体百里之迥”，论述了远近法中形体透视的基本原理和验证方法，比意大利画家勃吕奈莱斯克(Pmilippe Brunllesco，1377—1446 年)创立的远近法的年代约早一千年。

宋代李诫(字明仲)的《营造法式》是一部当时世界上较为完整的建筑著作。1103年，中国宋代的李诫编著的《营造法式》，是北宋官方颁布的一部建筑设计、施工的规范书，是中国古籍中最完整的一部建筑技术专书，是中国古代建筑行业的权威性巨著，只是在当时还未形成有关画法几何的理论。

法国，G.蒙日于1795年发表《画法几何》，使画法几何成为一门独立的学科。1763年，里昂学院年轻的物理学教授蒙日，遇见一位搞工程的官员，对方建议蒙日到军事学校去。精通几何的蒙日在军事学校思考如何简化军事工程的过程中发明了画法几何。按照他的方法，空间的立体或其他图形可以由两个投影描画在同一个平面上。这样，有关工事的复杂计算就被作图方法所取代。当蒙日把他的发明呈交给一位高级官员时，那人不相信一个繁难的工事问题能够得到解答。蒙日立刻把这个新方法教给未来的军事工程师们。但是他被要求宣誓不泄露他的方法，画法几何因此作为一个军事秘密被小心翼翼地保守了15年之久，到1794年蒙日才得到允许在巴黎师范学院将之公布于世。

时至今日，当我们在生产建设和科学研究过程中，对于那些已有的和想象中的工程形体，很难用语言和文字表达清楚时，就需要在平面上用图形形象地表达出来，这种在平面上表达空间工程物体的图，就称为工程图。工程图自古就是工程界的重要技术文件，是技术交流的重要工具。因此，工程图样被称为“工程界的语言”。

在工程建设中，工程图样作为表达构思、设计和传递信息的主要媒介，有着广泛的应用；在科学研究中，图形能直观地表达实验数据、反映科学规律，对于人们把握事物的内在联系，掌握问题的变化趋势，具有重要的意义；在日常生活中，图形的形象、直观和简洁，成为我们认识规律、探索未知的重要工具。因此工程图学对于当今大学生来说，既是一种工具，也是一种素质，是培养创新思维的基础知识。

为了更完善地开展对工程技术人才的培养，我国从20世纪开始，在高等工科学校开设了“画法几何”课程。新中国成立后，制定了教学大纲，颁布了制图标准，陆续出版了大量画法几何和制图方面的教材和专著，促进了教学、生产建设和科学研究的发展。

直观来看，工程图是二维的，而建筑物是三维的，从空间尺度来说，它们似乎不等价，这其中就产生了矛盾，而画法几何的出现就解决了这一矛盾。如果说工程图是工程界的技术语言，那么画法几何就是这种语言的文法。它是人们在长期生产实践活动中，对所积累的经验的科学总结。

画法几何是一门古老的学科，一直在工程教育方面起着特殊的作用。通过系统地学习画法几何，可以使读者具有一种能力，即能够把三维的几何信息，明显而准确地表现在图纸上，成为二维的几何信息。

在画法几何中，研究的理论和方法主要包括：

(1) 在平面上表达空间形体的图示法；

(2) 在平面上解答空间几何问题的图解法。

画法几何中的理论和方法不仅是学习其他许多课程的理论基础，还是人们认识物质空间形式的一种工具。它通过利用物体在平面上的图形来研究物体的形状、大小和位置等几何性质。所以，通过对画法几何的学习，能促进人们的空间概念和空间想象能力的发展。

1.2 投 影

在工程制图中，画法几何是最基本的理论基础，主要是应用投影的方法来研究各种工程图的绘制原理。投影作法是画法几何中最基本的作图方法，是实现图样表达的根本步骤。

投影是一组已知直线通过物体后在选定的面上得到的图形，这组已知直线被称为投射线，这个选定的面被称为投影面，而投射线、物体、投影面被称为形成投影的三要素。如图 1-2 所示，如果已知投射线、物体和投影面的相对位置，那么物体在这个投影面上将有一个唯一且确定的投影。

投影可按不同方法进行分类，按照投射线间的位置关系，投影分为中心投影和平行投影两大类(见图 1-3)。其中，投射线由一点出发所产生的投影称为中心投影(见图 1-4)，投射线的出发点被称为投射中心；投射线相互平行所产生的投影称为平行投影。

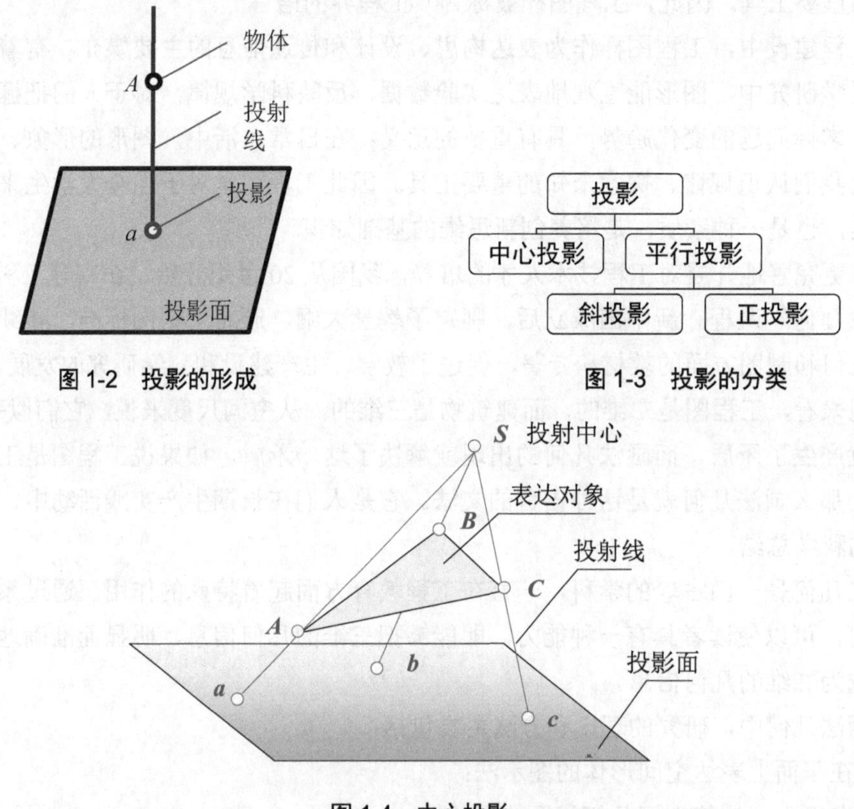

图 1-2　投影的形成

图 1-3　投影的分类

图 1-4　中心投影

中心投影因投射线由一点出发，所以其投影的大小随着物体、投影面及投射中心三者位置的变化而变化，量度性较差。平行投影由于投射线相互平行，投影规律性较强，量度性较好。

平行投影按投射线与投影面的位置关系，可分为斜投影(见图 1-5)和正投影(见图 1-6)。投射线垂直于投影面的称为正投影，投射线倾斜于投影面的称为斜投影。

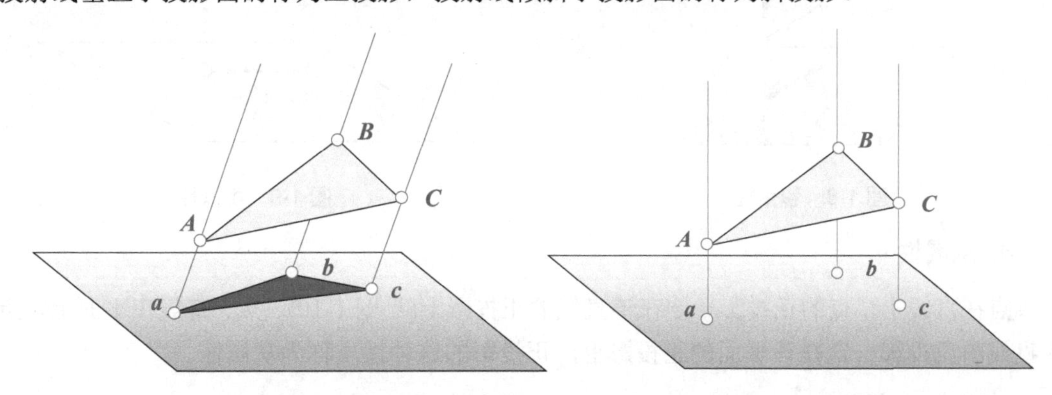

图 1-5 斜投影

图 1-6 正投影

正投影图作为主要的工程图，有以下六大主要特点。

1. 实形性

根据正投影的方法可以看到，当直线段平行于投影面时，直线段与它的投影及过两端点的投影线组成一个矩形，因此，直线的投影反映直线的实长。当平面图形平行于投影面时，不难得出，平面图形与它的投影为全等图形，即反映平面图形的实形(见图 1-7)。

图 1-7 实形性

由此可得出：直线或平面图形平行于投影面，在该投影面上的正投影反映线段的实长或平面图形的实形，这种投影特性称为实形性。

2. 积聚性

当直线垂直于投影面时，过直线上所有点的投射线都与直线本身重合，因此与投影面只有一个交点，即直线的正投影积聚成一点。当平面图形垂直于投影面时，过平面上所有点的投射线均与平面本身重合，且与投影面交于一条直线，此时平面的正投影积聚为一条直线(见图 1-8)。由此可得出：当直线或平面图形垂直于投影面时，它们在该投影面上的正投影积聚成一点或一直线，这种投影特性称为积聚性。

3. 类似性

当直线倾斜于投影面时，直线的正投影仍为直线，但不反映实长(见图 1-9)；当平面图形倾斜于投影面时，在该投影面上的正投影为原图形的类似形。注意：类似形并不是相似形，它和原图形只是边数相同、形状类似。正投影图的这种投影特性称为类似性。

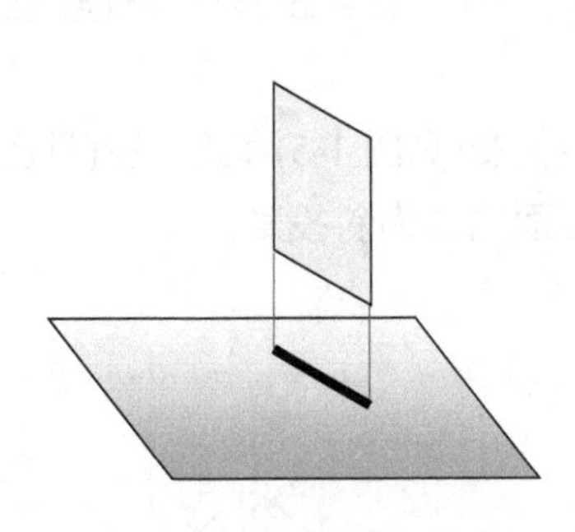

图 1-8　积聚性

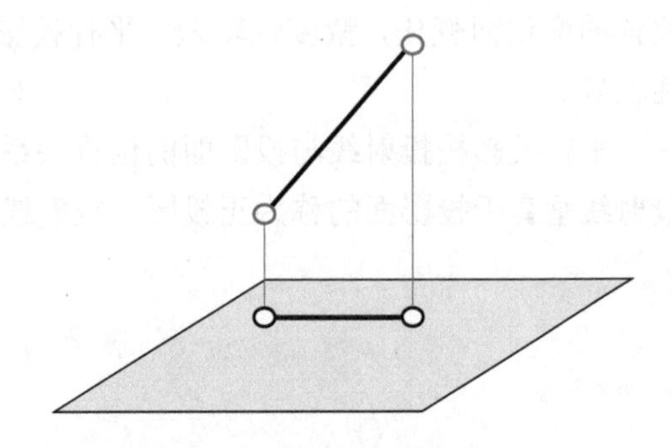

图 1-9　类似性

4. 从属性

点在直线上，点的正投影一定在该直线的正投影上(见图 1-10)。点、直线在平面上，点和直线的正投影一定在该平面的正投影上，正投影的这种性质称为从属性。

5. 定比性

线段上的点将该线段分成的比例，等于点的正投影分线段的正投影所成的比例，正投影的这种性质称为定比性。

在图 1-10 中，点 C 将线段 AB 分成的比例，等于点 C 的投影 c 将线段 AB 的投影 ab 分成的比例，即 $AC:CB=ac:cb$。

6. 平行性

两直线平行，它们的正投影也平行，且空间线段的长度之比等于它们正投影的长度之比，正投影的这种性质称为平行性(见图 1-11)。

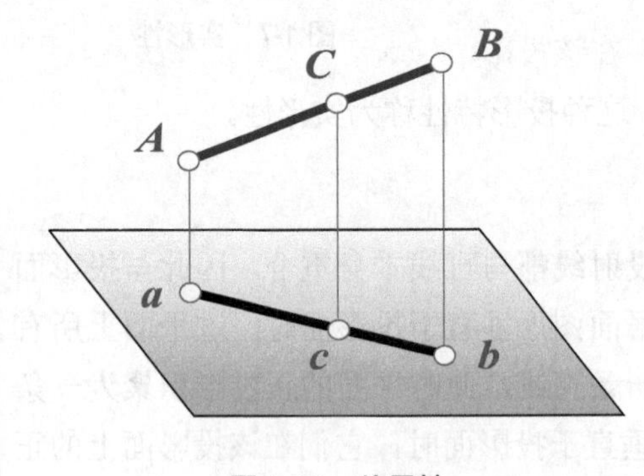

图 1-10　从属性

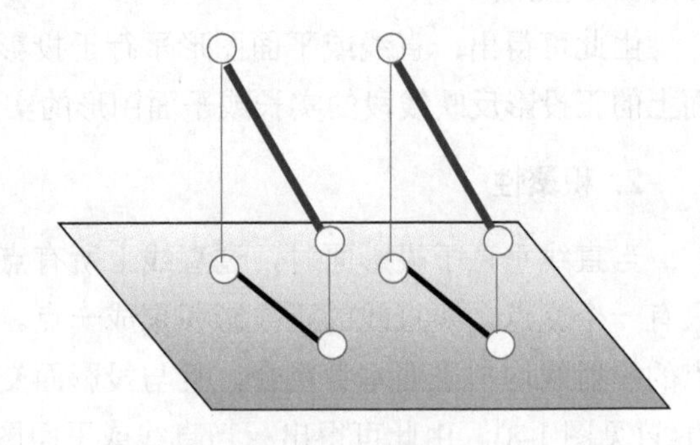

图 1-11　平行性

1.3　工程图的种类

工程图作为工程界的重要技术文件，是技术交流的重要工具。工程建设中，将常见的工程图大致分为以下四种。

1. 正投影图

正投影图(见图 1-12)是最主要的工程图。大部分工程图都是用正投影法，从物体的正面、顶面和侧面分别向 3 个互相垂直的投影面投影，然后按照一定规则展开得到的正投影图。这种图的特点是度量性好，可反映真实形状、作图简便，适用于表达设计施工思想，它是工程设计的主要表达方式。其缺点是直观性不强，需要掌握一定的投影知识才能看懂。

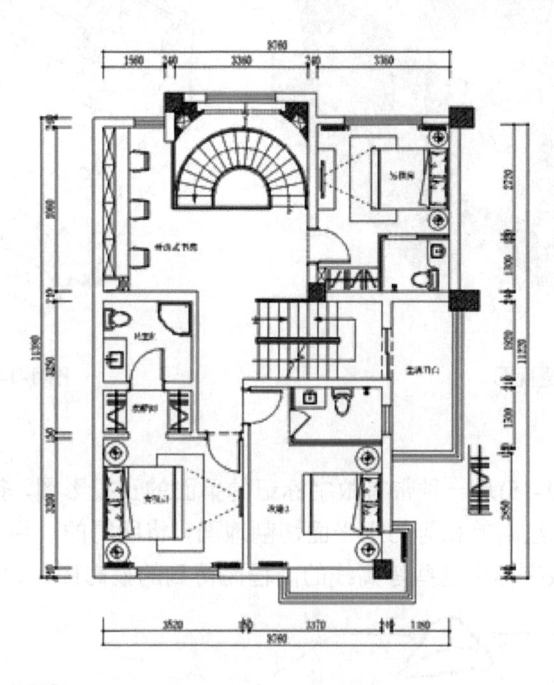

图 1-12　正投影图

知识链接： 物体的底面均平行于水平投影面 H，则物体底面在 H 面上的正投影反映实形。而与 H 面垂直的棱线和棱面，在 H 面上的正投影都有积聚性，反映不出它们的高度关系。可见，仅凭一个正投影，尚不能确切、完整地表达出一个物体的形状。因此，在用正投影表达物体的形状和解决空间几何问题时，通常需要两个或两个以上的投影。

2. 透视图

透视图(见图 1-13)是将人眼作为投射中心时，物体在一个指定的投影面上形成的中心投影图。它具有强烈的真实感和三维空间透视感，非常直观地表现了建筑的造型、空间布置、色彩和整体环境，因其是中心投影图，所以量度性差，不能反映物体的真实形状及大小，而且作图过程较复杂，一般仅用作对建筑表现效果的展示。

3. 轴测图

轴测图(见图 1-14)是运用平行投影的方法形成的一种单面投影图，因它能在一个投影面上同时反映出物体三个坐标面的形状，并接近于人们的视觉习惯，所以也具有一定的立体感。但轴测

图一般不能反映出物体各表面的实形，因而度量性差，同时作图较复杂。因此，在工程上也常把轴测图作为辅助的工程图，在设计中帮助构思、想象物体的形状，以弥补正投影图的不足。

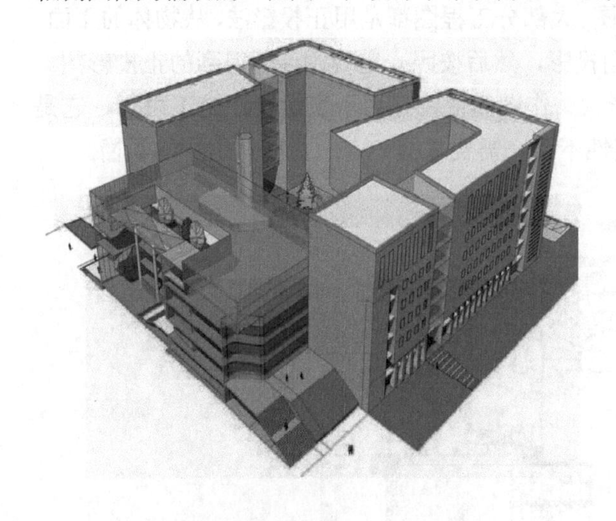

图 1-13　透视图

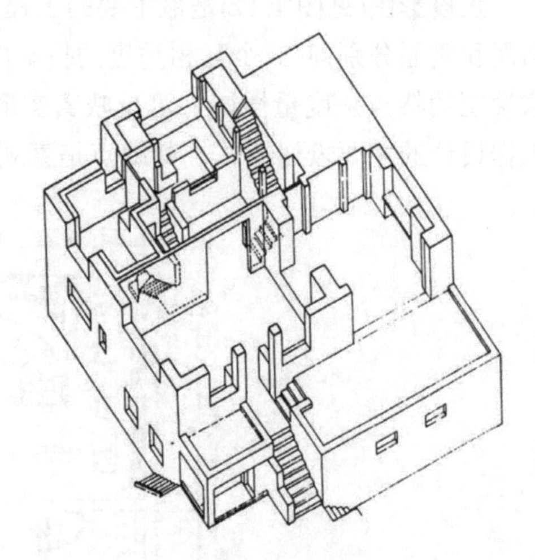

图 1-14　轴测图

4. 标高投影图

标高投影图(见图 1-15)是一种带有数字标记的单面的正投影图，多用来表达地形及复杂的曲面。它是假想用一组高差相等的水平面切割地面，将所得的一系列交线(称等高线)投射在水平投影上，并用数字标出这些等高线的高程而得到的投影图，也称地形图。

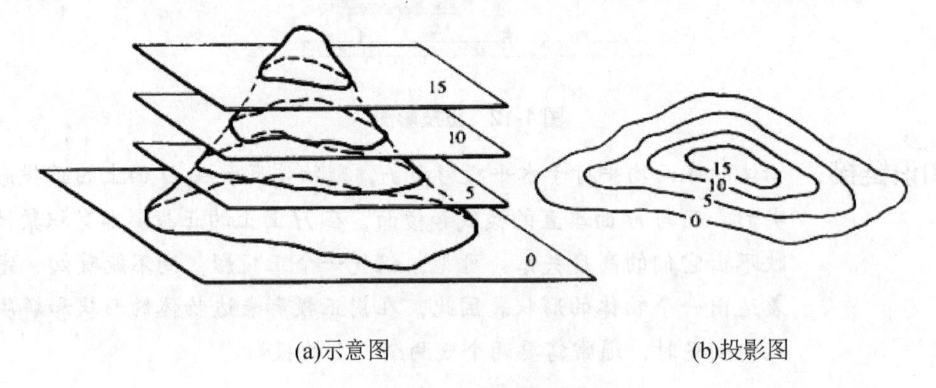

(a)示意图　(b)投影图

图 1-15　标高投影图

本章小结

画法几何作为工程图学的理论基础，主要应用投影的方法来研究各种工程图的绘制原理。投影作法是画法几何中最基本的作图方法，而投影是一组已知直线通过物体后在选定的面上得到的图形。根据投射线之间是否平行，可将投影分为中心投影和平行投影。平行投影又可按照投射线与投影面是否垂直分为正投影和斜投影。其中，正投影图是主要的工程图，它有实形性、积聚性、类似性、从属性、定比性和平行性六大主要特征，量度性强，应用最为广泛。

第 2 章

点

【本章教学要点】

知识要点	掌握程度
点的投影特性	重点掌握
点的坐标	熟悉
特殊位置点的投影特性	掌握
同名投影	熟悉
两点的相对位置	重点掌握
重影点	掌握

【本章技能要点】

技能要点	掌握程度
点的三面投影作法	重点掌握
两点的相对位置作法	掌握
重影点的表示及分辨可见性	重点掌握

【本章导读】

点是画法几何中最基本的几何元素，点的投影作法也是画法几何中需要掌握的基本作图技法。从点的投影作法学起，有利于对投影作法本身的理解和对空间相对位置关系的认知，同时，当发现点在单一投影面上投影的局限性后，更会引发我们对两投影面体系和三投影面体系的思考和进一步探索。

2.1 一点的投影

2.1.1 点的单面投影

当空间只有一个投影面时，则点和投影面在空间的位置确定后，通过该点的与投影面垂直的投射线与投影面仅有唯一一个确定的交点，这个交点也就是空间点在该投影面上的正投影。也就是说，点在一个单一的投影面上有且只有一个唯一的正投影。由于本书着重讲解正投影的作法，所以从点的投影开始，凡提到的投影，如无特别指出，均指正投影。

如图 2-1 所示，当空间点 *A* 与投影面的相对位置确定之后，过点 *A* 仅能作出一条与投影面垂直的投射线 *Aa*，该投射线与投影面的交点只能是唯一的 *a* 点，即唯一的一个正投影 *a*。

相反地，如图 2-2 所示，如果点 *B* 在某一投影面上的投影 *b* 确定，但通过投影 *b* 的与投影面垂直的投射线上有无数空间点均与投影面相交于投影 *b* 的位置，所以，仅通过一点在投影面上的投影无法确定点在空间的位置，点在单面投影上的这个特点被称为不可逆性。

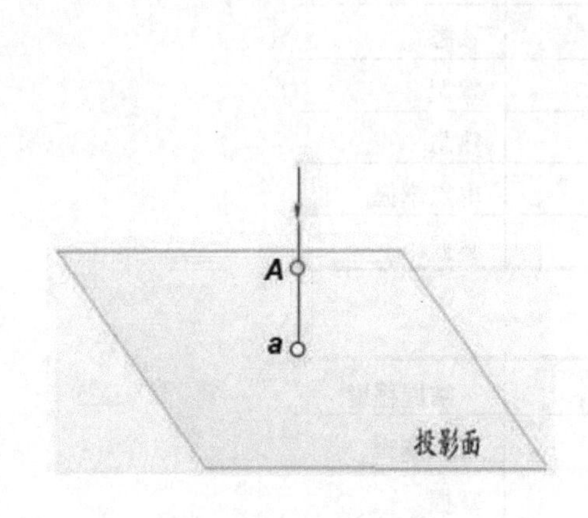

图 2-1 点的单面投影

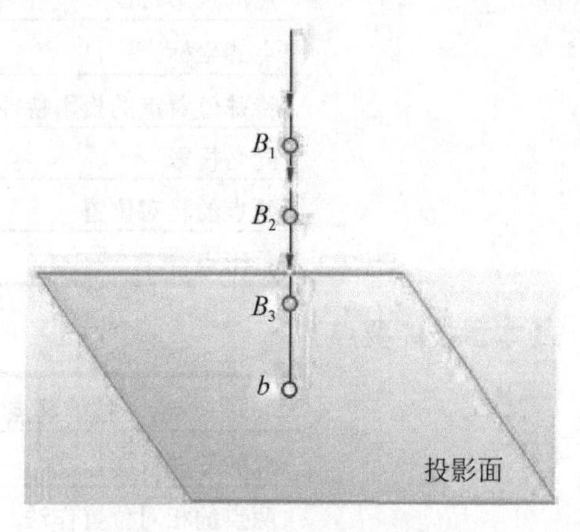

图 2-2 单面投影的不可逆性

2.1.2 点的两面投影

一般来说，点在单一的投影面上的投影不能确定点在空间的具体位置，如果要确定一点在空间的具体位置，至少需要点在两个不同的投影面上的投影才能确定，这样就需要建立两投影面体系。

两投影面体系由两个互相垂直的投影面和一条投影轴组成。其中水平的投影面称为 *H* 面，正立的投影面称为 *V* 面，*H* 面与 *V* 面的交线为投影轴 *X*，也称 *X* 轴。

提示： 在点的两面投影作图中，通常将空间点和它的投影用小圆圈“○”来标记。表达时，空间点如用大写字母表示，则 *H* 面投影就用相应的小写字母表示，*V* 面投影用相应的小写字母加′表示；空间点如用罗马数字表示，则 *H* 面投影就用相应的阿拉伯数字表示，*V* 面投影用相应的阿拉伯数字加′表示。

如图 2-3 所示，将点 A 置于两面投影体系中，用两条分别垂直于两投影面的投射线对 A 点作投影，会得到 A 点在 H 面和 V 面上的两个投影 a 和 a' (读作 a 撇。)

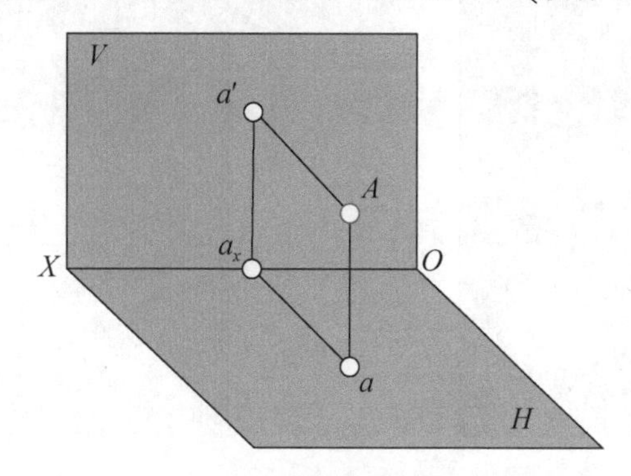

图 2-3　点的两面投影

通过观察可见，由 A 点在两个互相垂直的投影面上的两个投影(a、a')向投影轴所引的两条垂线(aa_x、$a'a_x$)交于投影轴上一点 a_x，即一点在两互相垂直的投影面上的两个投影，每个到投影轴的距离等于空间点到另一个投影面的距离。A 点在两互相垂直的投影面上两个投影 a 和 a'，每个到投影轴 X 的距离等于空间点 A 到另一个投影面的距离。即 aa_x 等于 A 点到 V 面的距离，$a'a_x$ 等于 A 点到 H 面的距离，也就是说，通过观察点在两个投影面上的投影可以确定点在空间的位置。

在具体作图时，为了将空间中的两面投影体系表达在平面上，常将 V 面保持不动，将 H 面连同它上面的投影绕 X 轴向下翻转 90°，使 H 面与 V 面重合，这种 H 面经过翻转后的投影图称为两面投影图，如图 2-4 所示。

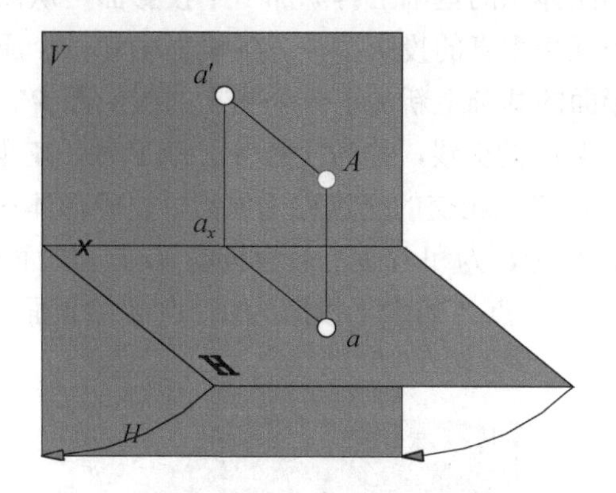

图 2-4　两投影面体系的翻转

翻转后的两面投影图如图 2-5 所示，由于 A 点的两个投影 a、a' 向投影轴所引的两条垂线 aa_x、$a'a_x$ 交于投影轴上同一点 a_x，翻转后的 aa_x、$a'a_x$ 位于同一条直线上，所以，将 a 和 a' 之间的连线称为连系线，用细实线表示，且连系线 aa' 必定垂直于投影轴 X。

因为投影面的边框线与确定点的位置无关，所以当投影面的边框不定时，投影图可不画出投影面的边框，如图 2-6 所示仅表示出投影轴和点的两面投影即可。

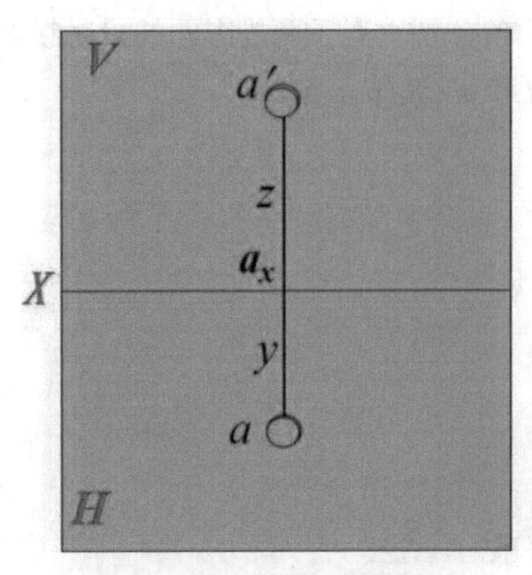

图 2-5　点的两面投影图

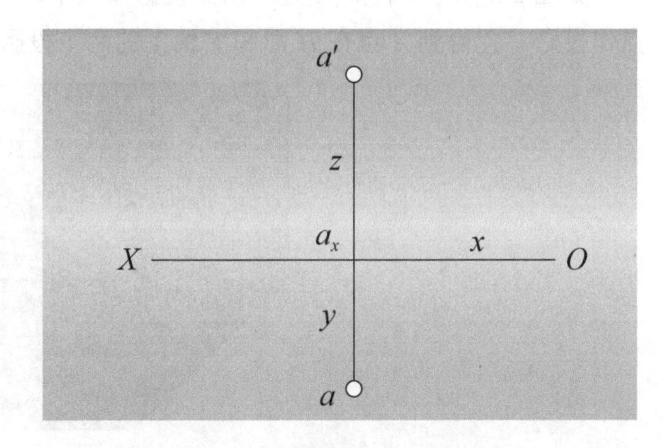

图 2-6　点的两面投影图(无边框)

综上所述，点的两面投影有如下特性。

(1) 一点的两个投影间的连系线垂直于投影轴。

(2) 一点的一个投影到投影轴的距离，等于该点到相邻投影面的距离。

结论：根据一点在投影图中的两个投影，能确定该点在空间的位置，以及该点到两投影面的距离。

2.1.3　点的三面投影

虽然通过两面投影能够确定空间物体的具体位置，但有时为了更加明确地表达物体的位置关系，需要在两投影面体系的基础上再添加一个投影面，从而建立三投影面体系。

三投影面体系由三个互相垂直的投影面、三条投影轴和一个原点组成。如图 2-7 所示，在原来相互垂直的两投影面的基础上新加了一个侧立的投影面 *W*，使得 *H* 面、*V* 面、*W* 面两两垂直。其中，*W* 面和 *V* 面的交线，称为投影轴 *Z* 或 *Z* 轴，*W* 面和 *H* 面的交线，称为投影轴 *Y* 或 *Y* 轴，*X* 轴、*Y* 轴、*Z* 轴相交的交点称为原点。空间形体在侧立投影面 *W* 上形成的投影称为侧立投影或 *W* 面投影，为和 *H* 面、*V* 面投影区分，*W* 面投影表示时在投影相应字母或数字的右上角加″。例如，点 *A* 的水平投影为 *a*，点 *A* 的正面投影为 *a*′，点 *A* 的侧面投影则为 *a*″(读作 *a* 两撇)。

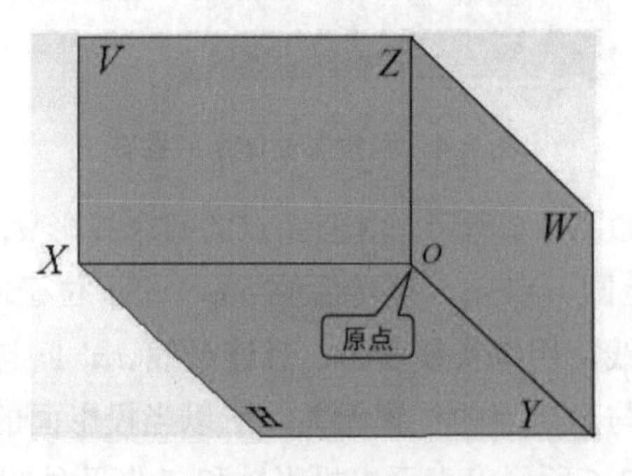

图 2-7　三面投影体系

同样，为了方便在一个平面上作图，要将三面投影体系中的 H 面和 W 面进行翻转。翻转时，V 面保持不动，将 H 面连同 H 面上的投影一起绕 X 轴向下翻转 90°，将 W 面连同 W 面上的投影绕 Z 轴向右翻转 90°，使 H 面、W 面与 V 面重合在一个平面上。如图 2-8 所示，这样所得的投影图称为三面投影图。

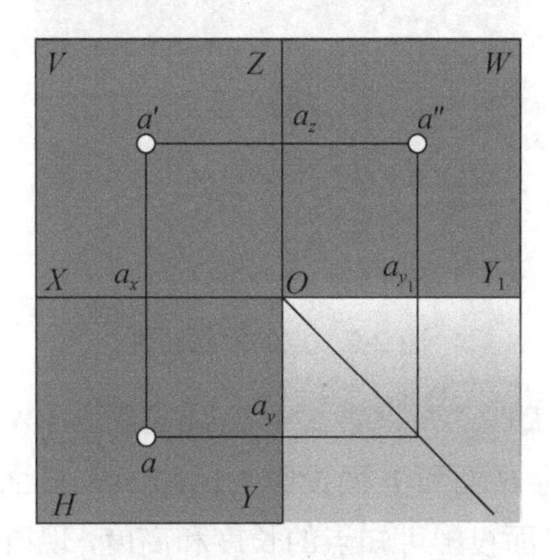

图 2-8 点的三面投影图

提示： 在翻转三面投影图的过程中，Y 轴会随着 H 面和 W 面的翻转而裂成两条，为了在三面投影图中区别，H 面上的仍为 Y 轴，W 面上的标为 Y_1 轴。在以后的作图过程中，在 Y 轴上的 H 面投影还绘制在 Y 轴上，在 Y 轴上的 W 面投影绘制在 Y_1 轴上。

通过观察图 2-8，可以看到，点在两两垂直的投影面中依然保持着两面投影的特性。例如，$aa' \perp X$ 轴，$a'a'' \perp Z$ 轴，$aa'' \perp Y$ 轴；a 到 X 轴的距离等于 A 点到 V 面的距离，a' 到 Z 轴的距离等于 A 点到 W 面的距离，a'' 到 Y_1 轴的距离等于 A 点到 H 面的距离。

提示： 在翻转后的三面投影图中，aa'' 的连系线也裂成了两段 aa_y 和 aa_{y_1}，它们分别垂直于相应的投影轴 Y 和 Y_1 轴，将两段连系线分别向水平和竖直方向延长，它们必定相交于从原点 O 出发的 45° 斜线上。

由此可总结出点的三面投影特性：

(1) 点的每两个投影之间的连系线，必定垂直于相应的投影轴；

(2) 点的各投影到投影轴的距离，等于该点到通过该轴的相应投影面的距离。

如图 2-9 所示，在三面投影图中，通常将平行 X 轴的方向称为长度，将平行 Y 轴的方向称为宽度，将平行 Z 轴的方向称为高度，所以点的 H 面投影可以反映点离开投影面的长度和宽度，点的 V 面投影可以反映点的长度和高度，点的 W 面投影可以反映点的宽度和高度。所以在点的作图过程中要保证各投影长对正、高平齐、宽相等。

反过来，因为点的两个投影可以确定点在空间的位置，所以如果点的两面投影为已知，就可以通过点的任意两面投影找到第三面投影的位置。

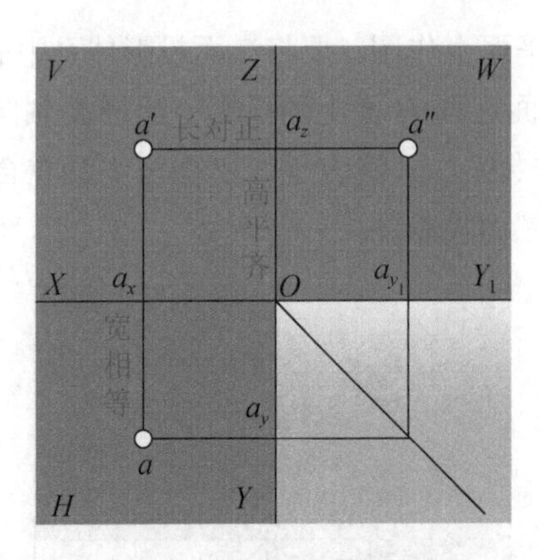

图 2-9　点的投影特性

【例题 2-1】已知点的两面投影，求第三个投影(见图 2-10)。

【解题分析】题中点 A 的 H 面和 V 面投影为已知，从 H 面投影可知点的长度与宽度，从点的 V 面投影可知点的长度和高度，现所求为点的 W 面投影，所以只需要将 W 面投影所需的高度和宽度从 H 面和 V 面引入即可。

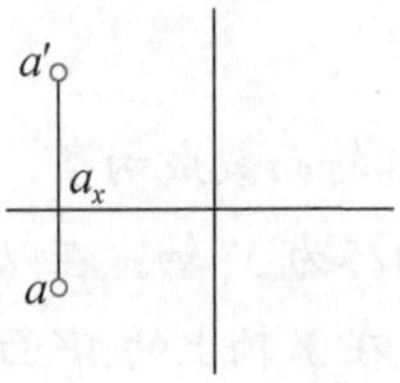

图 2-10　已知条件

将高度引入 W 面可用过 a' 作垂直于 Z 轴的连系线的方法，将宽度引入 W 面需经过 Y 轴到 Y_1 轴的转折，这里有两种方法。

(1) 利用过原点的 45° 斜线。我们知道 aa'' 在 H 面和 V 面上的两段连系线向水平和竖直方向延长后必定相交于从原点 O 出发的 45° 斜线上，所以，可以先作出过原点的 45° 线，然后将 aa'' 在 H 面上的连系线水平延长与 45° 线相交，过交点再向上作竖直的连系线就可在 W 面上截取出点的宽度。

(2) 利用宽相等。我们知道点的三面投影遵循长对正、高平齐、宽相等的原则，那么 W 面上的点的宽度可由 H 面上的投影得出，只要利用圆规或分规等工具将 H 面上平行于 Y 轴的距离引入 W 面上平行于 Y_1 轴的距离即可。

当点在 W 面上的高度和宽度已知后，就可找出点在 W 面上投影的位置。

作图过程：

解法一(见图 2-11(a))：

(1) 过原点作 45° 斜线；

(2) 过 a 作水平连系线与 45° 斜线相交，过交点再向上作竖直连系线；

(3) 过 a' 作水平连系线与上一步中竖直连系线的交点即为 a'' 的位置。

解法二(见图 2-11(b))：

(1) 在 H 面上用圆规或分规直接量取，平行于 Y 轴方向上 a 与 X 轴的距离，即点 A 的宽度；

(2) 过 a 作水平连系线与 Z 轴相交并继续延长；

(3) 在平行于 Y_1 轴的连系线上自 Z 轴起截取点 A 的宽度，即为 a'' 的位置。

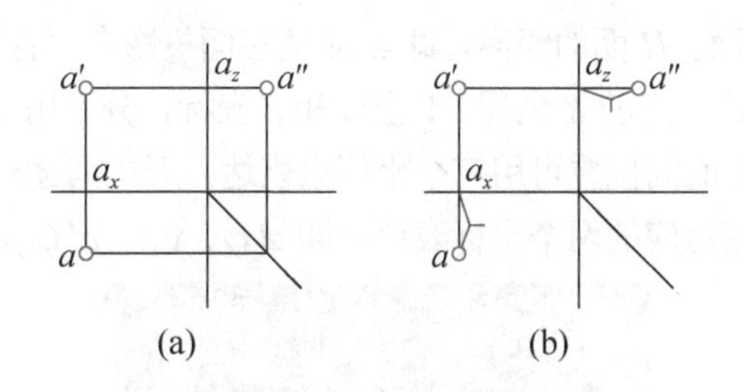

图2-11　作图过程

【例题2-2】已知点 A 的正面与侧面投影，求点 A 的水平投影(见图2-12)。

【解题分析】题中点 A 的 V 面和 W 面投影为已知，从 V 面投影可知点的长度与高度，从点的 W 面投影可知点的宽度与高度，现所求为点的 H 面投影，所以只需要将 W 面投影的宽度和 V 面投影的长度引入 H 面即可。

将长度引入 H 面可用过 a' 作垂直于 X 轴的连系线的方法，将宽度引入 H 面需经过 Y_1 轴到 Y 轴的转折，这需要利用过原点的45°斜线。我们知道，aa'' 在 H 面和 V 面上的两段连系线向水平和竖直方向延长后必定相交于从原点 O 出发的45°斜线上，所以，可以先作出过原点的45°线，然后将 aa'' 在 W 面上的连系线竖直延长与45°线相交找到交点，再向左作水平的连系线将宽度引入 H 面。

当点在 H 面上的长度和宽度引入后，就可找出点在 H 面上投影 a 的位置。

作图过程(见图2-13)：

(1) 过原点作45°斜线；

(2) 过 a'' 作竖直连系线与45°斜线相交，过交点再向左作水平连系线；

(3) 过 a' 作竖直连系线与上一步中水平连系线的交点即为 a 的位置。

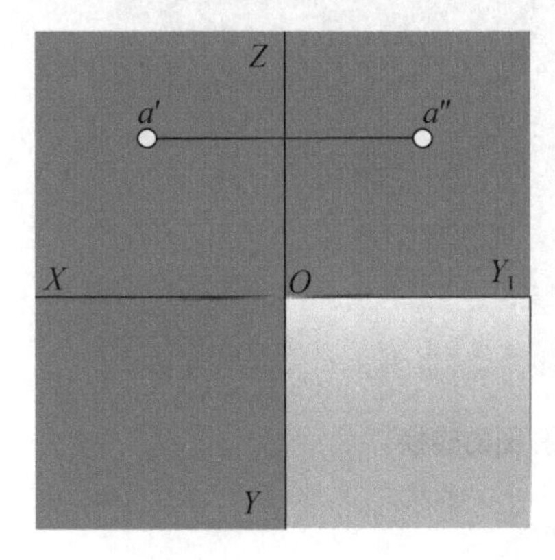

图2-12　已知条件

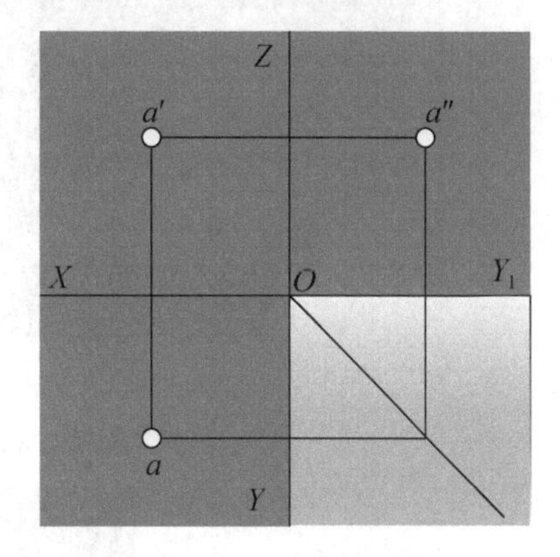

图2-13　作图过程

小思考：大家想想，这道题还有其他解法吗？

2.1.4　点的投影和空间直角坐标系

在三面投影体系中，如果将投影轴 X、Y、Z 视为解析几何里的坐标轴，则投影面即为坐标面，

于是空间点离开 W 面、V 面、H 面的距离，即点 A 的三面投影在平行于 X、Y、Z 轴的方向上，离开原点 O 的距离，分别称为点的 X 坐标、Y 坐标和 Z 坐标，分别用 x_A、y_A、z_A 表示，如图 2-14 所示。这样一来，点 A 在空间的位置可用三个坐标来表达，形式为 $A(x_A$、y_A、$z_A)$，点 A 在每个投影面上的投影，也可以用相对应的两个坐标表达，即 $a(x_A$、$y_A)$、$a'(x_A$、$z_A)$、$a''(y_A$、$z_A)$。

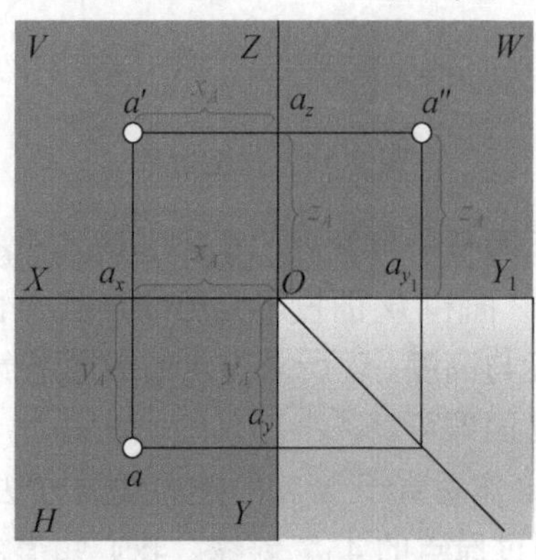

图 2-14　点的坐标

如图 2-15 所示，在建立了点的空间坐标位置与投影图之间的对应关系后，我们可见，点的任意两个投影就可以反映点的三个坐标值，所以如果已知点的三个坐标就可画出点的空间状况和投影图；反之，如果有了一点的任意两个投影，也可求出点的三个坐标值及空间位置。

小思考：大家想想，如图 2-16 所示，仅给出点的空间状况，能不能确定点的三个坐标？

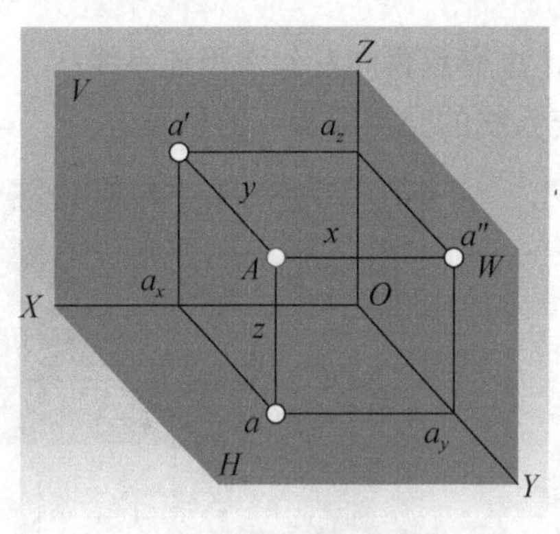

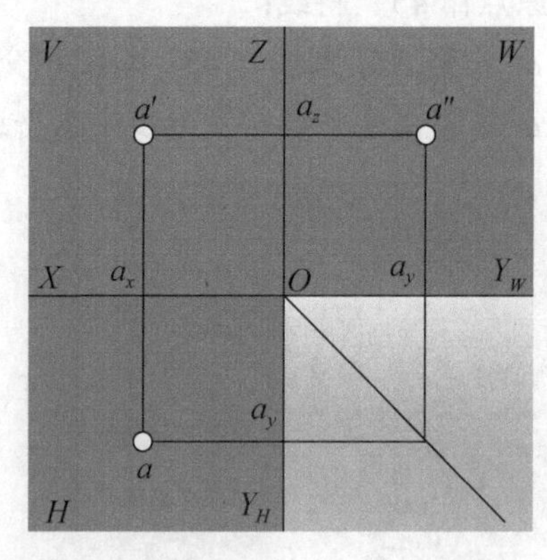

图 2-15　点的空间图与投影图的转换

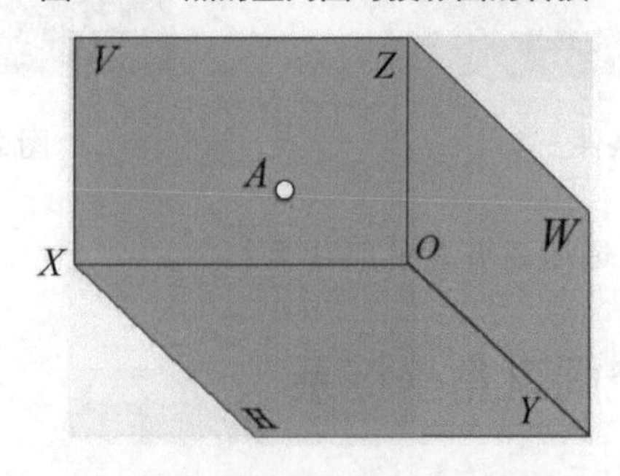

图 2-16　点在空间的位置

【例题 2-3】已知点 $A(10,25,30)$，作点 A 的三面投影图和立体图。

【解题分析】由已知条件可确定点在空间与投影面的位置关系，同时可得出点 A 的三个坐标分别为 $x_A=10$，$y_A=25$，$z_A=30$，点在三个投影面中的投影坐标也可由已知坐标对应找出，即 $a(10,25)$、$a'(10,30)$、$a''(25,30)$。所以点 A 的三面投影图可在对应的投影轴上量取相应距离，通过相交截取即得投影位置。

作立体图时，要先画出三面投影体系，一般三面投影体系的立体图中，X 轴位于水平方向，Z 轴位于竖直方向，它们相交的交点为原点 O，Y 轴通过 O 点向右下方作 45° 斜线即可；在立体图中找点 A 及它的投影时，各平行于轴向的坐标值均可直接按实际尺寸量取，所以只需按各个坐标值在相应的投影轴上截取出距离，然后在立体图上作相应的联系线截取即可。

作图过程：

——作投影图(见图 2-17(a))：

(1) 在投影轴 X 上，从原点开始量取 10，得到 a_x 点，过该点作垂直于 X 轴的连系线，在该连系线上，以 a_x 点为基准，向下截取 25 为 a 的位置，向上截取 30 为 a' 的位置；

(2) 先过原点 O 作 45° 斜线，再过 a 作水平的连系线与该 45° 斜线相交，过交点再向上作竖直的连系线；

(3) 过 a' 作水平的连系线与上一步中竖直的连系线相交，交点的位置即为 a''。

——作立体图(见图 2-17(b))

(1) 先画出三面投影体系的立体图；

(2) 在 X 轴、Y 轴、Z 轴上，以原点 O 为基准，分别量取 $a_x=10$、$a_y=25$、$a_z=30$；

(3) 在三个投影面中分别过 a_x、a_y、a_z 作平行各轴的连系线，每个投影面中的两条连系线将会交于一点，H 面上的交点即为 a，V 面上的交点即为 a'，W 面上的交点即为 a''；

(4) 从点的三面投影 a、a'、a'' 出发分别作各投影面的垂直线，则三条垂直线将会交于一点，即为点 A 的空间位置。

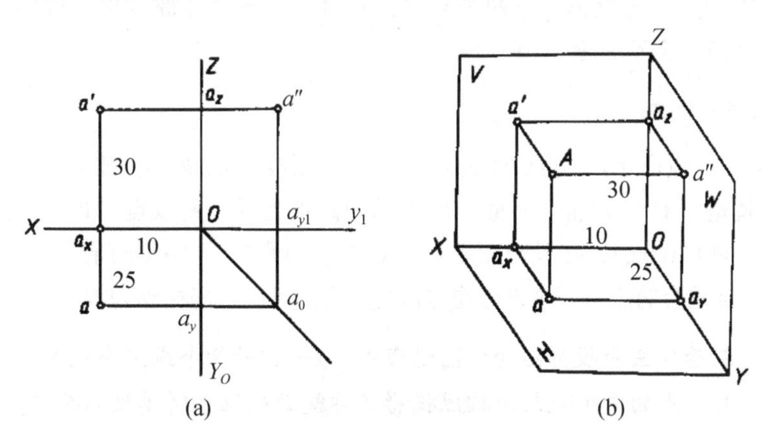

图 2-17　作图过程

小思考：大家想想，这道题还有其他的作图方法吗？

2.1.5 特殊位置的点

在三面投影体系中，当空间点不在任何投影面上时，它的三个投影及坐标值没有特殊规律可循。如果空间点恰好位于投影面、投影轴或是与原点重合时，点的三个坐标中就会出现一个、两个甚至全为“0”的情况，所以将这些位于投影面、投影轴或是与原点重合时的点称为特殊位置的点。

下面详细介绍这几种特殊位置点的投影规律和坐标特点。

1. 投影面上的点

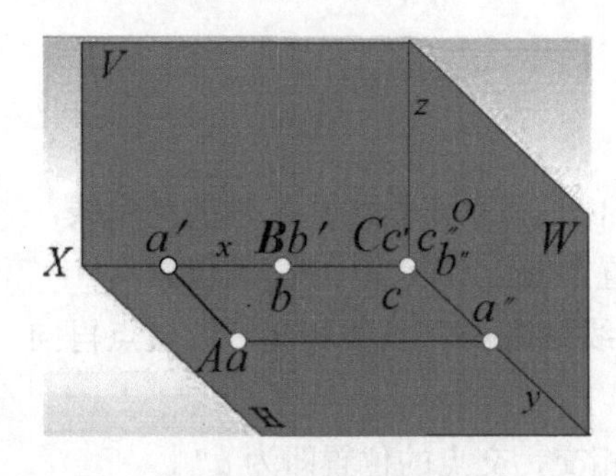

图 2-18 特殊位置的点

如图 2-18 中 A 点所示，A 点位于 H 面上，其 H 面投影 a 即为它本身，因点 A 和 H 面的距离为零，所以点 A 的 Z 坐标为零，即 $A(x_A,y_A,0)$；点 A 的 V 面投影 a' 在 X 轴上，W 面投影 a'' 在 Y 轴上。在投影图中，因 Y 轴裂成两条，W 面投影应标于 W 面上的 Y_1 轴上。

可见，投影面上点的投影，有一个与自身重合，有两个在投影轴上；投影面上点的坐标有一个为零，其余两个不为零。

2. 投影轴上的点

如图 2-18 中 B 点所示，B 点位于 X 轴上，其 H 面投影 b 和 V 面投影 b' 均为它本身，也就是点 B 与 H 面、V 面的距离均为零，所以点 B 的 Y 坐标和 Z 坐标均为零，即 $B(x_B,0,0)$；点 B 的 W 面投影 b'' 与原点重合。在投影图中，b、b'' 应分别标于 H 面、V 面内，W 面投影 b'' 应标于 W 面范围内。

可见，投影轴上点的投影，有两个与自身重合，有一个在原点上；投影轴上点的坐标有两个为零，其余一个不为零。

3. 与原点重合的点

如图 2-18 中 C 点所示，C 点位于原点上，其 H 面投影 c、V 面投影 c' 和 W 面投影 c'' 均为它本身，也就是点 C 与 H 面、V 面、W 面的距离均为零，所以点 C 的 X 坐标、Y 坐标和 Z 坐标均为零，即 $C(0,0,0)$。在投影图中，点 C 的各投影应分别标于所属投影面内。

可见，与原点重合的点，三个投影均与自身重合，且三个坐标均为零。

提示： 以后在三面投影图的作图过程中，当一点的两个或三个投影均落于同一位置时，点的每个投影应按照投影名称就近标注于所属投影面内；如果 H 面投影与 W 面投影同落于 Y 轴上，在投影图中应将两个投影分别标于 Y 轴与 Y_1 轴的相应位置，并将各投影名称分别标于 H 面与 W 面内。

2.2　两点的投影

在三面投影体系中如果存在两个点或者多个点，那么，空间中各点在同一投影面上的投影，因有相同的投影名称，被称为同名投影。如点 A 和点 B 同在 H 面上的投影 a 和 b 为同名投影，a' 和 b' 为同名投影，a'' 和 b'' 为同名投影。

2.2.1　两点的相对位置

研究两点的投影规律时，主要是研究两点的相对位置。两点的相对位置，是指两点在垂直于各投影面方向，即平行于相应投影轴方向上的上下、左右、前后的相对关系。

提示： 在三面投影体系中，判断两点之间的相对位置时，一般以原点 O 为起点，认为 X 轴方向坐标大的点在左，坐标小的点在右；Y 轴方向坐标大的点在前，坐标小的点在后；Z 轴坐标大的点在上，坐标小的点在下。

可见两点在空间的相对位置，并不是指两点在空间的真实距离，而是指两个点在平行于 X、Y、Z 轴方向上的长度差、宽度差、高度差。因点的空间位置可由坐标值表示，所以两点之间的相对位置可由其同名投影的坐标差值来代表，所以长度差 $\Delta x = |x_A - x_B|$、$\Delta y = |y_A - y_B|$、$\Delta z = |z_A - z_B|$。

如图 2-19 所示，点 A 和点 B 的 H 面投影可反映出两点的长度差、宽度差，即两点的左右、前后关系；V 面投影可反映出两点的长度差、高度差，即两点的左右、上下关系；W 面投影可反映出两点的宽度差、高度差，即两点的前后、上下关系。

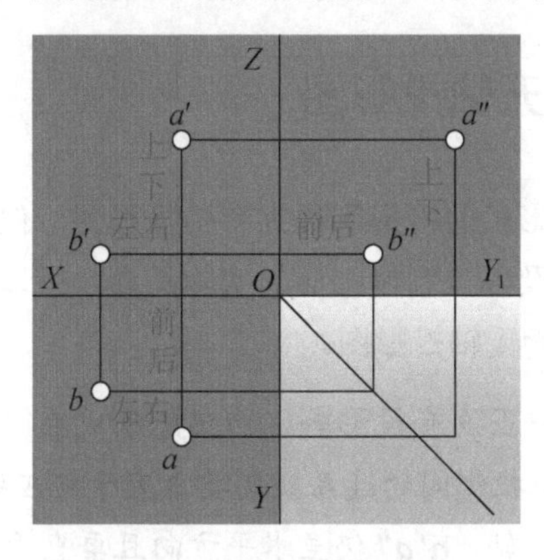

图 2-19　两点的位置关系

小思考： 大家想想，在图 2-19 中点 A 在点 B 的什么位置？点 B 又在点 A 的什么位置？

【例题 2-4】 如图 2-20(a)所示，已知点 A 在点 B 之前 8 毫米，之上 18 毫米，之右 15 毫米，求点 A 的投影。

【解题分析】由图中点 B 的三面投影可知 B 点的三个坐标值与空间位置，由题中描述可知点 A 与点 B 的相对关系及坐标差值，作图时只需在相应的投影轴上截取距离差得到 A 点的三面投影即可。

作图过程：如图 2-20(b)所示。

(1) 在投影轴 X 上，以 bb' 连系线为基准向右量取 15，得到 a_x 点。

(2) 过 a_x 点作垂直于 X 轴的辅助线。

(3) 在辅助线上，以 $b'b''$ 的连系线为基准，向上量取 18 即为 a' 的位置；以 bb'' 的连系线为基准，向前量取 8 即为 a 的位置。

(3) 通过 aa' 找到 a'' 的位置。

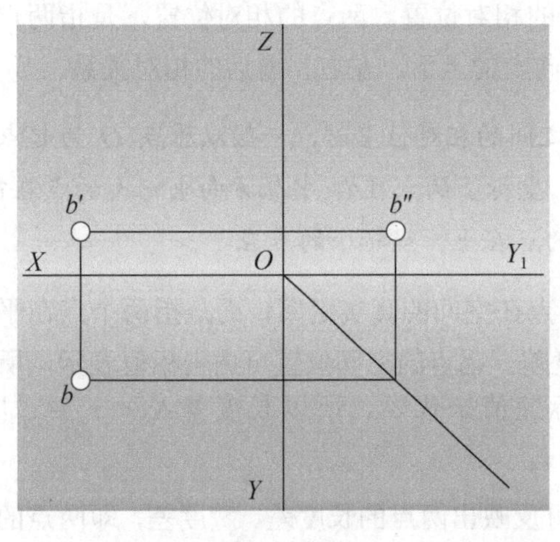

(a)已知条件

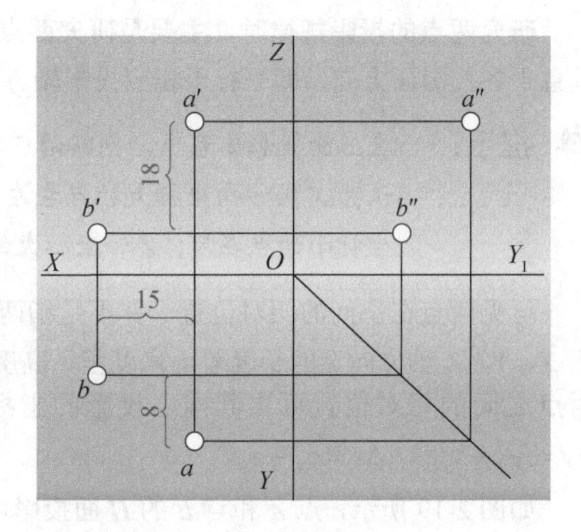

(b)作图过程

图 2-20　求点 A 的三面投影

2.2.2　有轴投影图和无轴投影图

一般情况下，表示出投影轴的投影图称为有轴投影图。但在研究空间两点之间的相对位置和相对距离时，因不涉及各点到投影面的实际距离，所以投影轴可不表示出来。这种不表示出投影轴的投影图称为无轴投影图。

提示： 无轴投影图中虽没有投影轴，但仍想象成空间有投影轴和投影面存在的样子，所以三个投影间的连系线仍要垂直于相应的投影轴。如 aa' 仍呈竖直方向且垂直于 X 轴，$a'a''$ 仍呈水平方向且垂直于 Z 轴，aa'' 在 H 面和 W 面上的两段连系线延长后会与 45° 斜线相交。

如图 2-21 所示，a 图为有轴投影图，b 图为无轴投影图。通过观察可见，投影轴无论是否画出，都可看出点 A 与点 B 的相对位置，也可量出点 A 与点 B 在各投影轴方向上的坐标差值，不会影响对 A、B 两点相对关系的判断。

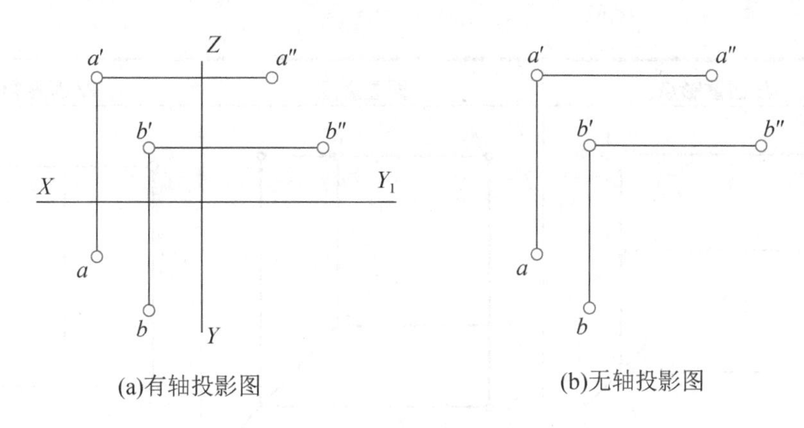

(a)有轴投影图　　(b)无轴投影图

图 2-21　点的三面投影图

在无轴投影图中，如果已知点的 *V* 面、*H* 面投影或是已知 *V* 面、*W* 面投影时，45° 斜线位置可以任意选取；如果已知 *H* 面、*W* 面投影时，45° 斜线位置就相当于已经给定。

2.2.3　重影点

当两点在空间恰好处于同一投影面的同一条投射线上，它们在该投影面上的投影产生遮挡，重叠在一起，则该重叠的投影称为重影点。在三面投影体系中，空间两点的投影在三个投影面上均有可能重叠而产生重影点，分别被称为两点的 *H* 面重影点、*V* 面重影点和 *W* 面重影点。

因为重影点是由于两点位于同一投影面的同一条投射线上互相遮挡而产生的，所以重影点涉及两点在该投影面上的可见性问题。因为在三面投影体系中，投射线均是从前向后、从左向右、从上向下投射的，所以，我们规定：当空间两点在某一投影面上产生重影点时，左侧的点可见，右侧的点不可见，前面的点可见，后面的点不可见，上方的点可见，下方的点不可见。同时在对投影面上的重影点进行标注时，应把可见点写在前面，不可见点写在后面，必要时给不可见点加上小括号以示区别。在投影图中，两点在某个投影面上的重影点的可见性必须依靠该两点在另外的投影面上的投影的相对位置来判定。

表 2-1　各投影面上的重影点及可见性

	H 面重影点	*V* 面重影点	*W* 面重影点
空间状况	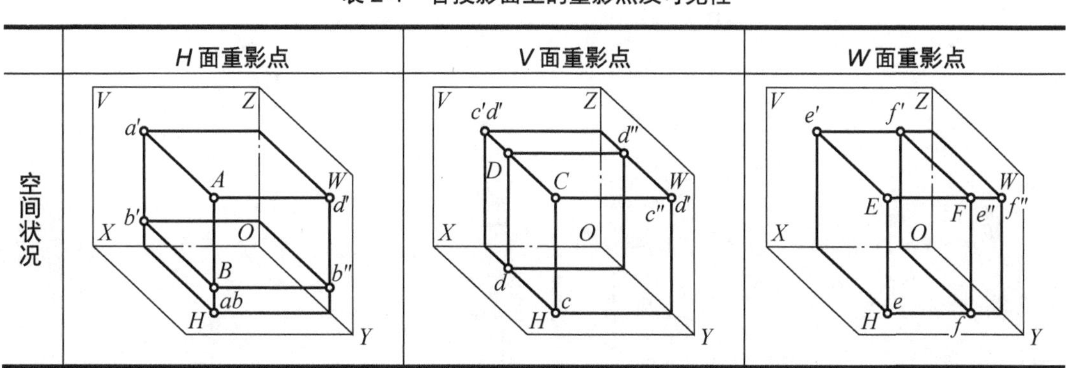		

续表

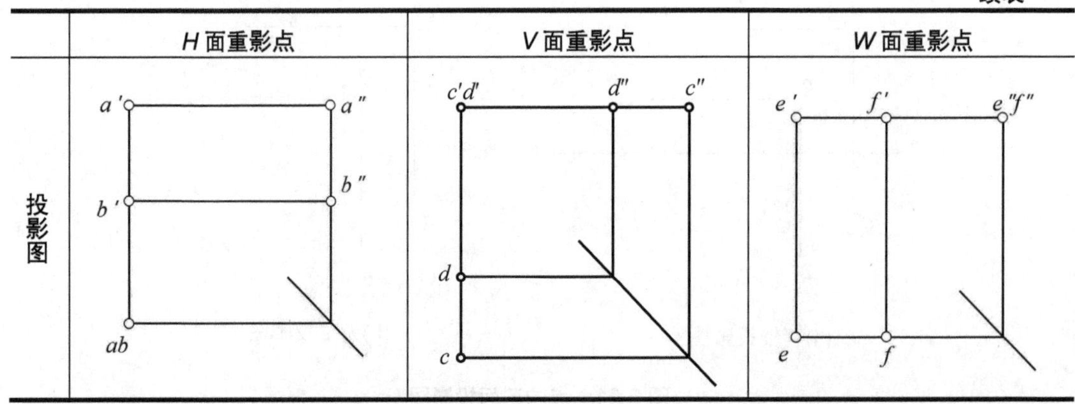

如表 2-1 所示，对于 H 面的重影点，仅通过观察 H 面上重叠的投影看不出来空间 A 点和 B 点的上下关系，必须在能反映上下关系的 V 面或 W 面上，通过观察 A 点和 B 点这些不重叠的投影才能分辨出它们的位置关系，如图中 A 点位于 B 点的正上方，A 点可见而 B 点不可见，所以其 H 面重叠的投影应标为 ab 或 $a(b)$；其他各面的重影点亦然。

本章小结

点是画法几何中最基本的几何元素，本章内容从点的单面投影到点的三面投影，逐步介绍了点的投影规律及点的各面投影在投影图里的作图方法，为接下来的线面学习提供了基础理论的支撑。本章也从一点的投影特性逐渐介绍到了两点之间的相对位置关系以及位置关系的表示方法，有利于我们对空间想象能力和思维能力进行初步培养。本章最后对重影点进行了介绍与分析，更是为日后求解组合形体及工程问题打下了初步的基础。

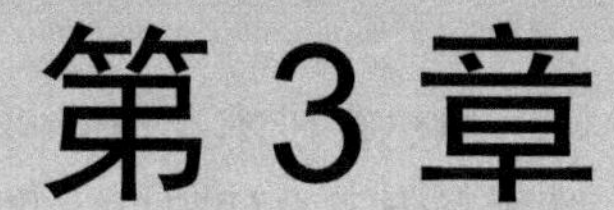

第3章 直线

【本章教学要点】

知识要点	掌握程度
直线的分类	熟悉
直线的倾角	掌握
特殊位置直线的投影特征	重点掌握

【本章技能要点】

技能要点	掌握程度
直角三角形法	重点掌握
点与直线的位置判断	掌握
分比法	掌握
两直线相对位置的判断与作图	重点掌握

【本章导读】

直线是以点为基础的一种几何元素，所以直线的投影也是建立在点的投影之上的。在日常的工程形体中，经常能见到各种类型的直线，它们或垂直，或平行，或倾斜，而各种位置的直线在投影图中有着不同的投影规律：直线的投影，一般情况下仍是一条直线；当直线垂直投影面时，其投影积聚成一点；当直线平行于投影面时，其投影与直线本身平行且等长。掌握不同位置直线的投影规律，有助于提升作图技巧、积累解题经验，而对点与直线、直线与直线之间空间位置的判断与作图，更是对我们空间想象能力的进一步培养和训练。

3.1 直线的分类与单面投影

3.1.1 直线的分类

虽然直线本身是向两端无限延伸的，但在空间工程形体中所见的直线多为直线段，所以本书为了方便起见，将直线与直线段统称为直线。空间直线在三面投影体系中可能与三个投影面都倾斜，也可能与某个投影面平行或垂直。于是我们按照直线与投影面的不同位置关系可将直线分为一般位置直线和特殊位置直线，特殊位置直线又可按不同的特殊位置分为投影面平行线和投影面垂直线，如图 3-1 所示。其中一般位置直线是指和三个投影面均呈倾斜位置的直线；投影面平行线是指与某一个投影面平行，和另外两个投影面倾斜的直线；投影面垂直线是指与某个投影面垂直，和另外两个投影面平行的直线。

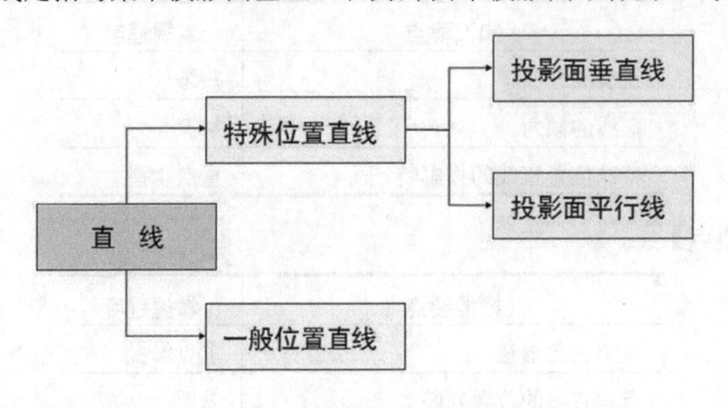

图 3-1　直线的分类

提示： 投影面垂直线其实属于投影面平行线的一种特殊情况，只是因为它有特殊规律，所以将它单独作为一类进行探讨，而投影面平行线中仅探讨那种与一个投影面平行，同时和其他投影面倾斜的投影面平行线。

3.1.2 直线的投影特性与图示

如图 3-2 所示，直线的投影可视为直线上一系列点的投影的集合，也为通过直线的投射平面与投影面的交线。

知识链接： 投射平面为通过直线上各点的投射线组成的平面。

1. 直线的投影

直线的投影一般情况下仍是一条直线；当直线平行于投影面时，其投影与直线本身平行且等长；当直线垂直于投影面时，其投影积聚成一点。所以，按正投影的特性可将直线的投影特性总结如下。

(1) 类似性——直线倾斜于投影面时，其投影的长度比直线本身的长度短，如图 3-3(a)所示。

(2) 实形性——直线平行于投影面时，其投影与直线本身平行且等长，如图 3-3(b)所示。

(3) 积聚性——直线垂直于投影面时，其投影积聚成一点，如图 3-3(c)所示。

(4) 从属性——直线上任一点的投影，必在直线的投影上，如图 3-3(d)所示。

(5) 定比性——点分直线为某一比例，点的投影也分直线的投影为相同的比例，如图 3-3(d)所示。

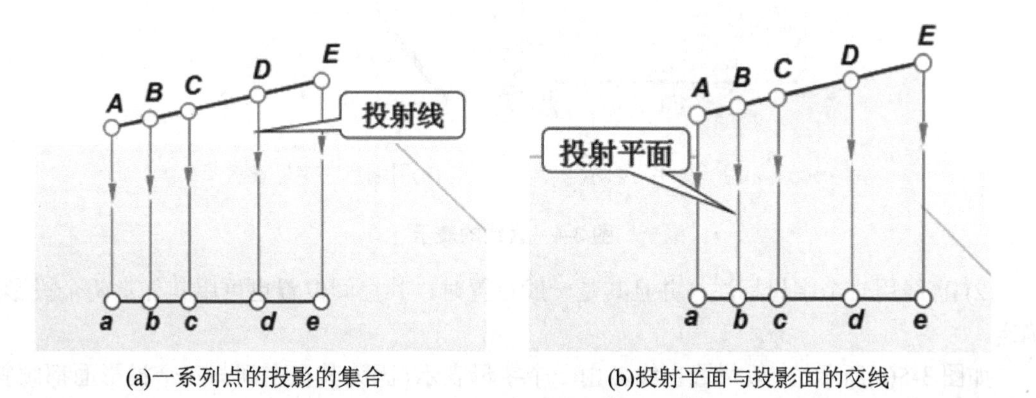

(a)一系列点的投影的集合　　(b)投射平面与投影面的交线

图 3-2　直线投影的形成

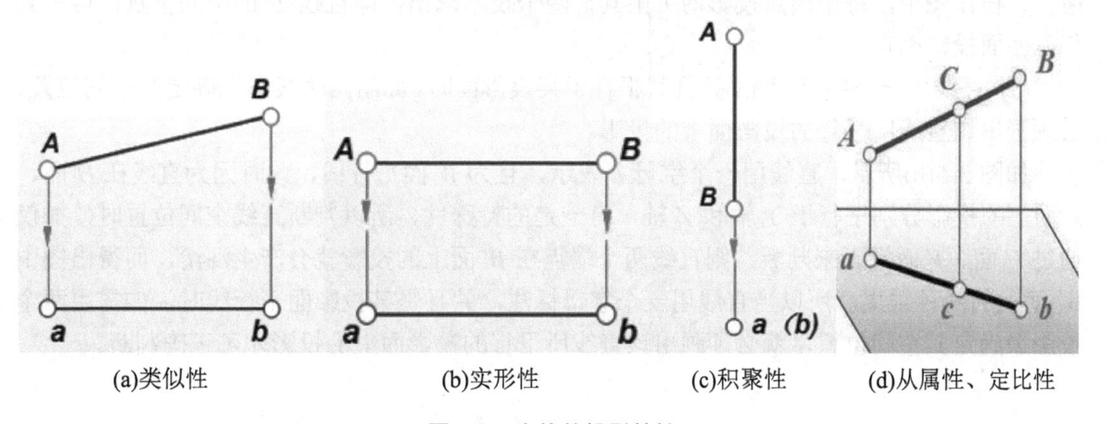

(a)类似性　　(b)实形性　　(c)积聚性　　(d)从属性、定比性

图 3-3　直线的投影特性

所以，由直线投影的从属性和定比性可知，直线的端点属于直线，端点的投影也必属于直线的投影，而且也必是直线投影的端点。所以，在作直线的投影时，只要已知直线上两个端点的投影，它们的各同名投影的连线，即为直线的各投影。

2. 直线的图示

直线的投影一般用粗实线表示。名称可用其端点表示，也可用一个字母表示，如图 3-4(a)所示。

(1) 直线用端点标注时，其空间位置可用其任意两个投影来确定。

如图 3-4(b)所示，因为点的任意两面投影可以确定空间点的位置，所以 *AB* 直线用 *A*、*B* 端点的两面投影即可确定其在空间的位置。因空间直线由两个端点连成，则 *AB* 的空间位置，可用两个端点的任意两面投影确定。

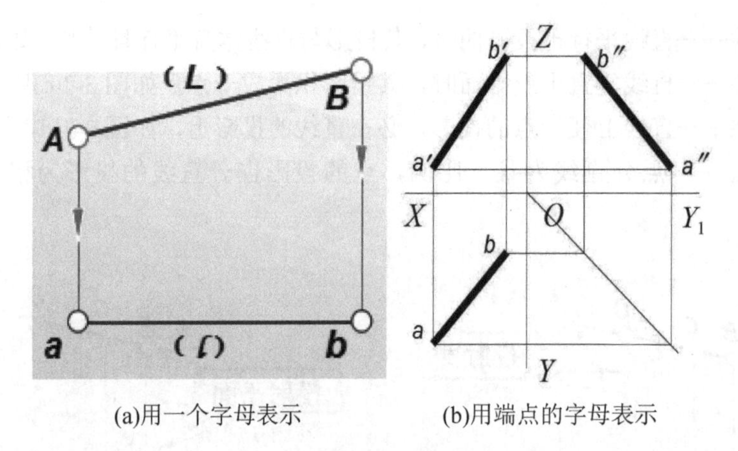

(a)用一个字母表示　　(b)用端点的字母表示

图 3-4　直线的表示

(2) 直线用一个字母标注，并且其是一般位置时，其空间位置也可用其任意两个投影来确定。

如图 3-5(a)所示，一般位置直线 L 由一个字母表示，因为其在空间与三个投影面都倾斜，所以在投影面上的投影均呈倾斜位置，每个端点的各个投影对应性较强，不会产生混淆，所以，在作图中，每个端点投影均可由其他两个投影求出，即直线 L 的空间位置，可用其任意两面投影确定。

(3) 直线用一个字母标注，并且其平行于某投影面时，如用两个投影来确定其空间位置，必须画出该直线所平行的投影面上的投影。

如图 3-5(b)所示，直线用一个字母 L 表示，且为 W 面平行线，此时因为直线在 H 面、V 面上的投影分别平行于 Y 轴和 Z 轴，有一定的特殊性，所以判断直线空间位置时，如仅通过 H 面、V 面投影来判断，则直线两个端点在 W 面上的投影就会产生混淆，而得出图中 W 面上的两种结果。所以当直线用一个字母标注，并且是某投影面平行线时，如需用两个投影来确定其空间位置，就必须画出该直线所平行的投影面上的投影才可正确判断。

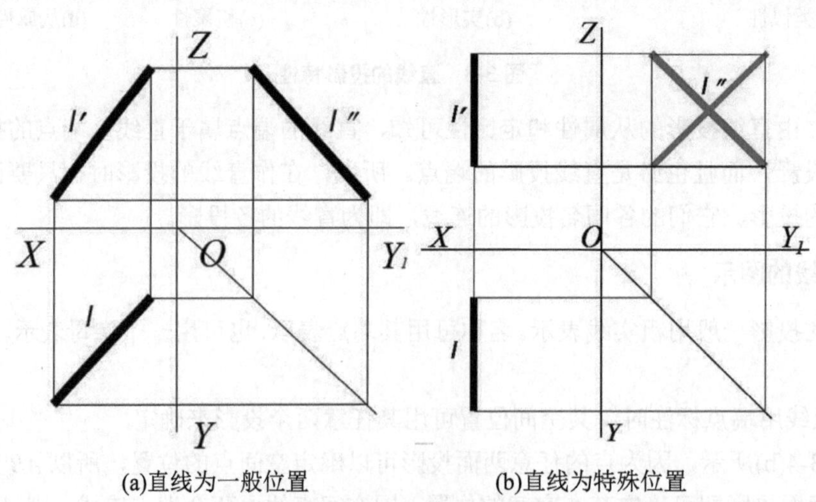

(a)直线为一般位置　　(b)直线为特殊位置

图 3-5　直线的投影

3.2　一般位置直线的实长与倾角作法

3.2.1　一般位置直线的投影特征

如图 3-6(a)所示，因为一般位置直线和三个投影面都呈倾斜方向，所以其与三个投影面都存在夹角，直线与投影面的夹角称为直线的倾角。因三面投影体系有三个投影面，所以直线就可能会有三个倾角，分别将直线与 *H* 面、*V* 面、*W* 面的倾角称为 α 、β 、γ 。如图 3-6(b)所示，一般位置直线由于在空间没有特殊性，其在三个投影面上的投影都是一段直线且都倾斜于投影轴，均不能反映实长和对任一投影面的倾角，所以仅通过投影图是不能观察得出一般位置直线的空间特征的。

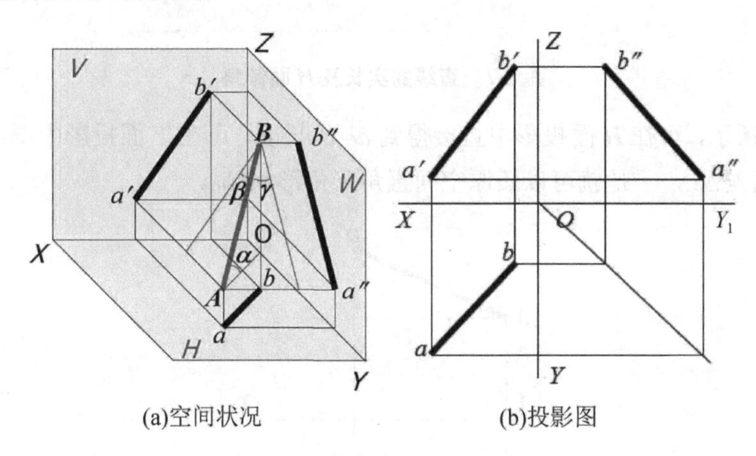

(a)空间状况　　(b)投影图

图 3-6　一般位置直线的投影

3.2.2　直角三角形法

通过一般位置直线的三面投影图，是不能直接观察出直线的真实长度和倾角的，而要想利用投影图求出一般位置直线的实长和倾角，就要借助直角三角形法。直角三角形法就是利用直线的投影图还原直线的实长和倾角的一种方法。

1. 求直线的实长及对水平投影面的夹角 α

如图 3-7 所示，在投影图中，一般位置直线 *AB* 在 *H* 面和 *V* 面投影中均不能直接反映实长和倾角，直线的投影长度小于直线实长。通过观察空间投影体系可以发现，*AB* 直线的 α 倾角可由直线与其在 *H* 面上投影之间的夹角来决定，于是过空间 *A* 点可作直线 AB_0 平行于 *ab*，交 *Bb* 投射线于 B_0 位置，由于 $Bb \perp ab$，$AB_0 \parallel ab$，所以 $AB_0 \perp Bb$，于是形成了直角三角形 ABB_0。在直角三角形 ABB_0 中，$\angle BAB_0$ 就是线 *AB* 对 *H* 面的倾角 α ，直角边 AB_0 的长度等于直线在 *H* 面上的投影长度，另一个直角边 BB_0 等于直线 *AB* 的两个端点离开 *H* 面的距离差，直角三角形的斜边为 AB 直线的实长。因为这个直角三角形中不仅包括一般位置直线的实长和倾角，而且两个直角边的长度都可以从直线的投影图中获得，所以只要在投影图中还原出来直角三角形 ABB_0，就可以求出直线的实长与倾角。

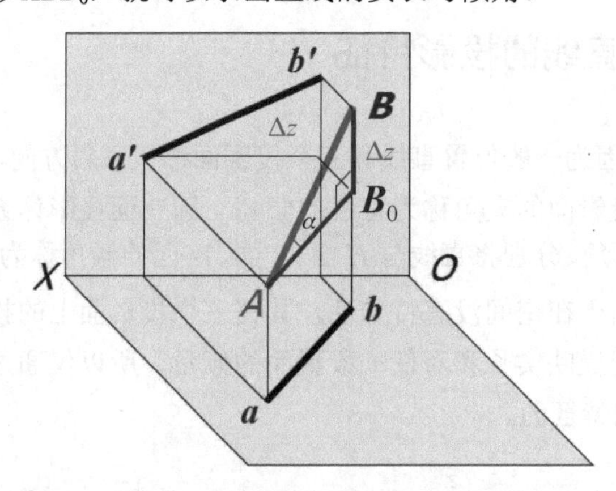

图 3-7　直线的实长及 H 面倾角

如图 3-8 所示，可在 H 面投影中直接得到 ab 的长度，可在 V 面投影中得出直线两端离开 H 面的距离差 Δz，于是就可以还原空间直角三角形 ABB_0。

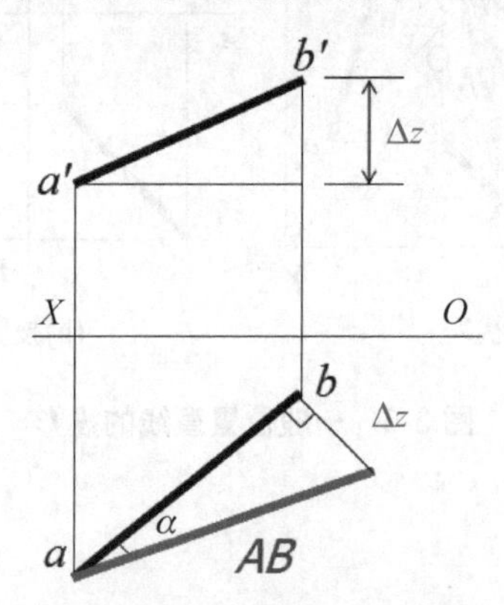

图 3-8　直角三角形法求实长及 α

作图步骤：

(1) 以 AB 的 H 面投影 ab 为一个直角边，过它的一端作另一条直角边，使其长度等于 Δz。

(2) 连接两个直角边的端点，形成一个直角三角形。

(3) 直角三角形的斜边即为 AB 直线的实长，Δz 所对的夹角即为直线 AB 对 H 面的倾角 α。

2. 求直线的实长及对正立投影面的夹角 β

如图 3-9 所示，在空间投影体系中可以发现，AB 直线的 β 倾角同样可由直线与其在 V 面上投影之间的夹角来决定，于是过空间 B 点可作直线 BA_0 平行于 $a'b'$，交 Aa' 投射线于 A_0 位置，由于 $Aa' \perp a'b'$，$A_0B \parallel a'b'$，所以 $A_0B \perp Aa'$，于是形成了直角三角形 AA_0B。在

直角三角形 AA_0B 中，$\angle ABA_0$ 就是线 AB 对 V 面的倾角 β，直角边 A_0B 的长度等于直线在 V 面上的投影长度，另一个直角边 AA_0 等于直线 AB 的两个端点离开 V 面的距离差，直角三角形的斜边仍为 AB 直线的实长。

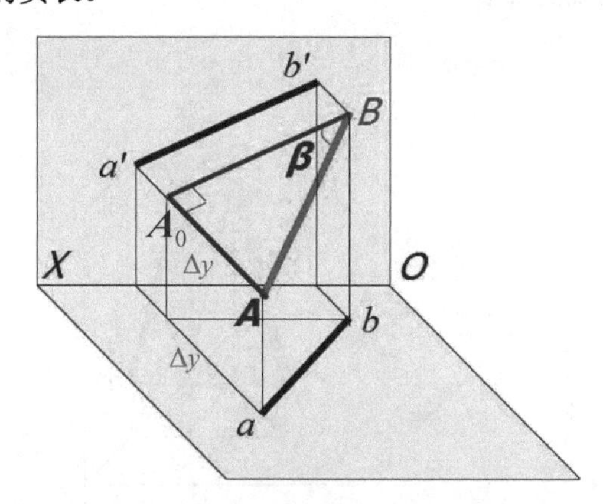

图 3-9　直线的实长及 V 面倾角

如图 3-10 所示，可在 AB 的 V 面投影中直接得到 $a'b'$ 的长度，又可在 H 面投影中得出直线两端离开 V 面的距离差 Δy，于是就可以还原空间直角三角形 AA_0B。

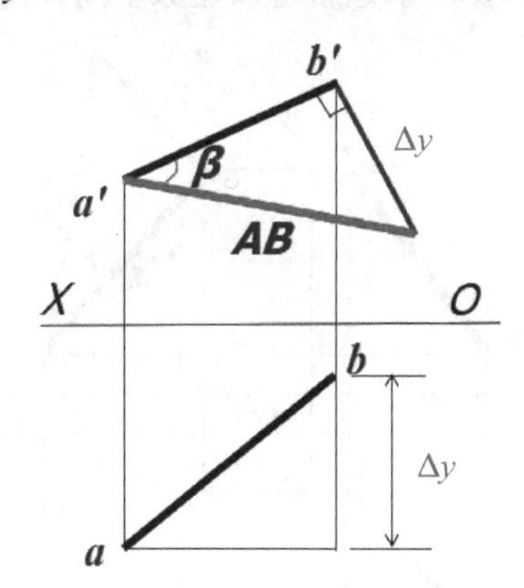

图 3-10　直角三角形法求实长及 β

作图步骤：

(1) 以 AB 的 V 面投影 $a'b'$ 为一个直角边，过它的一端作另一条直角边，使其长度等于 Δy。

(2) 连接两个直角边的端点，形成一个直角三角形。

(3) 连接成的直角三角形的斜边即为 AB 直线的实长，Δy 所对的夹角即为直线 AB 对 V 面的倾角 β。

3. 求直线的实长及对侧立投影面的夹角 γ

如图 3-11 所示，在空间投影体系中可以发现，AB 直线的 γ 倾角同样可由直线与其在 W 面上投影之间的夹角来决定，于是过空间 B 点可作直线 BA_0 平行于 $a''b''$，交 Aa'' 投射线于 A_0 位置，由于 $Aa'' \perp a''b''$，$A_0B \parallel a''b''$，所以 $A_0B \perp Aa''$，于是形成了直角三角形 AA_0B。

在直角三角形 AA_0B 中，$\angle ABA_0$ 就是线 AB 对 W 面的倾角 γ，直角边 A_0B 的长度等于直线在 W 面上的投影长度，另一个直角边 AA_0 等于直线 AB 的两个端点离开 W 面的距离差，直角三角形的斜边仍为 AB 直线的实长。

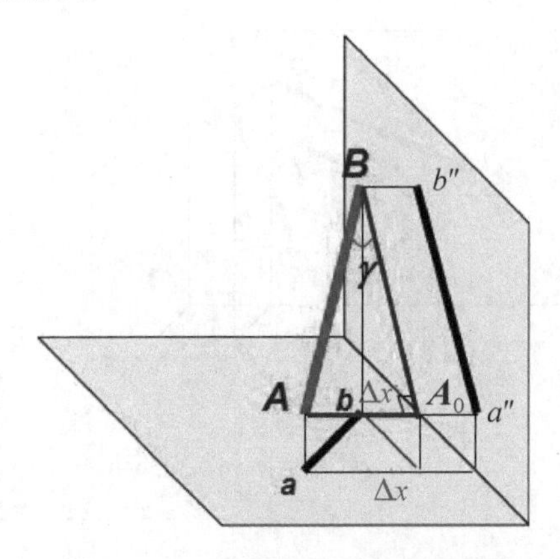

图 3-11　直线的实长及 W 面倾角

如图 3-12 所示，可在 AB 的 W 面投影中直接得到 $a''b''$ 的长度，又可在 H 面投影中得出直线两端离开 W 面的距离差 Δx，于是就可以还原空间直角三角形 AA_0B。

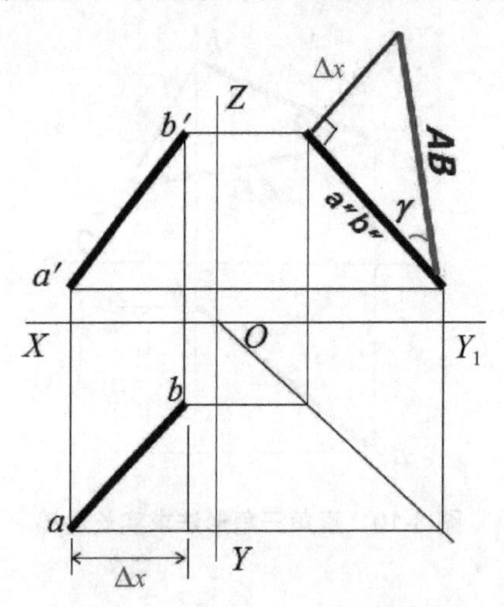

图 3-12　直角三角形法求实长及 γ

作图步骤：

(1) 以 AB 的 W 面投影 $a''b''$ 为一个直角边，过它的一端作另一条直角边，使其长度等于 Δx。

(2) 连接两个直角边的端点，形成一个直角三角形。

(3) 连接成的直角三角形的斜边即为 AB 直线的实长，Δx 所对的夹角即为直线 AB 对 W 面的倾角 γ。

综上所述，利用直角三角形法求一般位置直线的实长和对三个投影面的倾角时，主要应区分清楚所求要素所在的直角三角形边角的对应关系，现将需还原的直角三角形及其边角关系总结如下(见图 3-13)。

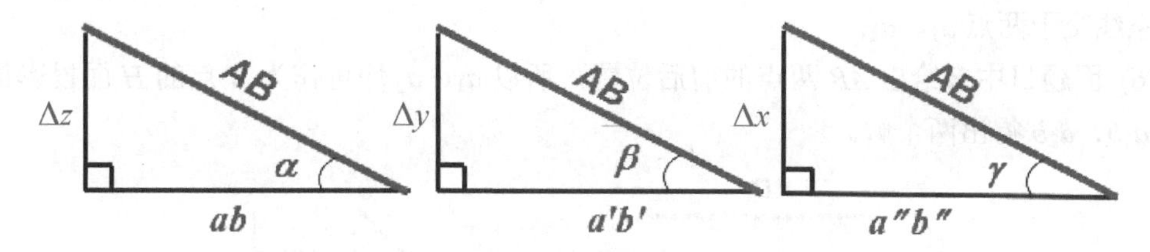

图 3-13　直角三角形法中的边角关系

(1) 直角三角形的一个直角边是在某一投影面上的投影长度；

(2) 直角三角形的另一个直角边是直线两端离开这一投影面的距离差；

(3) 在直角三角形内，距离差所对应的角度是直线对这一投影面的倾角；

(4) 直角三角形的斜边均等于实长。

例如，图 3-13 中的第一个直角三角形中，一个直角边为直线在 H 面的投影长度，另一直角边为直线离开 H 面的距离差 Δz，Δz 所对应的角度是直线对 H 面的倾角 α，直角三角形的斜边为直线在空间的真实长度。

【例题 3-1】已知线段 AB 的实长及 V 面投影，求它的 H 面投影(见图 3-14)。

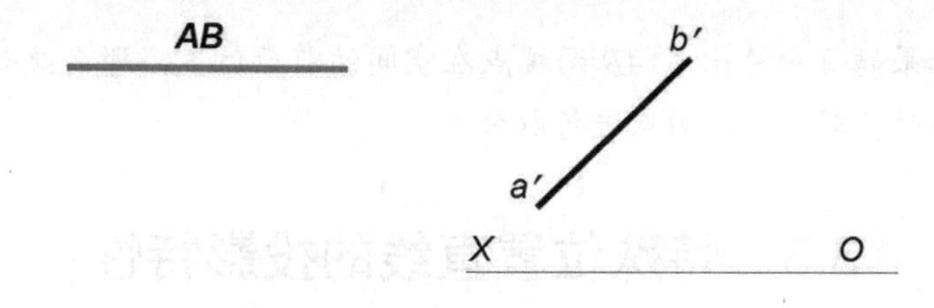

图 3-14　已知条件

【解题分析】题中要求求线段 AB 的 H 面投影，其中 b 点已知，a 的位置必定与 a' 位于同一条连系线上，所以只要知道 H 面投影 ab 的长度就可画出 AB 的 H 面投影。现因为直线的实长为已知，而在直线的 V 面投影中也可得出直线两端离开 H 面的高度差 Δz，所以可利用直角三角形法求解。在包含 α 角的直角三角形中，斜边为实长，α 对应的直角边是 Δz，另一条直角边即为 ab 的投影长度。

作图过程(见图 3-15)：

(1) 在 V 面的投影图中求出 Δz 的长度；

(2) 以 AB 的实长为半径作一圆周，以圆心为基准向下作一线段为直角边，使其等于 Δz；

(3) 过直角边的下端作垂线，即为另一直角边，且与圆周交于一点，连接交点与圆心，即得到一个直角三角形；

(4) 在此直角三角形中斜边为 AB 实长，一直角边为 Δz，另一直角边即为 AB 的 H 面投影 ab 的长度；

(5) 在 H 面投影图中以已知 b 点为圆心，以 ab 长度为半径作一圆周，圆周与过 a' 的竖直连系线交于两点 a_1、a_2；

(6) 因题目中未给出 AB 两点的前后位置，所以 a_1、a_2 均可作为 A 点的 H 面投影位置，连得 a_1b、a_2b 得出两个解。

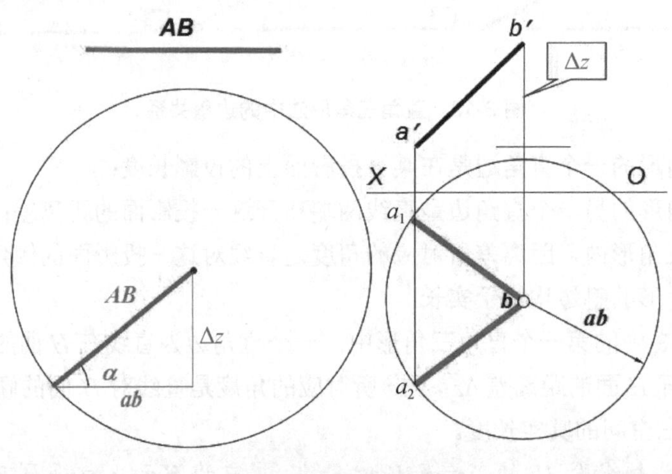

图 3-15　作图过程

提示： 如果题目中给出了 AB 两端点在空间的前后位置，那么就必须根据 AB 的前后位置对 a_1、a_2 两点进行取舍。

3.3　特殊位置直线的投影特性

在三面投影体系中，因为有些直线的位置与投影面正好平行或垂直，所以其投影有特殊的规律可循，掌握这些规律可方便我们准确便捷地绘图，所以将这些有特殊位置关系的直线称为特殊位置直线，其中包括投影面平行线和投影面垂直线。

3.3.1　投影面平行线

投影面平行线是指平行于一个投影面，同时倾斜于其他两个投影面的直线。

提示： 如果空间直线不仅和投影面平行还同时垂直于另一投影面，则将这种位置直线归纳为投影面垂直线进行研究。

因为三面投影中有三个投影面，所以空间直线有可能和任意一个投影面平行。通常情况下，我们将和 H 面、V 面、W 面平行的直线分别称为水平线、正平线、侧平线。

水平线——平行于 H 面，同时倾斜于 V、W 面的直线。

正平线——平行于 V 面，同时倾斜于 H、W 面的直线。

侧平线——平行于 W 面，同时倾斜于 H、V 面的直线。

1. 水平线的投影特征

在三面投影体系中，水平线为平行于 H 面，同时倾斜于 V、W 面的直线。如图 3-16 所示，因为 AB 是平行于 H 面的直线，所以在 AB 所平行的 H 面上，直线的投影能够反映真实长度，并且 ab 与 X 轴、Y 轴的夹角能够反映出空间直线 AB 对另外两个投影面的倾角 β 、γ；同时在三面投影图中，直线在另外两个投影面上的投影 $a'b'$ 和 $a''b''$ 共同垂直于 Z 轴。

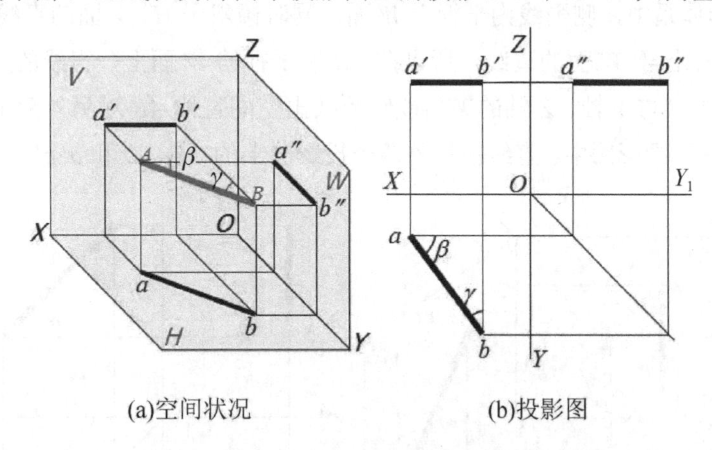

(a)空间状况　　　(b)投影图

图 3-16　水平线的投影特征

所以，水平线的投影特征如下。

(1) 水平投影反映实长及对 V 面、W 面的两个倾角 β 、γ；

(2) 正面投影及侧面投影共同垂直于 Z 轴。

2. 正平线的投影特征

在三面投影体系中，正平线为平行于 V 面，同时倾斜于 H、W 面的直线。如图 3-17 所示，因为 AB 是平行于 V 面的直线，所以在 AB 所平行的 V 面上，直线的投影能够反映真实长度，并且 $a'b'$ 与 X 轴、Z 轴的夹角能够反映出空间直线 AB 对另外两个投影面的倾角 α 、γ；同时在三面投影图中，直线在另外两个投影面上的投影 ab 和 $a''b''$ 共同垂直于 Y 轴。

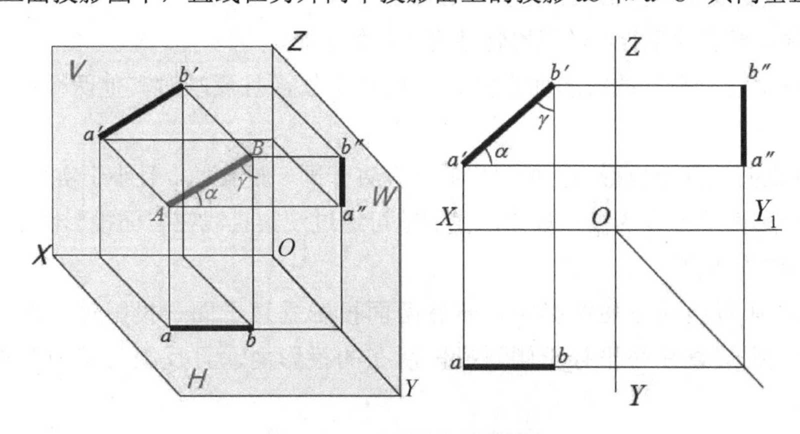

图 3-17　正平线的投影特征

所以，正平线的投影特征如下。

(1) 正面投影反映实长及对 V 面、W 面的两个倾角 α、γ;

(2) 水平投影及侧面投影共同垂直于 Y 轴。

3. 侧平线的投影特征

在三面投影体系中，侧平线为平行于 W 面，同时倾斜于 H、V 面的直线。如图 3-18 所示，因为 AB 是平行于 W 面的直线，所以在 AB 所平行的 W 面上，直线的投影能够反映真实长度，并且 $a''b''$ 与 Y 轴、Z 轴的夹角能够反映出空间直线 AB 对另外两个投影面的倾角 α、β；同时在三面投影图中，直线在另外两个投影面上的投影 ab 和 $a'b'$ 共同垂直于 X 轴。

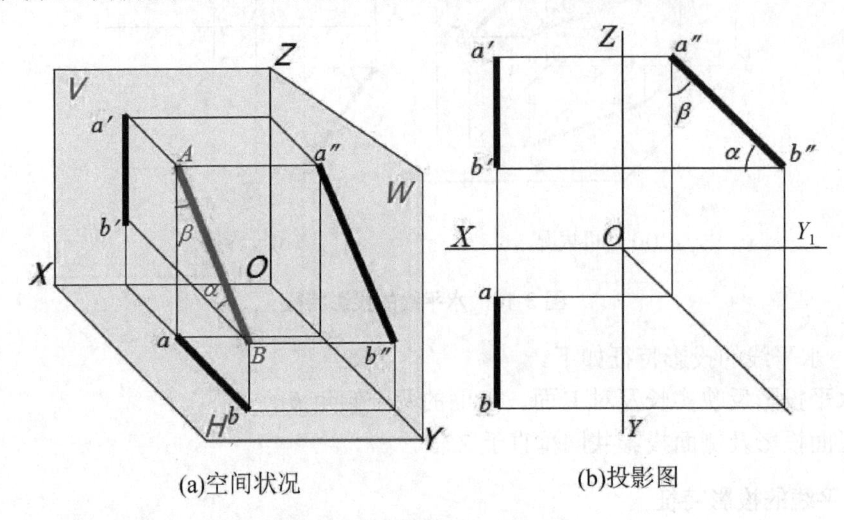

图 3-18　侧平线的投影特征

所以，侧平线的投影特征如下。

(1) 侧面投影反映实长及对 H 面、V 面的两个倾角 α、β；

(2) 水平投影及正面投影共同垂直于 X 轴。

综上所述，投影面平行线的投影特性可总结如下。

(1) 直线在它所平行的投影面上的投影反映实长，且反映对其他两个投影面倾角的实形；

(2) 直线在其他两个投影面上的投影共同垂直于同一投影轴，且小于实长。

掌握了投影面平行线的投影规律，我们就可通过观察直线在三面投影图中的投影特征来判定直线的空间位置。

事实上，在直线的三面投影中，若有两面投影垂直于同一投影轴，而另一投影处于倾斜状态，则该直线必平行于倾斜投影所在的投影面，且反映与其他两投影面夹角的实形。

3.3.2　投影面垂直线

投影面垂直线是指垂直于一个投影面，同时平行于其他两个投影面的直线。

因为三面投影中有三个投影面，所以空间直线有可能和任意一个投影面垂直，通常情况下，我们分别将和 *H* 面、*V* 面、*W* 面垂直的直线称为铅垂线、正垂线、侧垂线。

铅垂线——垂直于 *H* 面，同时平行于 *V*、*W* 面的直线。

正垂线——垂直于 *V* 面，同时平行于 *H*、*W* 面的直线。

侧垂线——垂直于 *W* 面，同时平行于 *H*、*V* 面的直线。

1. 铅垂线的投影特征

在三面投影体系中，铅垂线为垂直于 *H* 面，同时平行于 *V*、*W* 面的直线。如图 3-19 所示，因为 *AB* 是垂直于 *H* 面的直线，所以在 *AB* 所垂直的 *H* 面上，直线的投影积聚成一点；同时因为直线 *AB* 还是另外两个投影面的平行线，所以在其他两个投影面上的投影 $a'b'$ 和 $a''b''$ 不仅反映实长，且共同平行于 *Z* 轴。

所以，铅垂线的投影特征如下。

(1) 水平投影积聚为一点；

(2) 正面投影及侧面投影反映实长，且共同平行于 *Z* 轴。

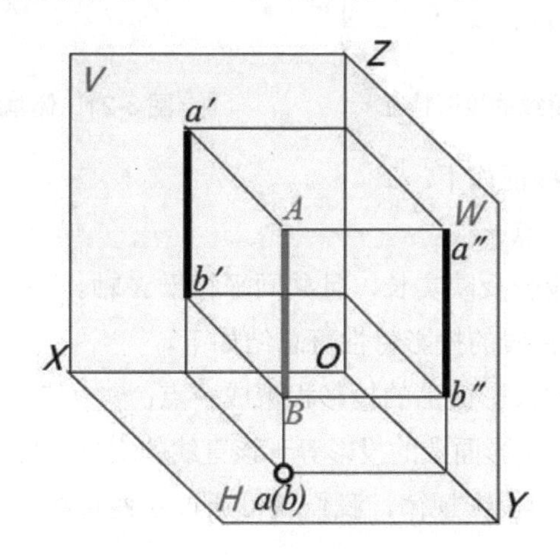

图 3-19　铅垂线的投影特征

2. 正垂线的投影特征

在三面投影体系中，正垂线为垂直于 *V* 面，同时平行于 *H*、*W* 面的直线。如图 3-20 所示，因为 *AB* 是垂直于 *V* 面的直线，所以在 *AB* 所垂直的 *V* 面上，直线的投影积聚成一点；同时因为直线 *AB* 还是另外两个投影面的平行线，所以在其他两个投影面上的投影 *ab* 和 $a''b''$ 不仅反映实长，而且共同平行于 *Y* 轴。

所以，正垂线的投影特征如下。

(1) 正面投影积聚为一点；

(2) 水平投影及侧面投影反映实长，且共同平行于 Y 轴。

3. 侧垂线的投影特征

在三面投影体系中，侧垂线为垂直于 W 面，同时平行于 H、V 面的直线。如图 3-21 所示，因为 AB 是垂直于 W 面的直线，所以在 AB 所垂直的 W 面上，直线的投影积聚成一点；同时因为直线 AB 还是另外两个投影面的平行线，所以在其他两个投影面上的投影 ab 和 $a'b'$ 不仅反映实长，而且共同平行于 X 轴。

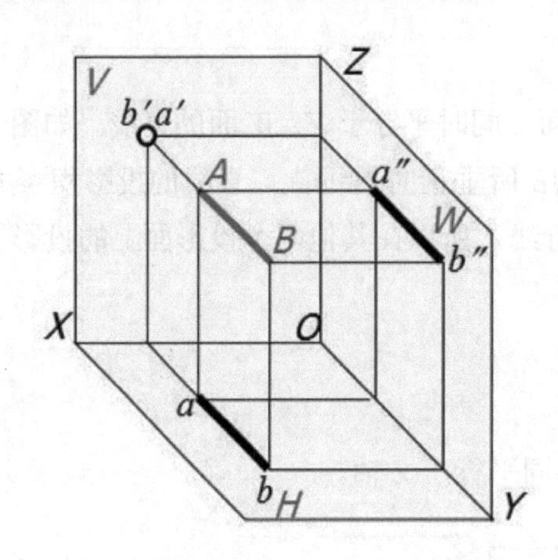

图 3-20　正垂线的投影特征

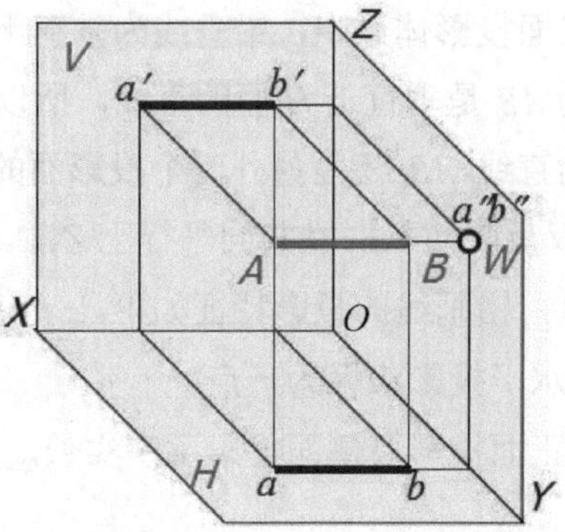

图 3-21　侧垂线的投影特征

所以，侧垂线的投影特征如下。

(1) 侧面投影积聚为一点；

(2) 水平投影及正面投影反映实长，且共同平行于 X 轴。

综上所述，投影面垂直线的投影特性可总结如下。

(1) 直线在它所垂直的投影面上的投影积聚成一点；

(2) 该直线在其他两个投影面上的投影等于该直线的实长，且都共同平行于同一投影轴。

掌握了投影面垂直线的投影规律，我们就可通过观察直线在三面投影图中的投影特征来判定直线的空间位置。

事实上，在直线的三面投影中，若有两面投影平行于同一投影轴，则另一投影必积聚为一点；只要空间直线的三面投影中有一面投影积聚为一点，则该直线必垂直于积聚投影所在的投影面。

3.4　点和直线的位置关系

点与直线的相对位置，可分为点在直线上和点不在直线上两种。

3.4.1　直线上点的投影

直线上一点的投影，必在直线的同名投影上。

一点的各投影如在直线的同名投影上，且每两个投影位于同一条连系线上，则在空间，该点必在该直线上。

在直线是一般位置的情况下，可由它们的任意两个投影来决定；如直线平行于某投影面时，还应观察直线所平行的那个投影面上的投影，才能判断一点是否在直线上。

如图 3-22 所示，直线 *AB* 是一般位置直线，它的三面投影都倾斜于投影轴，没有特殊规律，直线的空间位置可由其任意两个投影来表示，所以，点和直线的位置关系，就可以通过它们在任意两个投影面上的投影进行判断。

如图 3-23 所示，直线 *AB* 是 *W* 面平行线，在 *W* 面上反映实长和对另外两个投影面的倾角，在 *H* 面、*V* 面上的投影共同垂直于 *X* 轴，所以如果只通过 *H* 面和 *V* 面的投影来判断点和直线的位置关系是不准确的，还必须在直线所平行的投影面 *W* 面上观察点和直线的位置关系，如 *C*、*D* 两点的 *H* 面和 *V* 面投影都在直线 *AB* 的投影 *ab*、*a′b′* 上，但通过观察 *W* 面投影可见，*c″* 在 *a″b″* 上，而 *d″* 不在 *a″b″* 上，所以点 *C* 在直线 *AB* 上，点 *D* 不在直线 *AB* 上。

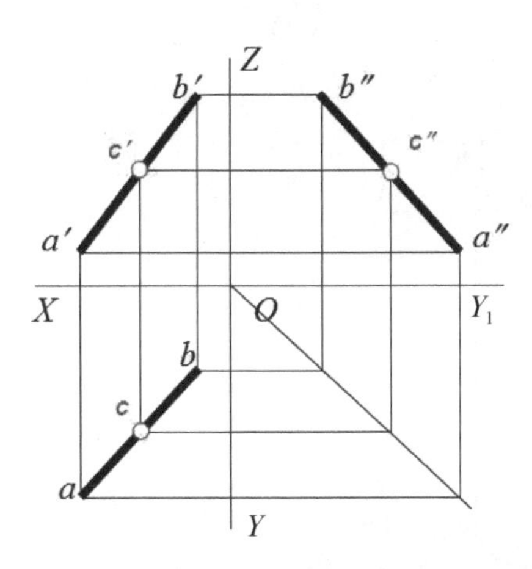

图 3-22　点和一般位置直线

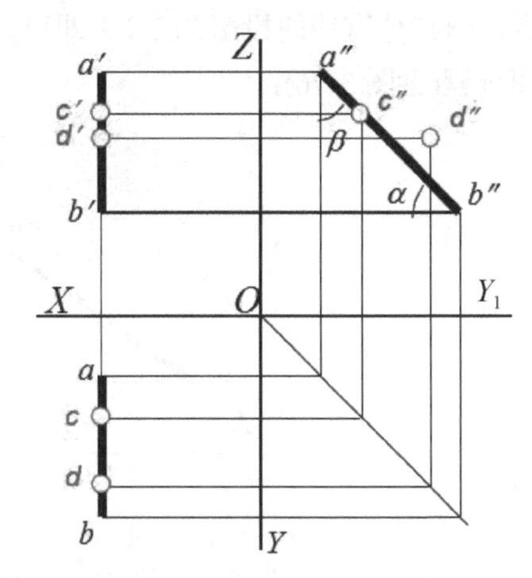

图 3-23　点和投影面平行线

3.4.2　直线上各线段之比

由正投影的定比性可知：点分线段为某一比例，则点的投影分线段的投影为相同的比例。所以，直线上各线段的长度之比，等于它们的同名投影的长度之比，如图 3-24 所示。

在画法几何的解题中，利用直线上各线段的长度之比来求直线上点的方法称为分比法。

【例题 3-2】已知线段 AB 的投影图，试将 AB 分成 2∶1 两段，求分点 C 的投影 c、c'，如图 3-25 所示。

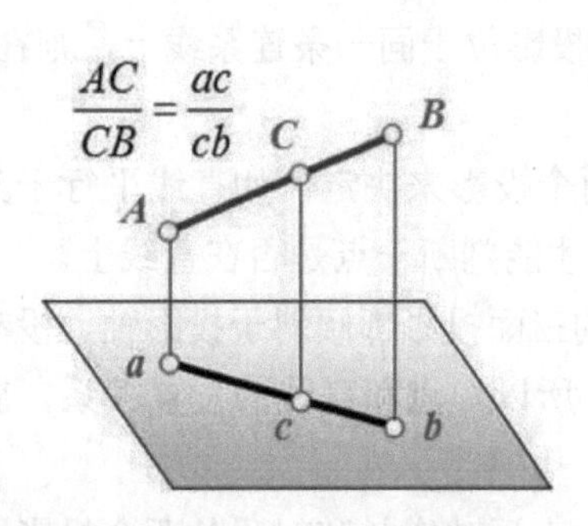

图 3-24　直线上线段长度之比

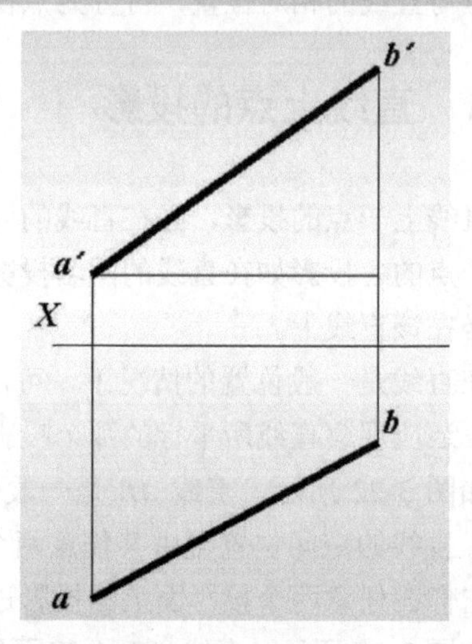

图 3-25　已知条件

【解题分析】首先，从正投影的从属性可知，点 C 要是直线上的分点，就必须属于直线，其两面投影 c、c' 也必须分别属于直线的同名投影，且位于同一条连系线上；其次，从正投影的定比性可知，点分线段为某一比例，点的投影也分线段的投影为相同的比例。即点 C 的 H 面投影和 V 面投影分直线 AB 的同名投影的比例均为 2∶1，所以只要在直线的投影上找到一点，该点分直线的投影为 2∶1 即可。

作图过程(见图 3-26)：

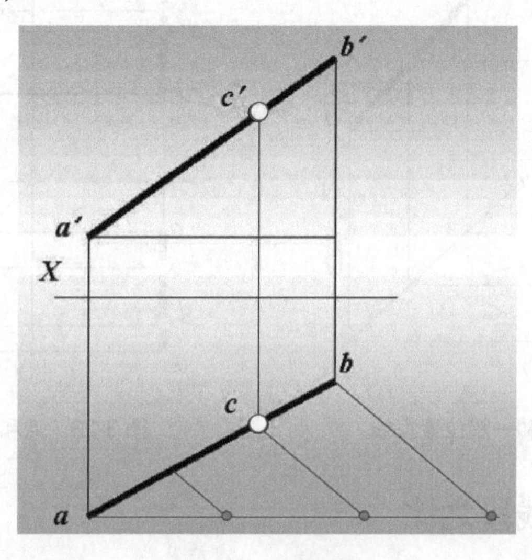

图 3-26　作图过程

(1) 过 AB 直线的 H 面投影 a 任作一直线，且将其三等分，连接 b 点与线段的端点形成三角形的一个底边；

(2) 在已作线段上找到 2∶1 的分点，过其向 ab 作平行于底边的辅助线，和 ab 交于 c 点，c 点即为直线 AB 上分点 C 在 H 面上的投影；

(3) 由 c 向 V 面作竖直的连系线与 $a'b'$ 交于 c' 点，c' 即为直线 AB 上分点 C 在 V 面上的投影。

小思考： C 点的位置是唯一的吗？

由于题目中未指明是 AC∶CB 为 2∶1，还是 CB∶AC 为 2∶1，所以 C 点位置可以自选。

【例题 3-3】 已知点 C 在线段 AB 上，求点 C 的正面投影，如图 3-27(a)所示。

【解题分析】 题目中已经给出了分点 C 的 H 面投影，因为 c 分 ab 的比例与空间 C 点分 AB 的比例相同，也等于点 C 的 V 面投影 c' 分 $a'b'$ 的比例，所以只要将点 C 在 H 面上分 AB 的比例关系引到 V 面即可得到 c' 的位置。

作图过程(见图 3-27(b))：

(1) 过 b' 任作一直线使之等于 ab 的长度，连接两个线段的端点形成三角形的一个底边；

(2) 在所作直线上以 b' 为基准，找出分点的对应位置；

(3) 过分点向 $a'b'$ 作和底边平行的直线交 $a'b'$ 于 c'，即为直线 AB 上分点 C 在 V 面上的投影。

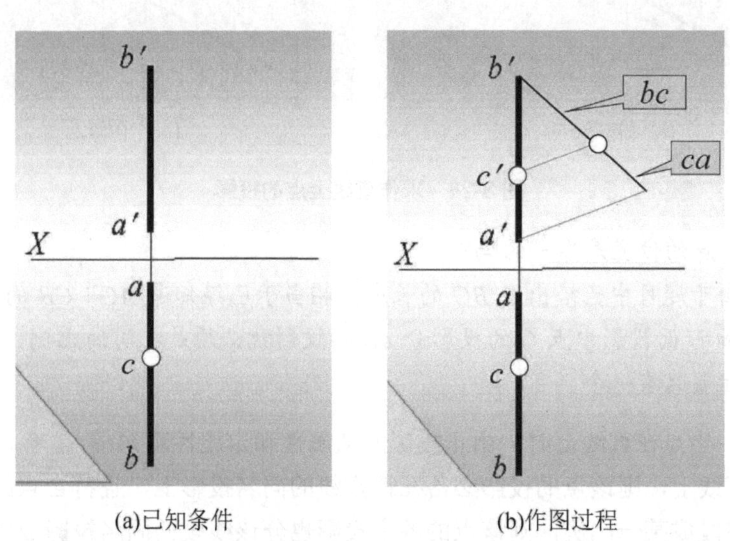

(a)已知条件　　(b)作图过程

图 3-27　求直线分点的投影

小思考： C 点的位置是唯一的吗？

由于题目中已给出了 c 的位置，相当于已经知道 AC∶CB 的比例，在 V 面投影中 $a'c'$∶$c'b'$ 就必须是相同的比例，所以分点 C 的位置只有一个。

【例题 3-4】已知线段 AB 的投影，试定出属于线段 AB 的点 C 的投影，使 BC 的实长等于已知长度 L，如图 3-28(a)所示。

【解题分析】题目中已经给出了点 C 分直线 AB 后 BC 段的实长，所以要知道点 C 分直线 AB 的比例必须还原 AB 的实长，直线 AB 的实长可由直角三角形法作出，通过在 AB 的实长上作出 BC 以得到点 C 分直线 AB 的确切比例，再将其比例引入 H 面与 V 面即可。

作图过程(见图 3-28(b))：

(1) 在 AB 的 V 面投影中作出 AB 两端离开 H 面的距离差 Δz，以 Δz 为一个直角边，另一直角边为 ab 的长度，做一个直角三角形，其斜边即为 AB 的实长；

(2) 以 b' 为基准，在 AB 上量取 L 等于 BC，找到分点 C；

(3) 过分点 C 向 $a'b'$ 作和 Z 轴垂直的连系线交 $a'b'$ 于 c'，即为直线 AB 上分点 C 在 V 面上的投影。

(4) 过 c' 作竖直连系线交 ab 于 c，即为直线 AB 上分点 C 在 H 面上的投影。

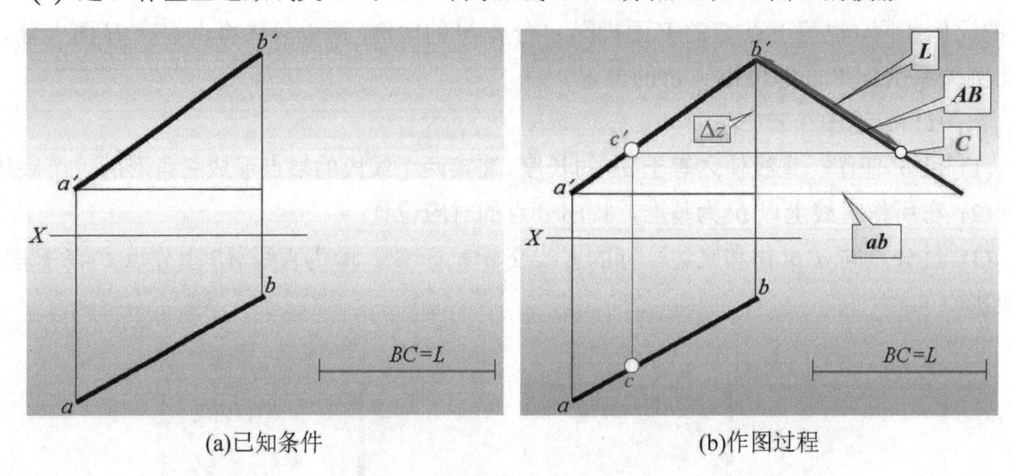

(a)已知条件　　　(b)作图过程

图 3-28　求作直线上点的投影

小思考： C 点的位置是唯一的吗？

由于题目中已给出了 BC 的长度，相当于已经知道 AC∶CB 的比例，在 V 面和 H 面投影中点 C 的投影分 AB 的投影就必须是相同的比例，所以分点 C 的位置只有一个。

综上所述，当点在直线上时，由正投影的从属性和定比性可知：

(1) 点在直线上，则该点的投影必落在该直线的同名投影上，且符合点的投影规律；

(2) 点分线段成某一比例，则该点的各个投影也分该线段的同名投影成同一比例。

3.4.3　直线的迹点

直线的迹点为直线或其延长线与投影面的交点。

因为迹点是直线与投影面的交点，所以迹点既属于直线又属于投影面，迹点的投影也就既符合直线上点的投影规律又符合投影面上点的投影规律。

各面迹点在各投影面上的规律：

H 面迹点——直线与 *H* 面的交点

H 面投影在直线的同名投影上，*V* 面投影在 *X* 轴上，*W* 面投影在 Y_1 轴上；

V 面迹点——直线与 *V* 面的交点

H 面投影在 *X* 轴上，*V* 面投影在直线的同名投影上，*W* 面投影在 *Z* 轴上；

W 面迹点——直线与 *W* 面的交点

H 面投影在 *Y* 轴上，*V* 面投影在 *Z* 轴上，*W* 面投影在直线的同名投影上。

【例题 3-5】已知直线 *AB* 的两面投影，求 *AB* 的 *H* 面迹点 *C* 和 *V* 面迹点 *D*，如图 3-29 所示。

【解题分析】首先，*AB* 的 *H* 面迹点 *C* 既是直线上的点又是 *H* 面上的点，所以 *C* 点的 *H* 面投影 *c* 在直线 *AB* 的 *H* 面投影 *ab* 上，*V* 面投影 *c'* 不仅在直线的 *V* 面投影 *a' b'* 上且应在 *X* 轴上；其次，*AB* 的 *V* 面迹点 *D* 既是直线上的点又是 *V* 面上的点，所以 *D* 点的 *V* 面投影 *d'* 在直线 *AB* 的 *V* 面投影 *a' b'* 上，*H* 面投影 *d* 不仅在直线的 *H* 面投影 *ab* 上且应在 *X* 轴上。

作图过程(见图 3-30)：

(1) 延长 *AB* 的 *V* 面投影 *a' b'* 与 *X* 轴相交，交点 *c'* 即为 *AB* 直线的 *H* 面迹点的 *V* 面投影；

(2) 过 *c'* 向 *H* 面作连系线与 *ab* 的延长线相交，交点 *c* 即为 *AB* 直线的 *H* 面迹点的 *H* 面投影；

(3) 延长 *AB* 的 *H* 面投影 *ab* 与 *X* 轴相交，交点 *d* 即为 *AB* 直线的 *V* 面迹点的 *H* 面投影；

(4) 过 *d* 向 *V* 面作连系线与 *a' b'* 的延长线相交，交点 *d'* 即为 *AB* 直线的 *V* 面迹点的 *V* 面投影。

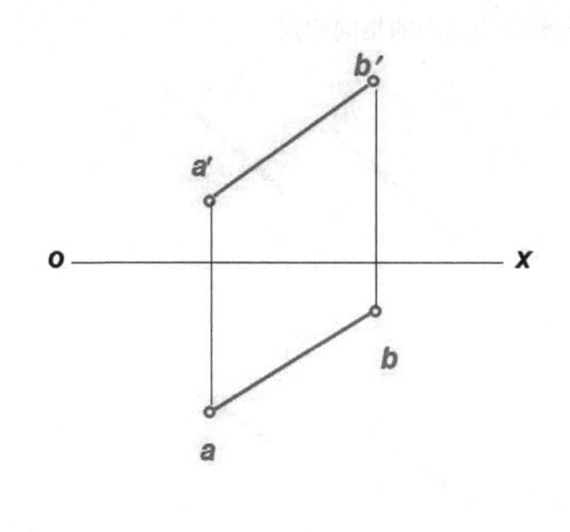

图 3-29　已知条件

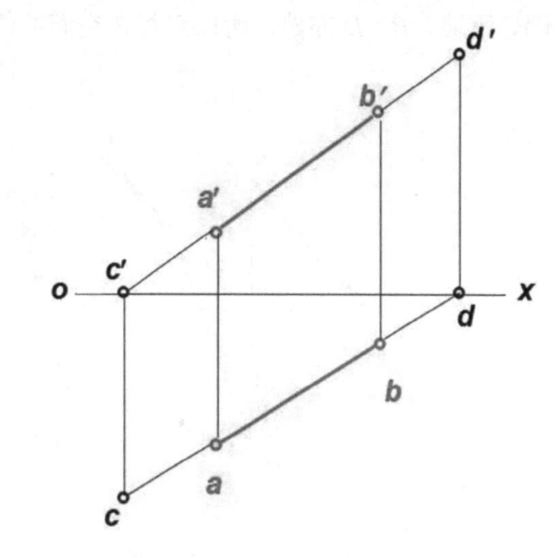

图 3-30　作图过程

3.5　两直线的相对位置

两直线在空间的相对位置，一般可分为平行、相交、交叉和垂直，如图 3-31 所示。

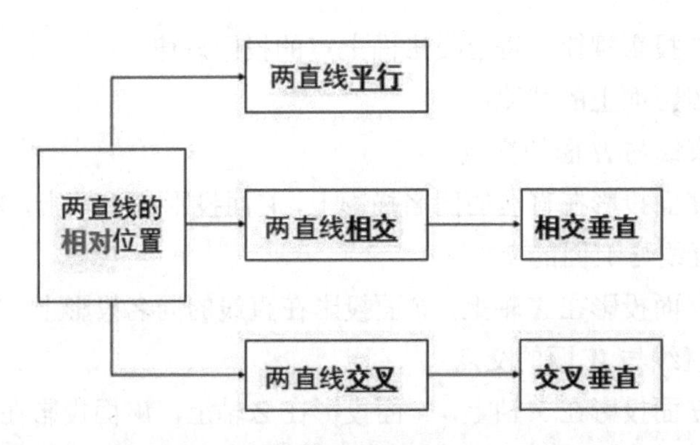

图 3-31 两直线在空间的相对位置关系

提示： 在相交两直线和交叉两直线中包括直线相互垂直的情况，因为两直线垂直时情况比较特殊，有特殊规律可循，所以我们将垂直两直线单独作为一种情况进行研究。

3.5.1 平行两直线

如图 3-32 所示，直线 *AB* 和 *CD* 在空间处于平行位置，根据正投影的平行性可知，它们的各同名投影亦平行，即 $ab \parallel cd$、$a'b' \parallel c'd'$、$a''b'' \parallel c''d''$；同时通过观察它们的空间图和投影图可知，两直线的长度之比亦等于它们的同名投影的长度之比；*A*、*C* 在空间分别为两直线的前方左下端，在投影图上 *A*、*C* 的各投影也共同位于两直线同名投影的前端、左端、下端，*B*、*D* 亦然，所以直线在空间的位置和投影图中的指向相同。

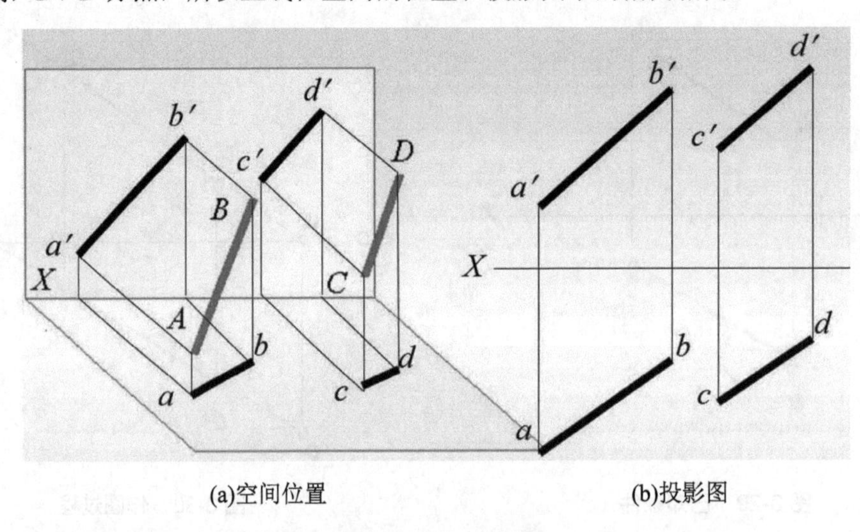

(a)空间位置 (b)投影图

图 3-32 平行两直线

可见，若两直线在空间平行，则它们在三面投影体系中的投影特性如下。

(1) 两直线的各组同名投影亦必互相平行；

(2) 两直线各组同名投影之间的长度之比等于两直线本身的长度之比；

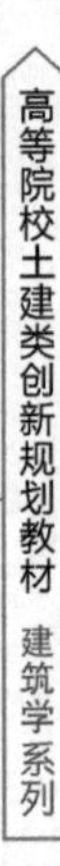

(3) 两直线在各投影面上指向相同。

反之，了解了两平行直线的投影规律，也可以帮助我们通过投影图来判断直线的空间位置。

(1) 一般情况下，若两直线的三组同名投影均相互平行，则两直线本身在空间亦必平行；

(2) 当两直线为一般位置直线时，只需任意两组同名投影互相平行，即可肯定这两条直线在空间一定平行。

(3) 当两直线都是某一投影面的平行线时，则需画出在该投影面上的同名投影才能确定；或者由各同名投影的指向和长度之比是否一致来确定。

如图 3-33 所示，*AB*、*CD* 直线为 *W* 面平行线，仅通过 *H* 面投影和 *V* 面投影是不能确定两直线在空间的位置的。如要确定，必须画出两直线在 *W* 面上的投影进行观察方可，图中作出 *a*″*b*″、*c*″*d*″后可见 *AB* 和 *CD* 并不平行；如果一定要仅仅观察两直线的 *H* 面和 *V* 面投影来判断两直线是否平行，就必须同时结合两直线在这两个投影面上同名投影之间的长度之比和指向是否一致来判断，图中 *AB* 直线的 *H* 面和 *V* 面投影互相平行，但两直线在 *H* 面和 *V* 面上的指向并不相同，所以两直线不平行。

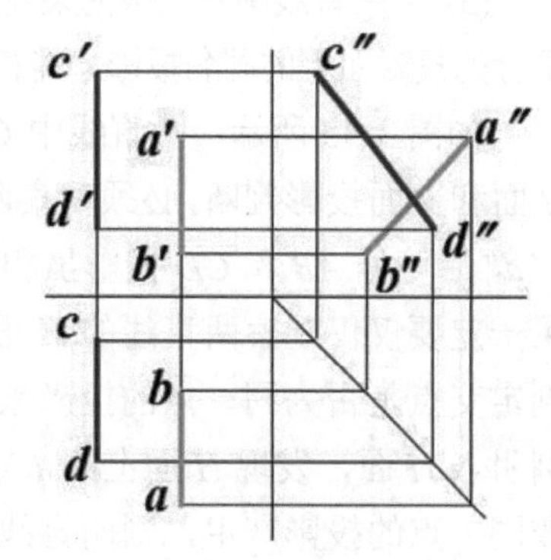

图 3-33 两特殊位置直线

3.5.2 相交两直线

如图 3-34 所示，直线 *AB* 和 *CD* 在空间相交于 *K* 点，由正投影的从属性可知，*K* 点为两直线的公共点，则 *K* 的投影也必为两直线投影的公共点，即为两直线各同名投影的交点；又因为 *K* 点在空间为两直线真实的交点，两直线各同名投影的交点均由 *K* 点向各投影面作正投影产生，所以直线各同名投影的交点，应符合同一点三面投影的规律，即每两个投影必位于同一条连系线上。

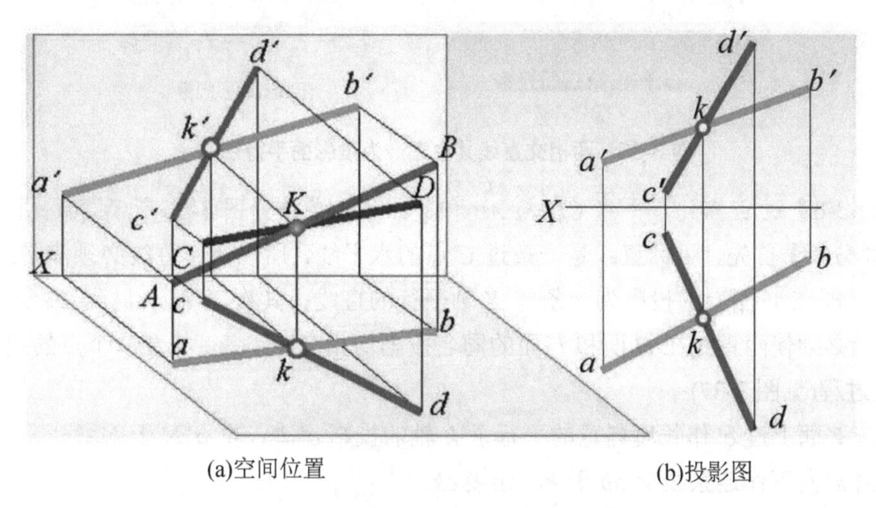

(a)空间位置 (b)投影图

图 3-34 两相交直线

可见，两直线在空间相交，它们在三面投影体系中的投影特性如下。

(1) 两直线相交，它们的同名投影必相交；

(2) 各同名投影的交点，每两个必位于同一条连系线上。

了解了两相交直线的投影规律，也可以帮助我们通过投影图来判断直线的空间位置。

(1) 如果两直线的各组同名投影都相交，且这些投影的交点，每两个位于一条连系线上，则两直线在空间必相交；

(2) 当两直线为一般位置直线时，只需任意两组同名投影相交，且两组投影的交点位于一条连系线上，则两直线在空间必相交。

(3) 当两直线中有一条为某投影面的平行线时，如要判别它们是否相交，必须观察该直线所平行的投影面上的同名投影才能肯定，或者利用分比法来判定交点是否为同一点的投影来判断。

如图 3-35 所示，两直线中 *CD* 为 *W* 面的平行线，如要判别它们是否相交，不能仅通过 *H* 面和 *V* 面投影判断，必须观察两直线在 *W* 面上的同名投影才能肯定。在图(a)中作出 *a″b″*、*c″d″* 后可见 *AB* 和 *CD* 投影虽相交，但各交点不在同一条连系线上，所以两直线不相交；如果一定要仅仅观察两直线的 *H* 面和 *V* 面投影来判断两直线是否相交，就必须利用分比法来判定交点是否为同一点的投影来判断。图(b)中将两直线的投影在 *V* 面的交点 *1′* 分 *c′d′* 的比例引入 *H* 面，发现 *H* 面上的 *1* 点并不在两直线投影的交点位置，所以两直线投影的交点并非同一点的投影产生，则两直线不相交。

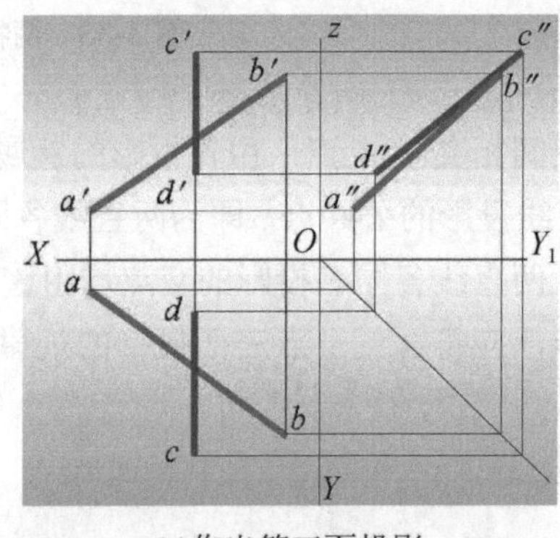

(a)作出第三面投影

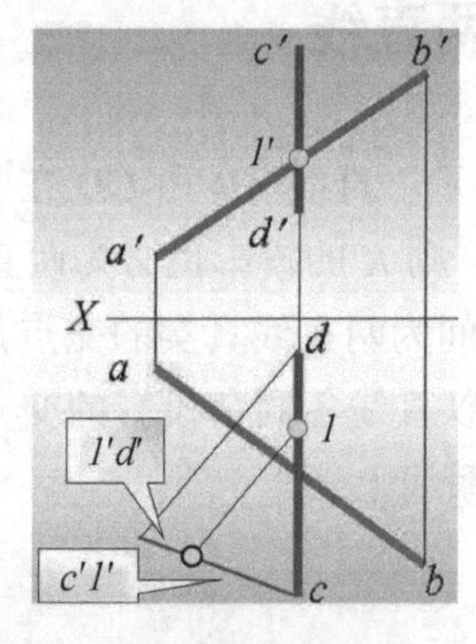

(b)定比法判断

图 3-35　两相交直线其中之一为投影面平行线时

【例题 3-6】过 *C* 点作水平线 *CD* 与 *AB* 相交，已知条件如图 3-36 所示。

【解题分析】首先，目标直线是一条过 *C* 点的水平线，所以所作直线必须满足水平线的投影特征，即在 *V* 面上的投影为一条与 *X* 轴平行的直线；其次，保证目标直线要与 *AB* 直线相交，就必须使两直线在 *H* 面和 *V* 面的同名投影均相交，且交点符合一个点的投影规律。

作图过程(见图 3-37)：

(1) 在 *V* 面上过 *c′* 作长度任意的平行于 *X* 轴的投影 *c′d′*，交 *a′b′* 于 *k′*；

(2) 由 *k′* 向下作连系线交 *ab* 于 *k*，连接 *ck*；

(3) 由 *d′* 向下作连系线与 *ck* 相交于 *d*，*c′d′*、*cd* 即为所求直线的两面投影。

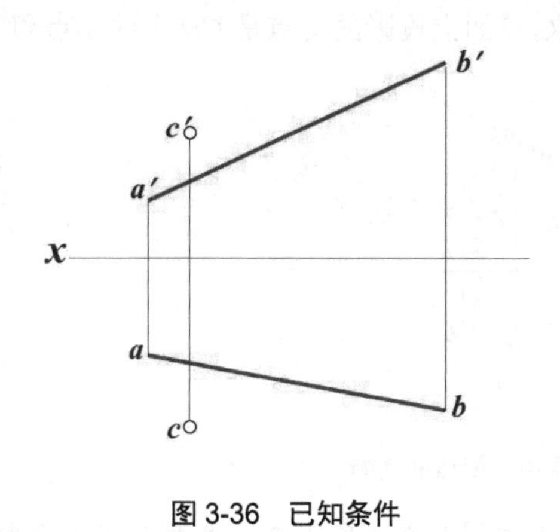

图 3-36　已知条件

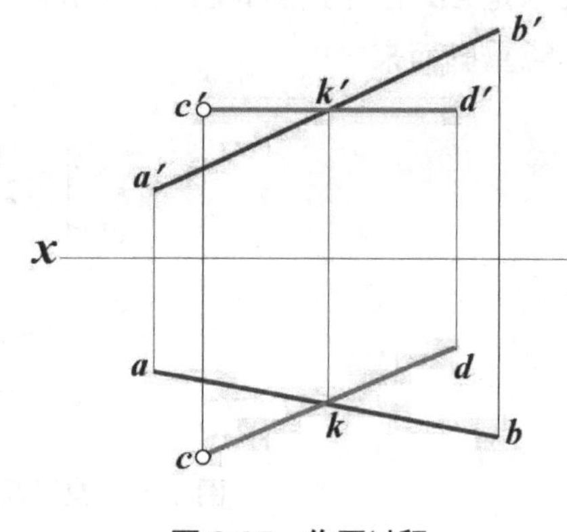

图 3-37　作图过程

小思考：如果给出 CD 的长度，解题过程有何变化？

3.5.3　交叉两直线

两直线既不平行，又不相交时，称为交叉直线或异面直线。所以，凡不满足平行和相交条件的直线均为交叉两直线，如图 3-38 所示。它们的所有投影，既不符合平行的条件，亦不符合相交的条件。即两直线交叉时，它们的各组同名投影不会都平行；同名投影若都相交，但每两个交点不会都在一条连系线上，因为它们不是空间同一点的投影。

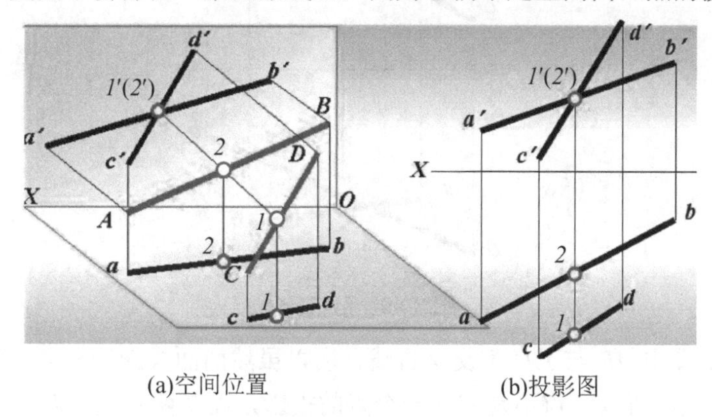

(a)空间位置　　(b)投影图

图 3-38　交叉两直线

可见，两直线在空间交叉，它们在三面投影体系中的投影特性如下。

(1) 两直线交叉，同名投影可能相交，但“交点”不符合空间一个点的投影规律；

(2) 交叉两直线同名投影的“交点”是两直线上的一对重影点的投影，用其可帮助判断两直线的相对位置。

如图 3-39 所示，直线 AB 和 CD 是空间两交叉直线，它们在 H 面和 V 面上的同名投影都相交，但投影交点间的连系线不符合点的投影规律，即不垂直于 X 轴，所以交点并不是空间同一点的投影，而是两直线上的一对重影点的投影；通过辨别可见性，可知 V 面上投影的交点是 AB 上的 Ⅰ点和 CD 上的 Ⅱ点重影而来，H 面上投影的交点是 CD 上的Ⅲ点和 AB 上的Ⅳ点重影而来。

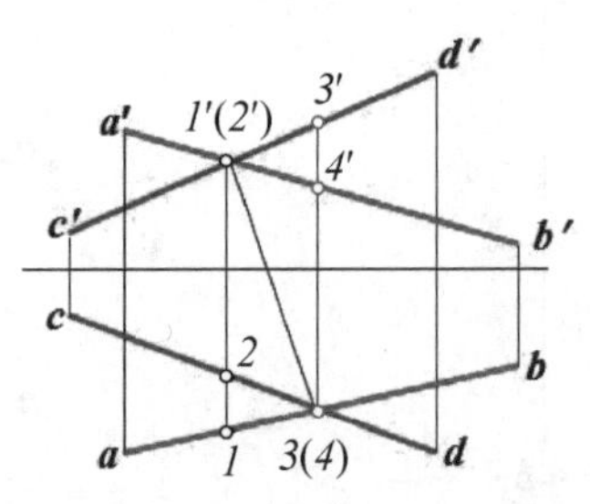

图 3-39　交叉两直线投影中重影点的判断

提示：因为交叉两直线投影的交点因两点重影而成，所以在交叉两直线的投影图中，如有重影点需判断重影点的可见性。在判断两重影点的可见性时，我们需在其相邻的投影面上分辨，坐标值大的点投影可见，坐标值小的点投影不可见，不可见点的投影要加括号表示。

【例题 3-7】判断两直线重影点的可见性，已知条件如图 3-40 所示。

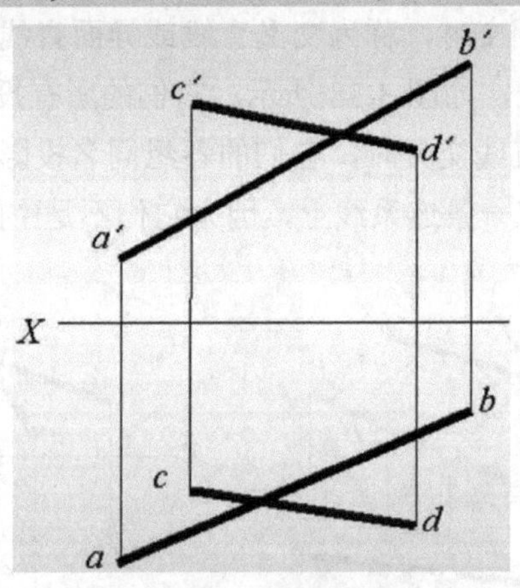

图 3-40　已知条件

【解题分析】图中 AB 与 CD 为交叉直线，所以虽然两面投影均相交，但交点很明显不在同一条连系线上，所以交点不是空间一个点的投影，而是两直线上两个点的重影点。题中两直线在 H 面和 V 面均有重影点，可一一判断，其中 H 面的重影点是两点一上一下重影产生，所以要判断两点的上下关系，需在 V 面上观察；V 面的重影点是两点一前一后重影产生，所以要判断两点的前后关系，需在 H 面上观察。

作图过程(见图 3-41)：

(1) 将两直线在 H 面的重影点标注为 1(2)，过此重影点向上作连系线分别与 a′b′、c′d′相交；

(2) 两交点中将 Z 轴坐标大的标 1′，坐标小的标 2′，即可知两直线 H 面的重影点是由 CD 上的 Ⅰ和 AB 上的 Ⅱ重影得来，且 CD 上的 Ⅰ在上，AB 上的 Ⅱ在下；

(3) 将两直线在 V 面的重影点标注为 $3'(4')$，过此重影点向下作连系线分别与 ab、cd 相交；

(4) 两交点中将 Y 轴坐标大的标 3，坐标小的标 4，即可知两直线 V 面的重影点是由 CD 上的Ⅲ和 AB 上的Ⅳ重影得来，且 CD 上的Ⅲ在前，AB 上的Ⅳ在后。

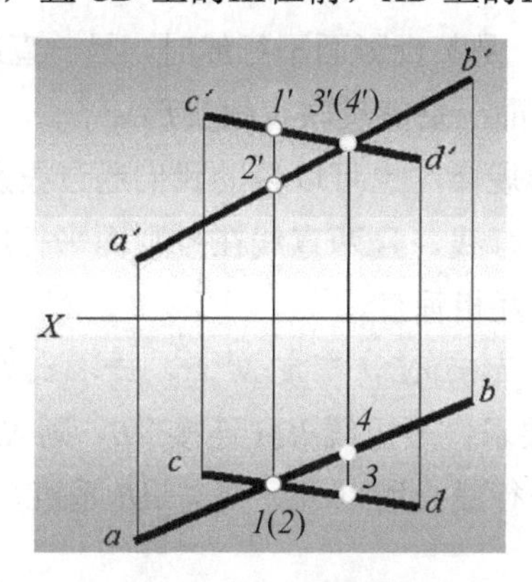

图 3-41　作图过程

3.5.4　垂直两直线

如果空间两直线垂直，且均为某投影面的平行线，则两直线在它们所平行的投影面上的投影反映直角实形。

当两垂直直线在空间相交，其中之一是某投影面平行线时，另一直线对该投影面倾斜，则两直线在投影面平行线所平行的投影面上的投影仍然反映直角实形。如图 3-42 所示，直线 AB 和 AC 在空间垂直，AB 为 H 面的平行线，通过 $AB\perp AC$ 可知，AC 的位置可在一个和 AB 垂直的 H 面垂直面上任意选取，则 ab 必垂直于此 H 面垂直面的积聚投影，所以 AB 垂直于 AC，且 AB 平行于 H 面，则有 $ab\perp ac$。

当两垂直直线在空间交叉，其中之一是某投影面平行线时，另一直线对该投影面倾斜，则两直线在投影面平行线所平行的投影面上也反映直角实形。如图 3-43 所示，直线 AB 和 MN 为交叉垂直直线，其中 AB 为 H 面的平行线，因 AC 平行于 MN，$AB\perp AC$，则 $ab\perp ac$，$ac\,/\!/\,mn$，$ab\perp mn$。

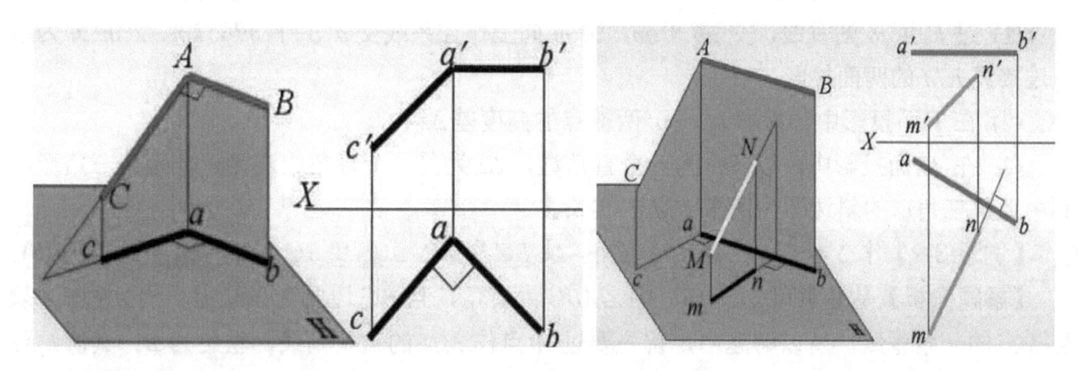

图 3-42　两相交直线垂直　　图 3-43　两交叉直线垂直

可见，两直线在空间垂直，它们在三面投影体系中的投影特性如下。

(1) 两垂直直线如果均为某投影面的平行线，则两直线在它们所平行的投影面上的投影反映直角实形；

(2) 两垂直直线，其中之一是某投影面平行线时，另一直线对该投影面倾斜，则两直线在投影面平行线所平行的投影面上仍然反映直角实形。

了解了两垂直直线的投影规律，也可以帮助我们通过投影图来判断直线的空间位置：如果两直线之一是某投影面平行线，且两直线在投影面平行线所平行的投影面上的同名投影互相垂直，则在空间两直线互相垂直。

【例题 3-8】以最短线 *KM* 连接 *AB*，确定 *M* 点，并求出 *KM* 实长(见图 3-44)。

【解题分析】首先，题中要求以最短线 *KM* 连接 *AB*，则 *KM* 就必与 *AB* 垂直才可满足要求，又因 *AB* 直线是 *H* 面的平行线，所以 *KM* 要与 *AB* 垂直，*km* 就必在 *AB* 所平行的 *H* 面上与 *ab* 垂直；

其次，*KM* 要和 *AB* 连接，就必定相交，两直线的各同名投影必相交且交点要满足一点的投影规律；

最后，要通过 *KM* 的投影求出实长，可利用前面章节中的直角三角形法作出。

作图过程(见图 3-45)：

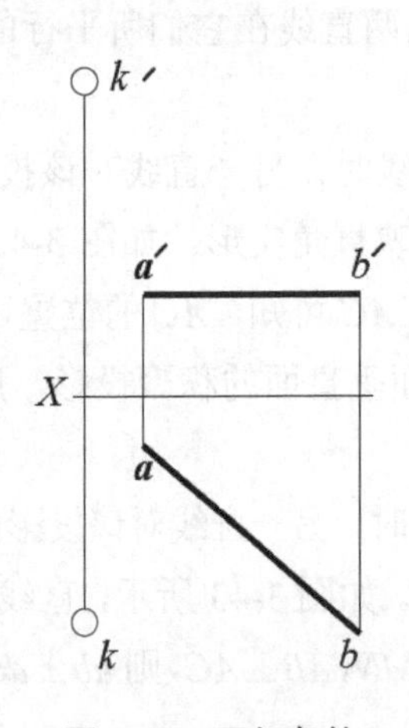

图 3-44　已知条件

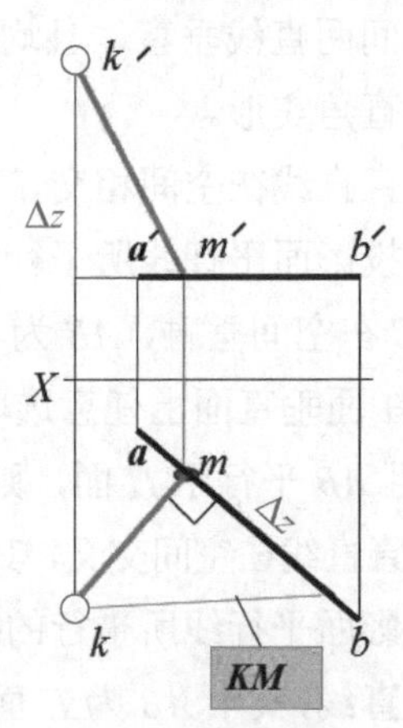

图 3-45　作图过程

(1) 过 *k* 引 *ab* 的垂线，交 *ab* 于 *m*，由 *m* 向上作连系线交 *a′b′* 于 *m′*，*km*、*k′m′* 即为最短连接线 *KM* 的两面投影；

(2) 在 *V* 面投影中，量取 *k′*、*m′* 两端点的高度差 Δz；

(3) 在 *H* 面投影中，以 *km* 为一个直角边，Δz 为另一个直角边连接一个直角三角形，其中直角三角形的斜边即为所求 *KM* 的实长。

【例题 3-9】作△*ABC*，∠*ABC* 为直角，使 *BC* 在 *MN* 上，且 *BC*∶*AB* =2∶3(见图 3-46)。

【解题分析】从题意可知△*ABC* 的∠*ABC* 为直角，且 *BC* 边要在 *MN* 上，则 *AB* 就必须是 *MN* 的一条垂线，所以解题中，首先要过 *A* 点作 *MN* 的一条垂线，垂足为 *B*；其次，要让 *MN* 上的 *BC*∶*AB* 为 2∶3，就要先求出 *AB* 的实长，*AB* 的实长可用直角三角形法作出，

然后用分比法求出 BC 的长度即可；最后，需要在 MN 上截取出 BC 的长度以连得三角形 ABC，由于 MN 是 V 面平行线，所以在 V 面上反映实长，则 MN 上的 BC 也在 V 面上反映实长，即用实长直接截取 V 面投影即可得到 C 的位置。

作图过程(见图 3-47)：

(1) 过 a' 作 $m'n'$ 的垂线，垂足为 b'，由 b' 向下引连系线交 mn 于 b，连接 ab；

(2) 在 H 面中量取 AB 两端的宽度差 Δy，以 AB 的 V 面投影 $a'b'$ 为一个直角边，另一个直角边为 Δy，连接一个直角三角形，斜边即为 AB 的实长；

(3) 在 AB 的实长上用分比法求出 2/3 的长度，即为 BC 的实长；

(4) 在 $m'n'$ 上以 b' 点为基准量取 $b'c'$ 等于 BC，截取出 c' 的位置，连接 $a'c'$；

(5) 由 c' 向下作连系线与 mn 交于 c，连接 ac；

(6) abc、$a'b'c'$ 即为所求△ABC 的两面投影。

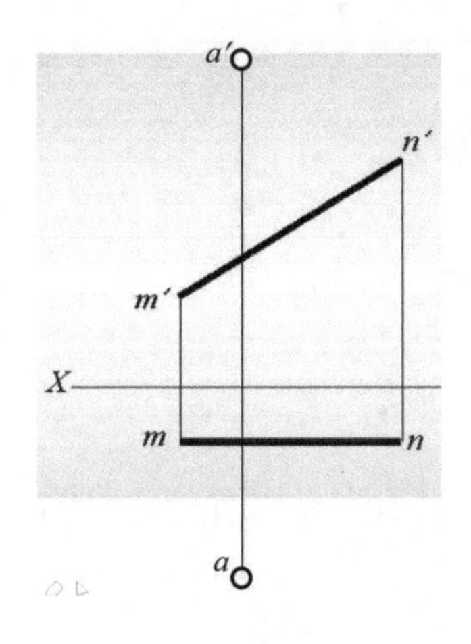

图 3-46　已知条件

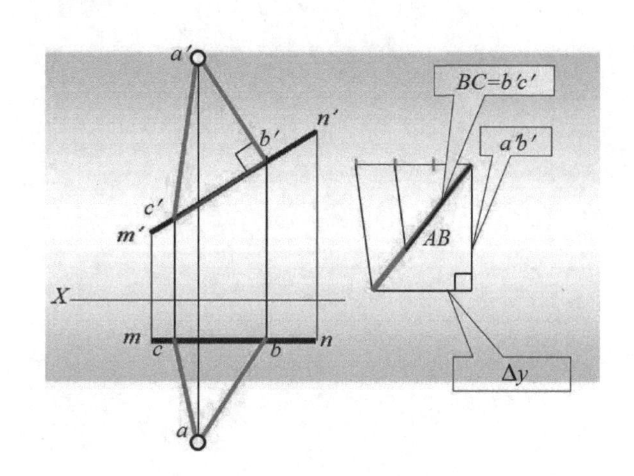

图 3-47　作图过程

本 章 小 结

本章从直线的分类与表示方法开始，分析了各种位置直线的投影特征，其中在对一般位置直线的实长和倾角的求解中介绍的直角三角形法是本章的一个重点作图技能；在作直线上的点的位置时所用的分比法也是日后综合解题中常用的取点方法，应该熟练掌握；最后在两直线的相对位置的判定和作图中，平行、相交、交叉和垂直的投影特征应多注意分辨，尤其应多分辨两线相交和两线交叉的投影特点；两直线间各种位置关系的投影作图是接下来学习线面及面面位置关系的基础，应多加练习以求熟练掌握。

[illegible]

作图过程(见图3-47)：

(1) [illegible]

(2) [illegible]

(3) [illegible]

(4) [illegible]

(5) [illegible]

(6) [illegible]

图3-46　已知条件　　　　图3-47　作图过程

本章小结

[illegible]

第4章 平　面

【本章教学要点】

知识要点	掌握程度
平面的分类	熟悉
平面的迹线	熟悉
最大斜率线	掌握
特殊位置平面的投影特征	重点掌握

【本章技能要点】

技能要点	掌握程度
一般位置平面的倾角作法	重点掌握
平面上点和直线的位置判断	掌握
线面、面面平行的判断与作图	掌握
线面、面面垂直的判断与作图	掌握
线面、面面相交的交点、交线作法	重点掌握

【本章导读】

在日常生活中，我们看到的大多数工程形体的表面都是由点、线组成的平面，掌握各种位置平面的投影特征，可为正确绘制和阅读形体的投影图奠定基础；掌握特殊位置的平面的投影特点可提高作图效率和准确性，而掌握一般位置平面的倾角作法更可以增强我们的空间想象能力。本章将介绍线面和面面在空间中的不同位置关系，在学习过程中应注意举一反三、灵活利用已学内容为综合解题开阔思路。

4.1　平面的投影特征

我们在以前的学习中，一般认为平面是没有边界的，可以向四周无限扩展，但在工程形体中，我们一般看到的平面大多数是由图形表示的，是有确切边界的，所以，在画法几何中无论是没有边界的平面或是有边界的平面图形，都统称为平面。

4.1.1　平面的表示方法

1. 传统的表示方法

如图 4-1 所示，平面的表示方法一般有以下几种。

(1) 不共线的三点；

(2) 一条直线和线外一点；

(3) 两平行直线；

(4) 两相交直线；

(5) 平面图形。

这五种平面的表示方法中，后四种均是由第一种不共线的三点引申扩展而来的。例如，将不共线的三点中的任意两点连接，即成一直线和线外一点；过一点作另外两个点连线的平行线，即为两平行直线；在不共线的三点中连接任意两条直线，即为两相交直线；将不共线的三点两两连接，即为一个平面图形。所以对于平面的表示来说，传统的表示方法本质上还是用不共线的三点来表示一个平面。

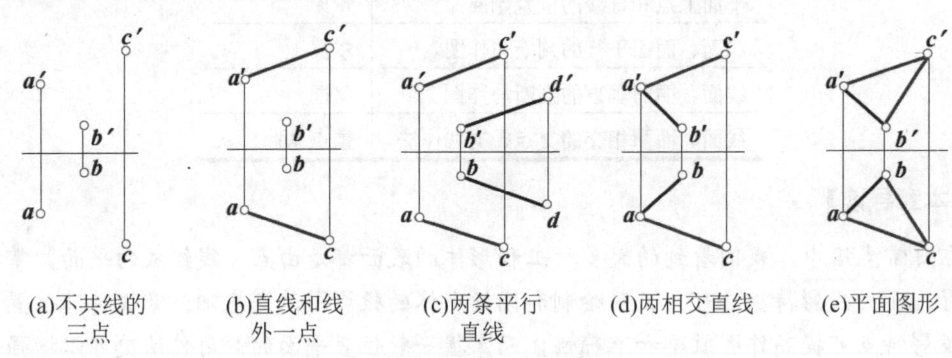

(a)不共线的三点　(b)直线和线外一点　(c)两条平行直线　(d)两相交直线　(e)平面图形

图 4-1　平面的表示方法

2. 新的表示方法

在画法几何中引入了一个新的平面表示方法，即用平面的迹线来表示平面。以后，在三面投影体系中，对于形状和大小任意的平面，它的位置就可用迹线来表示。

1) 迹线

迹线为平面与投影面的交线，用迹线表示的平面，称为迹线平面，如图 4-2(a)所示。

如迹线平面用一个大写字母 P 表示时，平面与 H 面、V 面和 W 面的交线 P_H 、P_V 和 P_W ，分别称为 P 面的 H 面、V 面和 W 面迹线。

2) 迹线集合点

由于迹线是平面与投影面的交线，所以迹线为平面与投影面的共有线，它既属于平面又属于投影面，而投影轴又是两投影面的交线，轴上的点为两投影面共有，所以，一个平面的每两条迹线，必定会相交于投影轴上，两条迹线在投影轴处的交点，称为迹线集合点。

迹线集合点用表示平面的大写字母，在右下角加注所属投影轴的字母表示，如 P_x、P_y、P_z。

如图 4-2(b)所示，在投影图中，迹线平面用其在各投影面上的迹线表示，表示时迹线的投影仍用本身的字母表示。

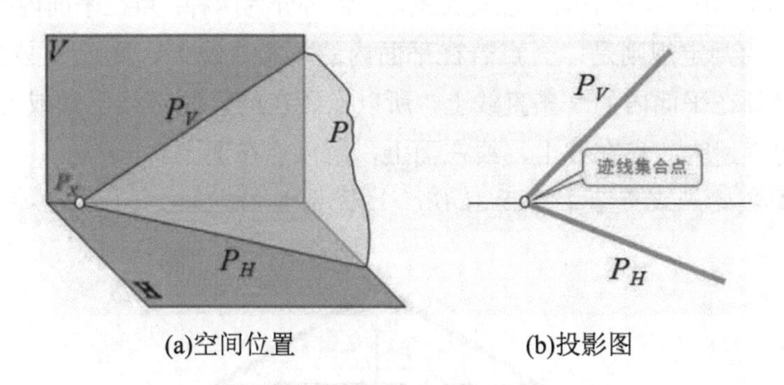

(a)空间位置　　(b)投影图

图 4-2　用迹线表示平面

4.1.2　平面的投影

由于点组成线、线组成面，所以，对于有边界的平面图形来说，其投影可用平面图形边线的投影表示。

(1) 如图 4-3(a)所示，一般情况下，平面图形的投影仍是一个类似的图形。——(类似性)

(2) 如图 4-3(b)所示，平面图形平行于某投影面时，在这个投影面上的投影反映平面图形的真实形状、大小和方向等。——(实形性)

(3) 如图 4-3(c)所示，平面垂直于某投影面时，在该投影面上的投影积聚成一直线。——(积聚性)

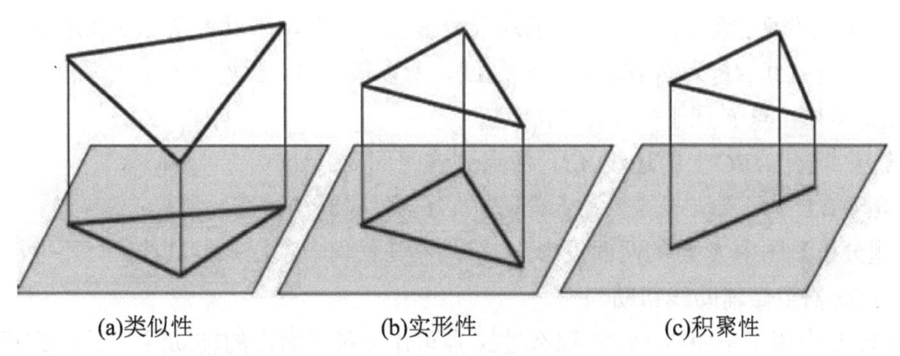

(a)类似性　　(b)实形性　　(c)积聚性

图 4-3　平面的投影

4.2 平面上的点和直线

一个平面上有无数个点和各种位置的直线，要想掌握平面上点和直线的投影特征，必须首先分辨清楚点、直线是否在平面上。

4.2.1 平面上的点

在空间投影体系中，点与平面的位置关系，大致可分为两种：点在平面内或点不在平面内。

点在平面内的判定规则是：一点若在平面内的一条直线上，则此点必位于该平面内。规则中强调点必须在平面内的一条直线上，所以点所在的直线必须已知或可证明在平面内。此判定思路也可简述为：点在线上，线在面上，所以点在面上。

【例题 4-1】 判定点 K 是否在平面△ABC 上(见图 4-4)。

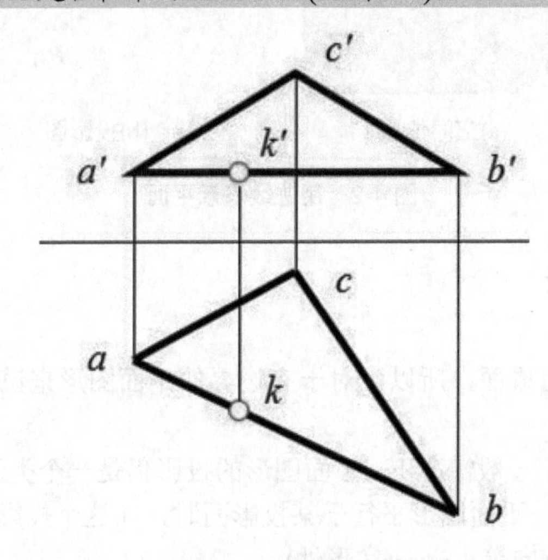

图 4-4 已知条件

【解题分析】 题中要判断点 K 与△ABC 的位置关系，从图中可明显观察出点 K 的两面投影均在 AB 的两面投影上，且 k、k' 的连系线垂直于 X 轴，所以首先可以判定点 K 属于直线 AB；又因为直线 AB 为△ABC 的一条边线，所以很明显 AB 属于△ABC。根据点属于面的判断规则可知：点 K 属于平面△ABC。

点 K 从属于△ABC 上的边线 AB，故点 K 在平面内。

【例题 4-2】 判断点 K 是否在平面△ABC 内(见图 4-5(a))。

【解题分析】 图中 K 点的两面投影 k、k' 均不在任何一条已知的直线上，不能明显地进行比较，此时需要做辅助线帮助判断。

先假设 K 点属于平面△ABC，那么过 K 点可作一条平面内的辅助线，点 K 的两面投影必在这条辅助线的两面投影上，如作辅助线后，观察到点 K 有任一投影不在该辅助线的同名投影上，则点 K 就不属于该辅助线，也即点 K 不属于辅助线所在的平面△ABC。

作图过程(见图 4-5(b))：

(1) 过 k' 连接 $a'k'$ 交 $c'b'$ 于 d'；

(2) 由 d' 向下作连系线交 cb 于 d，连接 ad；

(3) 观察可见，k 不在 ad 上，故点 K 不在平面内直线 AD 上；

(4) K 点不在平面内的直线 AD 上，故 K 点不在平面内。

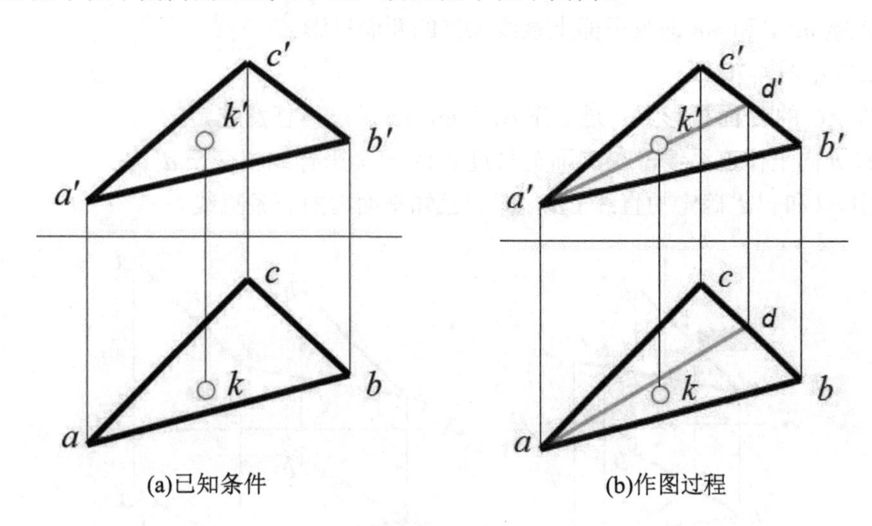

(a)已知条件　　(b)作图过程

图 4-5　判断点 K 是否在平面上

4.2.2　平面上的直线

在三面投影体系中，直线要么在平面上，要么不在平面上而与平面平行或相交，其中直线是否在平面内的判定规则如下。

(1) 一直线上有两点位于一平面上，则该直线必位于该平面上；

(2) 一直线有一点位于一平面上，且平行该平面上任一直线，则该直线也位于该平面上。

由于两点可确定一条直线，所以一直线上若有两点均属于一个平面，那么该两点连成的直线也就属于平面，此为判断规则一；当直线上仅能确定一点在平面上，同时直线平行于平面中的任一直线，那么这条直线也属于该平面，此为判断规则二。

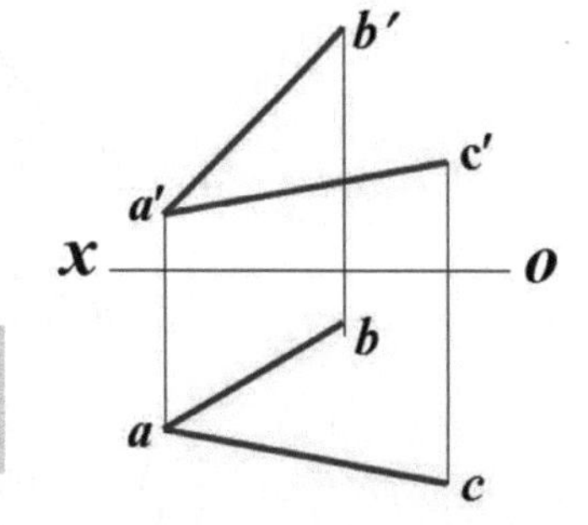

图 4-6　已知条件

【例题 4-3】已知平面由直线 AB、AC 所确定，试在平面内任作一条直线(见图 4-6)。

【解题分析】题目要求在平面内作一条直线，此时平面是由两相交直线 AB、AC 表示的，根据平面上直线的判断规则，要在该平面上作一条直线，可以有两种方法。第一种，分别在 AB 和 AC 上取一点，由于 AB、AC 属于已知平面，那么所取的点也就属于该平面，继而连接成的直线也必定属于该平面。第二种，在 AB 或 AC 上任找出一个已知点，然后过该点作平面内任一已知直线的平行线，则此平行线也必位于该平面内。

作图过程(见图 4-7)：

解法一(见图 4-7(a))：

(1) 在 AB 的 H 面投影 ab 上任取一点 m，过 m 向上作连系线与 $a'b'$ 交于 m'；

(2) 在 AC 的 H 面投影 ac 上任取一点 n，过 n 向上作连系线与 $a'c'$ 交于 n'；

(3) 连接 $m'n'$ 和 mn 即得平面上直线 MN 的两面投影。

解法二(见图 4-7(b))：

(1) 在 AC 的 H 面投影上，过 c 作 $cd \parallel ab$，cd 长度可任意选定；

(2) 过 d 向上作连系线，在 V 面上与过 c' 的 $a'b'$ 平行线相交于 d'；

(3) 由 cd 和 $c'd'$ 确定的直线 CD，即为已知平面内的一条直线。

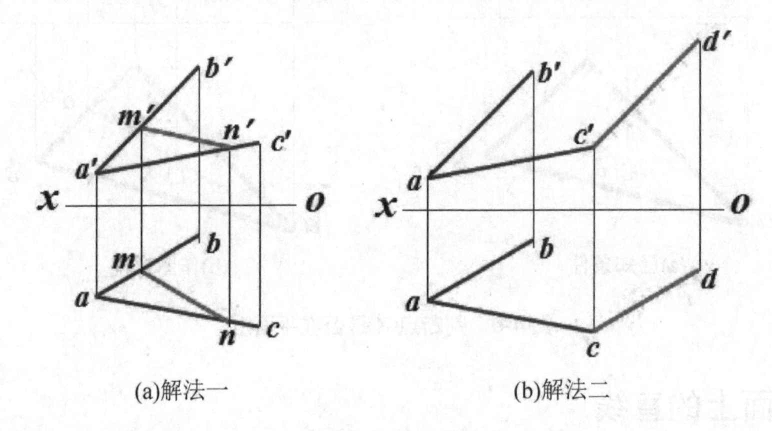

(a)解法一 (b)解法二

图 4-7 作图过程

【例题 4-4】已知 K 点在平面 ABC 上，求 K 点的水平投影(见图 4-8(a))。

【解题分析】题中已知 K 点属于平面 ABC，则 K 点肯定属于平面 ABC 的某条直线上，可过 k' 作平面 ABC 内的辅助线，将辅助线的 H 面投影作出，就可在其上截取出 K 点的 H 面投影。

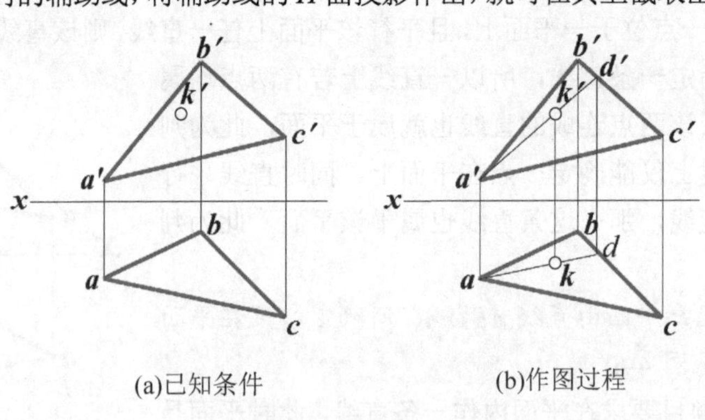

(a)已知条件 (b)作图过程

图 4-8 求已知平面上点的投影

作图过程(见图 4-8(b))：

(1) 连接 $a'k'$ 为平面内过 k 点的辅助线 AK 的 V 面投影，并与 $b'c'$ 交于 d'；

(2) 过 d' 向下作连系线与 bc 交于 d，连接 ad 为所作辅助线的 H 面投影；

(3) 过 k' 向下作连系线与 ad 相交于 k，即为点 K 的水平投影。

4.2.3　平面上的投影面平行线

平面位于三面投影体系中时，总能在平面内找到一组与各投影面相平行的直线，这种平面上的投影面平行线，因其既在平面内又是投影面的平行线。因此，它既具有平面上直线的投影特性，又具有投影面平行线的投影特性。

【例题 4-5】试过平面 ABC 的顶点 B 作一条从属于该平面的水平线 BD(见图 4-9)。

【解题分析】题中要求过 B 点作一条△ABC 内的水平线 BD，已知 B 点为平面 ABC 的顶点，所以 B 点为平面内的点，根据直线在平面上的判定规则二：直线上一点在平面内，且平行于平面内任一已知直线，则直线就在平面内，所以 BD 要满足既在平面内又是水平线，就应该使 BD 平行于平面内的一条已知的水平线方可。

作图过程(见图 4-10)：

(1) 过 c' 作 $c'e'$ 平行于 X 轴且交 $a'b'$ 于 e'；

(2) 过 e' 向下作连系线交 ab 于 e，连接 ce；

(3) 过 b' 作 $b'd'$ 平行于 $c'e'$，$b'd'$ 长度可任意；

(4) 过 b 作 ce 平行线与过 d' 向下作的连系线交于 d；

(5) bd 与 $b'd'$ 所确定的直线 BD 即为所求直线。

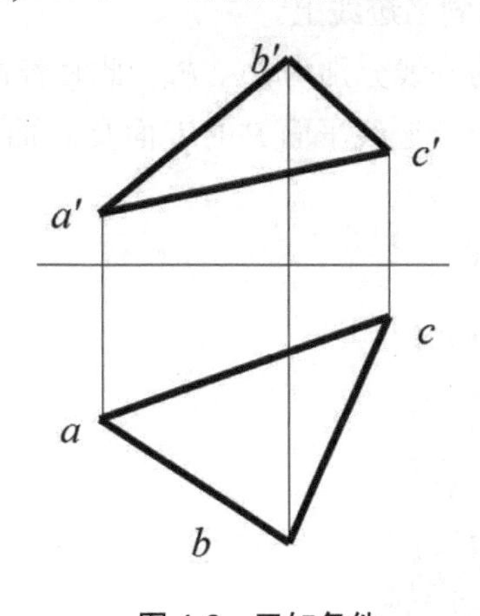

图 4-9　已知条件

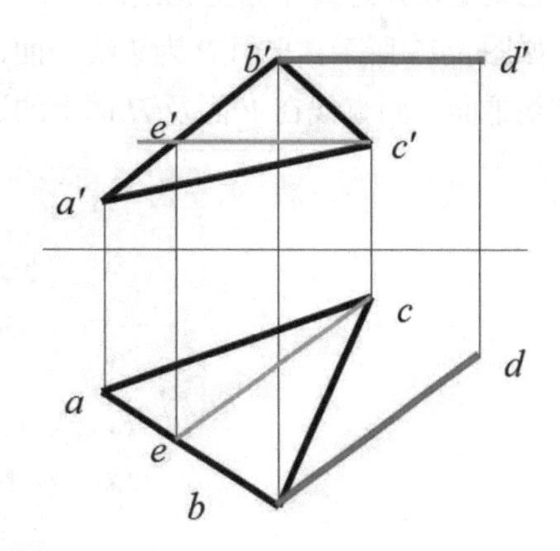

图 4-10　作图过程

【例题 4-6】在平面 ABC 内作一条水平线，使其到 H 面的距离为 10mm(见图 4-11)。

【解题分析】在一个已知平面内，可作出无数条水平线，但与 H 面距离为 10mm 的仅有一条，所以所求水平线的高度是解题关键。可先在 V 面投影中做一条与 X 轴距离为 10mm 的线段，为保证其在平面内，使其与平面边线的交点在 V 面与 H 面上的投影位于同一条连系线上即可。

作图过程(见图 4-12)：

(1) 在 V 面中作出与 X 轴距离为 10mm 的直线 $m'n'$，分别与 $a'b'$ 交于 m'、与 $a'c'$ 交于 n'；

(2) 过 m' 向下作连系线与 ab 交于 m，过 n' 向下作连系线与 ac 交于 n；

(3) 连接 mn，投影 mn 与 $m'n'$ 确定的直线 MN 即为所求直线。

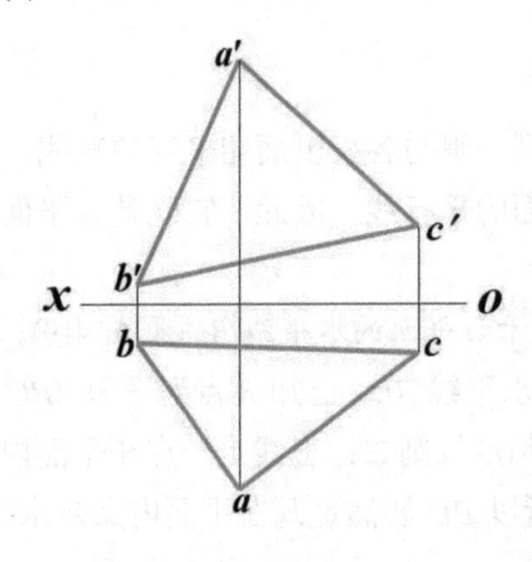

图 4-11　已知条件

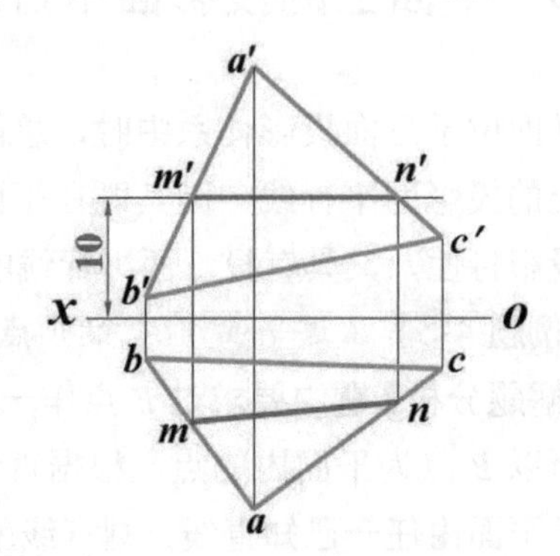

图 4-12　作图过程

4.2.4　迹线平面上的直线

迹线平面是由无数直线组成的，在平面上可找出无数条投影面平行线和投影面相交线，所以迹线平面与投影面相交的迹线可视为是迹线平面上的无数个投影面相交线的迹点的集合。也就是说，迹线平面上直线的迹点，肯定在平面的同名迹线上。

如图 4-13 所示，平面 P 为迹线平面，其与投影面的迹线分别为 P_V、P_H。此时若直线属于迹线平面，则直线在 V 面及 H 面上的迹点也就必然属于迹线平面 P 的 V 面及 H 面迹线。

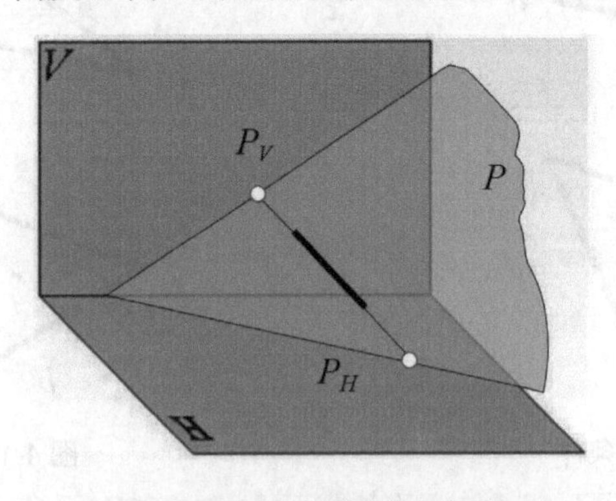

图 4-13　迹线平面上的直线

【例题 4-7】已知相交两直线 AB 和 CD，求它们所决定的平面 P 的迹线 P_H 和 P_V(见图 4-14)。

【解题分析】由于题中平面 P 由两条相交直线 AB、CD 表示，则直线 AB、CD 必为平面 P 上的直线。那么，直线 AB、CD 的迹点必定位于平面 P 的同名迹线上。

作图时，可先分别求出直线 AB、CD 的 H 面及 V 面迹点，然后分别将直线 AB、CD 在同一投影面上的同名迹点相连接，即为平面的同名迹线。

作图过程(见图 4-15)：

(1) 延长 *AB* 直线的 *V* 面投影 *a′b′* 与 *X* 轴相交于 *e′*，*e′* 即为 *AB* 直线的 *H* 面迹点的 *V* 面投影；

(2) 过 *e′* 向下作连系线与 *ab* 的延长线相交于 *e*，*e* 即为 *AB* 直线的 *H* 面迹点；

(3) 延长 *AB* 直线的 *H* 面投影 *ab* 与 *X* 轴相交于 *g*，*g* 即为 *AB* 直线的 *V* 面迹点的 *H* 面投影；

(4) 过 *g* 向上作连系线与 *a′b′* 的延长线相交于 *g′*，*g′* 即为 *AB* 直线的 *V* 面迹点；

(5) 延长 *CD* 直线的 *V* 面投影 *c′d′* 与 *X* 轴相交于 *f′*，*f′* 即为 *CD* 直线的 *H* 面迹点的 *V* 面投影；

(6) 过 *f′* 向下作连系线与 *cd* 的延长线相交于 *f*，*f* 即为 *CD* 直线的 *H* 面迹点；

(7) 延长 *CD* 直线的 *H* 面投影 *cd* 与 *X* 轴相交于 *h*，*h* 即为 *CD* 直线的 *V* 面迹点的 *H* 面投影；

(8) 过 *h* 向上作连系线与 *c′d′* 的延长线相交于 *h′*，*h′* 即为 *CD* 直线的 *V* 面迹点；

(9) 连接 *ef*、*h′g′* 分别为平面 *P* 的 *H* 面迹线和 *V* 面迹线。

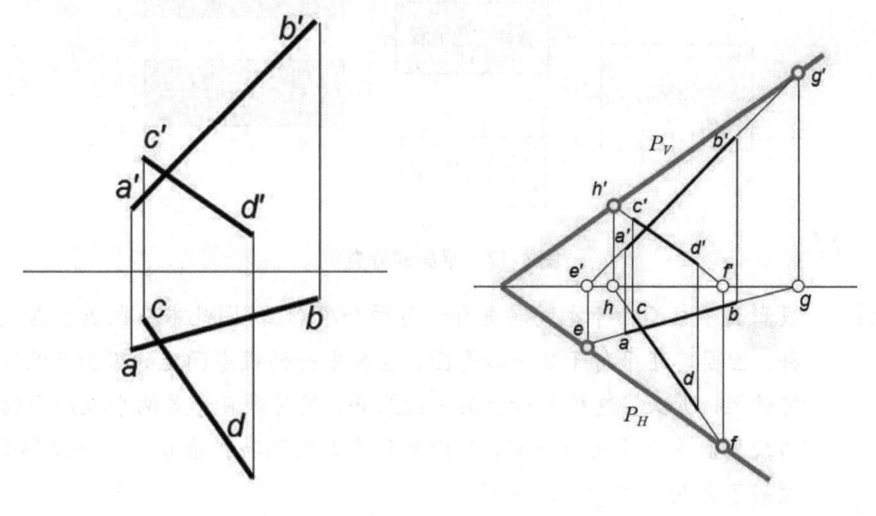

图 4-14　已知条件　　　　图 4-15　作图过程

4.3　平面对投影面的相对位置

在三面投影体系中，由于空间平面对投影面的位置是多样的，所以平面的投影会随着平面位置的不同而发生变化。

如图 4-16 所示，当平面平行于某一投影面时，其投影反映实形；当平面垂直于某一投影面时，其投影积聚成一直线；当平面倾斜于投影面时，其投影为类似于原平面的图形。

在三面投影体系中，我们按照平面形成投影时有无规律，将垂直于某一投影面，同时倾斜于另两个投影面的平面称为投影面垂直面；将平行于某一投影面，同时垂直于另两个投影面的平面称为投影面平行面；将与三个投影面都倾斜的平面称为一般位置平面。

如图 4-17 所示，将空间平面分为一般位置平面和特殊位置平面，其中特殊位置平面又包括投影面垂直面和投影面平行面。

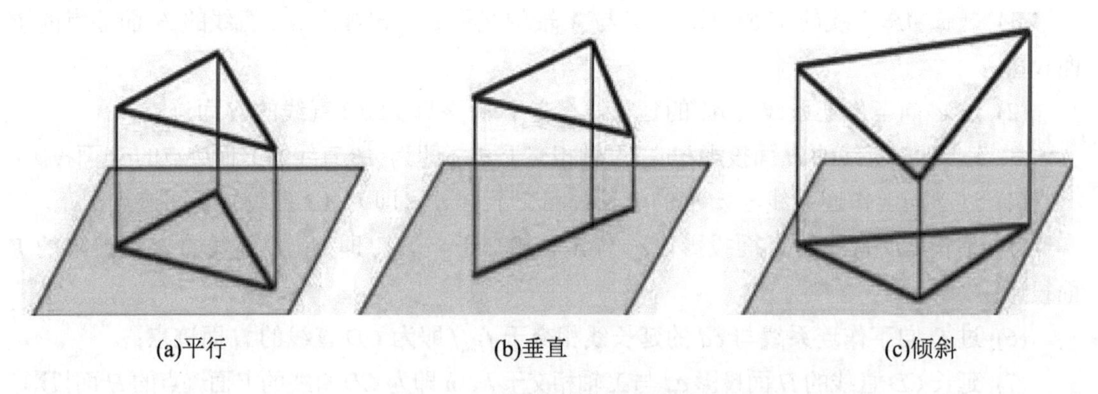

图 4-16　平面对投影面的位置

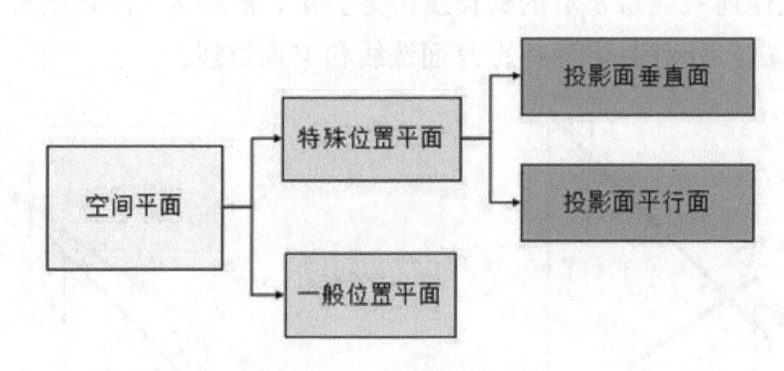

图 4-17　平面的分类

提示： 投影面平行面由于也同时垂直于另两个投影面，因此本身也属于垂直面的一种，但因其还平行于某一投影面，在其平行的投影面上的投影反映实形，有特殊性，所以将这种平行于某一投影面，同时垂直于另两个投影面的平面作为投影面平行面进行研究，而投影面垂直面则特指垂直于某一投影面，同时倾斜于另两个投影面的平面。

4.3.1　一般位置平面

一般位置平面是指对三个投影面都倾斜的平面，其与三个投影面都有夹角。通常，将空间平面与投影面的夹角称为平面的倾角。因为三面投影体系中有三个投影面，所以一般位置平面与 H 面、V 面和 W 面有三个倾角，分别用 α、β 和 γ 表示。

如图 4-18 所示，一般位置平面在三面投影体系中的三个投影均为类似形，不反映平面的实形和倾角，也没有积聚性。而一般位置平面对某一投影面的倾角，可用该平面上垂直于任一条同名的投影面平行线的一条最大斜度线的倾角来表示。

最大斜度线为平面内对某一投影面的角度最大的一组平行直线。我们用平面内的最大斜度线的倾角来替代平面的倾角，从而将平面的倾角问题转化为直线的倾角问题。

在几何作图时，平面内的最大斜度线为平面内垂直于投影面平行线的直线。

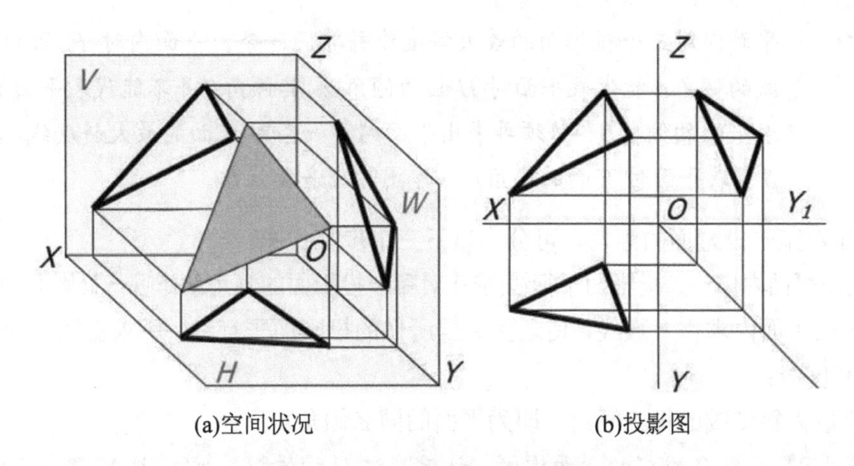

(a)空间状况　　(b)投影图

图 4-18　一般位置平面的投影

提示：平面内的对某一投影面的平行线均相互平行，作图时可任选一条；与投影面平行线相垂直的直线也有无数条，均相互平行，对投影面的倾角也相同，作图时任作出一条最大斜度线即可。

如图 4-19 所示，*CD* 为平面 *P* 内的 *H* 面平行线，*AB* 垂直 *CD*，*AB* 即为平面 *P* 内对 *H* 面的最大斜度线。由于平面 *P* 内直线 *AB* 垂直直线 *CD*，根据两直线垂直的特性，*AB*、*CD* 在 *H* 面上的投影 *ab* 必垂直 *cd*。由于 *AB* 为平面 *P* 内对 *H* 面的最大斜度线，所以，*AB* 对 *H* 面的倾角等于平面 *P* 对 *H* 面的倾角。

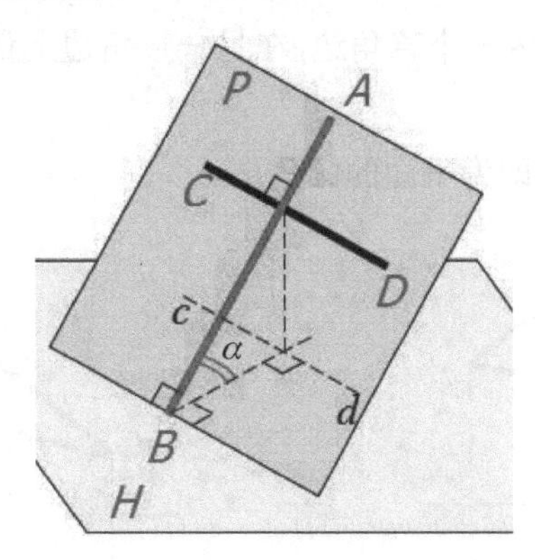

图 4-19　平面内的最大斜率线

知识链接：两直线垂直，如果其中一条是某投影面的平行线，则两直线在其平行的投影面上的投影反映直角实形。

在三面投影体系中有三个投影面，所以平面内的最大斜度线也有三种。

(1) 平面对 *H* 面的最大斜度线——平面内垂直于水平线的直线；

(2) 平面对 *V* 面的最大斜度线——平面内垂直于正平线的直线；

(3) 平面对 W 面的最大斜度线——平面内垂直于侧平线的直线。

提示： 平面内对三个投影面的最大斜度线并非同一条。平面内对 H 面的最大斜度线的倾角 α 能代表平面对 H 面的倾角 α，其倾角 β 并不能代表平面的倾角 β；求平面的倾角 β，必须再求出平面内另一条对 V 面的最大斜度线，用其倾角 β 代表平面对 V 面的倾角 β，作图时应多加注意。

求平面对某一投影面的倾角，可分为以下三个步骤作图。

(1) 先在平面内作一条投影面平行线(求作对哪一投影面的倾角就作哪一投影面的平行线)；

(2) 再在平面内求作一直线，使之垂直于所作的投影面平行线，所求直线即为对此投影面的最大斜度线；

(3) 求最大斜度线的相应倾角，即为平面的同名倾角。

【例题 4-8】 已知△ABC 的两面投影，试求其对 H 面的倾角 α (见图 4-20)。

【解题分析】 按照平面倾角的作图步骤，可在平面内先作一条 H 面平行线，再在平面内求出垂直于所作 H 面平行线的直线，即为平面内对 H 面的最大斜度线，求出最大斜度线的倾角 α，即为平面的倾角 α。

作图过程(见图 4-21)：

(1) 在 V 面投影中过 c' 作平行于 X 轴的直线交 $a'b'$ 于 d'，过 d' 向下作连系线交 ab 于 d，连接 cd；

(2) 在 H 面投影中，过 b 引 cd 的垂线交 ac 于 e，过 e 向上作连系线与 $a'c'$ 交于 e'，连接 $b'e'$；

(3) 在 H 面投影中，以 be 为一个直角边，在另一直角边上量取直线 BE 两端的高度差 m，形成一个直角三角形；

(4) 高度差 m 所对的角度即为平面的倾角 α。

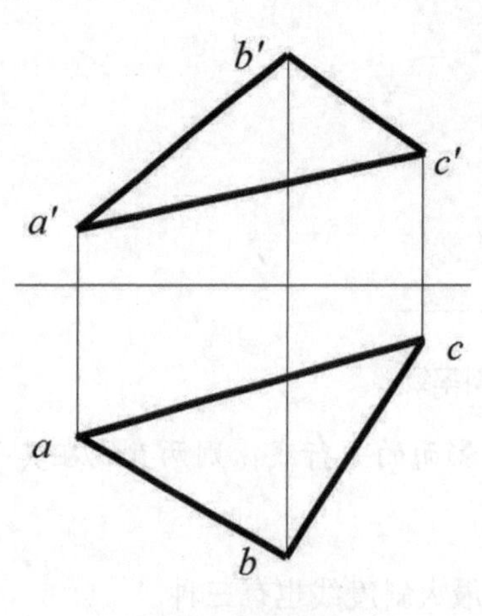

图 4-20 已知条件

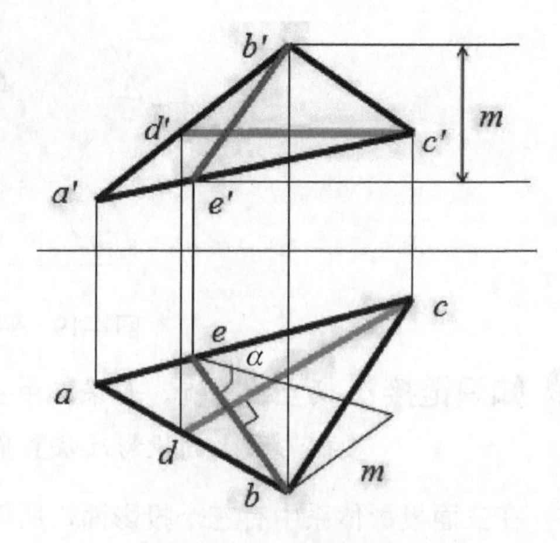

图 4-21 作图过程

4.3.2　投影面垂直面

投影面垂直面是指垂直于一个投影面，同时倾斜于其他两个投影面的平面。

因为三面投影体系中有三个投影面，所以空间平面有可能和任一个投影面垂直，通常情况下，我们分别将和 *H* 面、*V* 面、*W* 面垂直的平面称为铅垂面、正垂面、侧垂面。

铅垂面——垂直于 *H* 面，同时倾斜于 *V*、*W* 的平面；

正垂面——垂直于 *V* 面，同时倾斜于 *H*、*W* 的平面；

侧垂面——垂直于 *W* 面，同时倾斜于 *H*、*V* 的平面。

1. 铅垂面

在三面投影体系中，铅垂面为垂直于 *H* 面，同时倾斜于 *V*、*W* 面的平面。

如图 4-22 所示，因为平面 *P* 垂直于 *H* 面，所以平面 *P* 在它所垂直的 *H* 面上积聚成一直线，且积聚投影与 *X* 轴、*Y* 轴的夹角反映了平面对另外两个投影面的倾角β和γ的实形；同时因为平面 *P* 与另外两个投影面呈倾斜位置，所以平面在其他两个投影面上的投影不能反映实形，投影仅是与原平面相类似的图形。

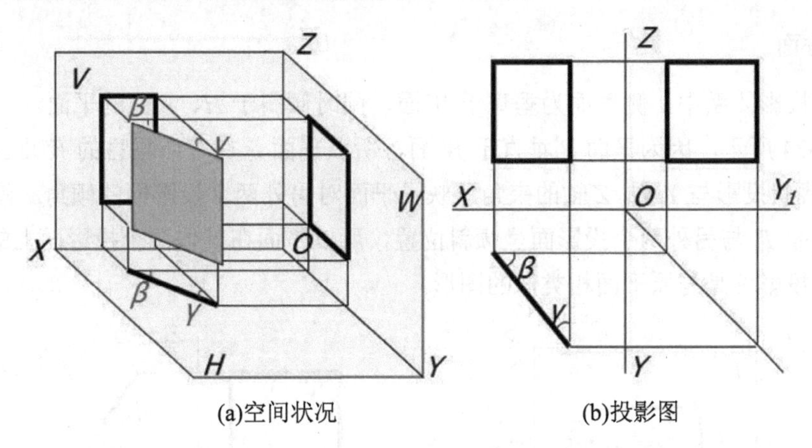

(a)空间状况　　(b)投影图

图 4-22　铅垂面的投影

所以，铅垂面的投影特征如下。

(1) 水平投影积聚为直线，并反映平面对另外两个投影面的倾角β、γ的实形；

(2) 正面投影和侧面投影均不反映实形。

提示： 由于投影面垂直面与其垂直的投影面间夹角必定为 90°，不用赘述，所以在探讨投影面垂直面的倾角时，仅说明其对另外两个投影面的倾角即可。

2. 正垂面

在三面投影体系中，正垂面为垂直于 *V* 面，同时倾斜于 *H*、*W* 面的平面。

如图 4-23 所示，因为平面 *P* 垂直于 *V* 面，所以平面 *P* 在它所垂直的 *V* 面上积聚成一直线，且直线状投影与 *X* 轴、*Z* 轴的夹角反映了平面对另外两个投影面的倾角α和γ的实形；

同时因为平面 P 与另外两个投影面呈倾斜位置，所以平面在其他两个投影面上的投影不能反映实形，投影仅是与原平面相类似的图形。

所以，正垂面的投影特征如下。

(1) 正面投影积聚为直线，并反映平面对另外两个投影面的倾角α、γ的实形；

(2) 水平投影和侧面投影均不反映实形。

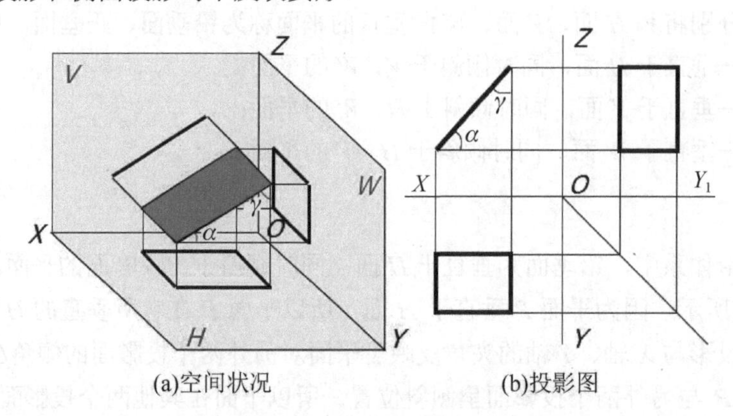

(a)空间状况　　(b)投影图

图 4-23　正垂面的投影

3. 侧垂面

在三面投影体系中，侧垂面为垂直于 W 面，同时倾斜于 H、V 面的平面。

如图 4-24 所示，因为平面 P 垂直于 W 面，所以平面 P 在它所垂直的 W 面上积聚成一直线，且直线状投影与 Y_1 轴、Z 轴的夹角反映了平面对另外两个投影面的倾角α和β的实形；同时因为平面 P 与另外两个投影面呈倾斜位置，所以平面在其他两个投影面上的投影不能反映实形，投影仅是与原平面相类似的图形。

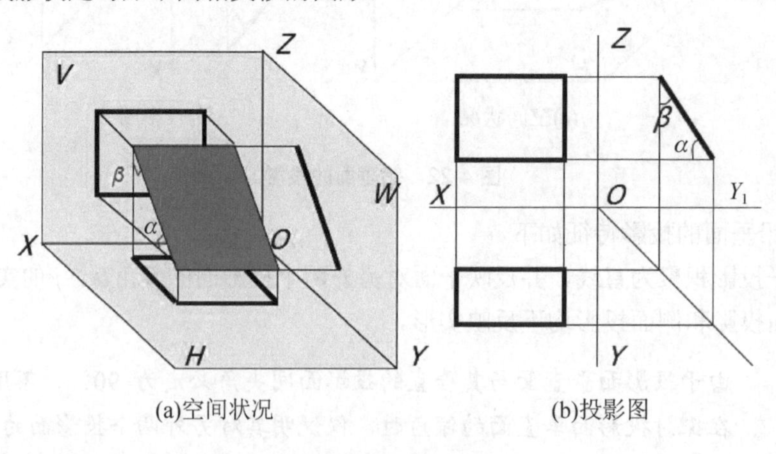

(a)空间状况　　(b)投影图

图 4-24　侧垂面的投影

所以，侧垂面的投影特征如下。

(1) 侧面投影积聚为直线，并反映平面对另外两个投影面的倾角α、β的实形；

(2) 水平投影和正面投影均不反映实形。

综上所述，投影面垂直面的投影特性可概括如下。

(1) 平面在它所垂直的投影面上的投影积聚为一条斜线，该斜线与相应投影轴的夹角反映该平面与相应投影面的夹角；

(2) 平面在另外两个投影面上的投影不反映实形。

掌握了投影面垂直面的投影规律，我们可以通过观察平面在三面投影图中的投影特征来判定平面在三面投影体系中的位置。

判定规则：在平面的投影中，若某一投影面上的投影积聚为一条斜线，则该平面必为该投影面的垂直面。

4.3.3　投影面平行面

投影面平行面是指对一个投影面平行，同时垂直于其他两个投影面的平面。

因为三面投影体系中有三个投影面，所以空间平面有可能和任一个投影面平行，通常情况下，我们分别将和 H 面、V 面、W 面平行的平面分别称为水平面、正平面、侧平面。

水平面——平行于 H 面，同时垂直于 V、W 的平面。

正平面——平行于 V 面，同时垂直于 H、W 的平面。

侧平面——平行于 W 面，同时垂直于 H、V 的平面。

1. 水平面

在三面投影体系中，水平面为平行于 H 面，同时垂直于 V、W 的平面。

如图 4-25 所示，因为平面 P 平行于 H 面，所以平面 P 在它所平行的 H 面上的投影反映了平面的实形；因三投影面两两垂直，所以平面 P 在与 H 面平行的同时，必定垂直于 V 面和 W 面，从而在另两个投影面上的投影均积聚为一条直线并分别平行于 X 轴和 Y_1 轴，或说共同垂直于 Z 轴。

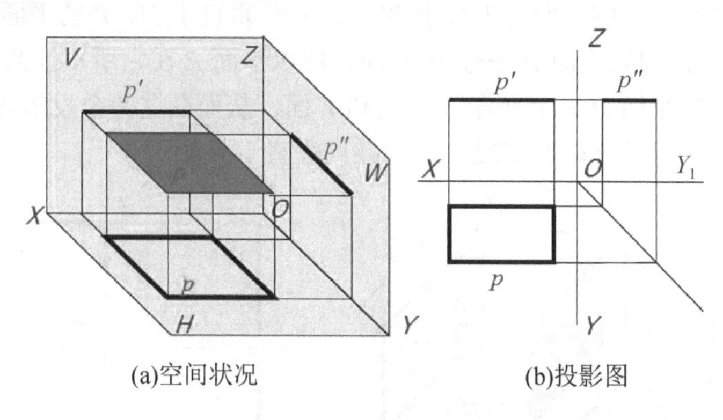

(a)空间状况　　(b)投影图

图 4-25　水平面的投影

所以，水平面的投影特征如下。

(1) 水平投影反映平面实形；

(2) 正面投影和侧面投影积聚为一条直线并分别平行于 X 轴和 Y_1 轴，或说共同垂直于 Z 轴。

提示： 由于投影面平行面与它所平行的投影面平行，从而并不相交、无倾角；投影面平行面与另外两个投影面也必定处于垂直位置，倾角为 90°，所以在探讨投影面平行面的投影特性时不再对其倾角进行赘述。

2. 正平面

在三面投影体系中，正平面为平行于 V 面，同时垂直于 H、W 的平面。

如图 4-26 所示，因为平面 P 平行于 V 面，所以平面 P 在它所平行的 V 面上的投影反映平面的实形；同时平面 P 必定垂直于 H 面和 W 面，从而在这两个投影面上的投影均积聚为一条直线并分别平行于 X 轴和 Z 轴，或说共同垂直于 Y 轴。

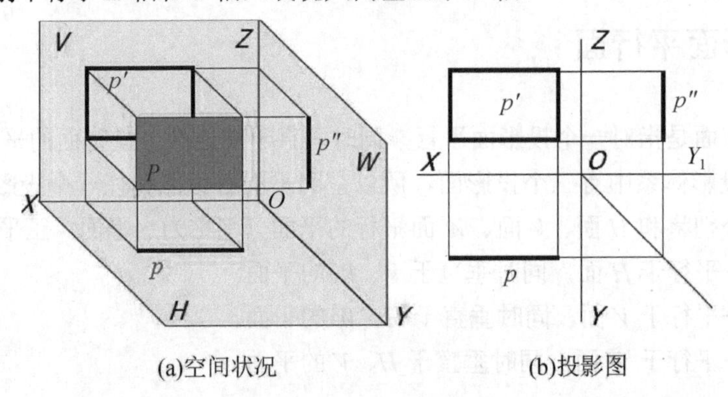

(a)空间状况　　(b)投影图

图 4-26　正平面的投影

所以，正平面的投影特征如下。

(1) 正面投影反映平面实形；

(2) 水平投影和侧面投影积聚为一条直线并分别平行于 X 轴和 Z 轴，或说共同垂直于 Y 轴。

3. 侧平面

在三面投影体系中，侧平面为平行于 W 面，同时垂直于 H、V 的平面。

如图 4-27 所示，因为平面 P 平行于 W 面，所以平面 P 在它所平行的 W 面上的投影反映平面的实形；同时平面 P 必定垂直于 H 面和 V 面，从而在这两个投影面上的投影均积聚为一条直线并分别平行于 Y 轴和 Z 轴，或说共同垂直于 X 轴。

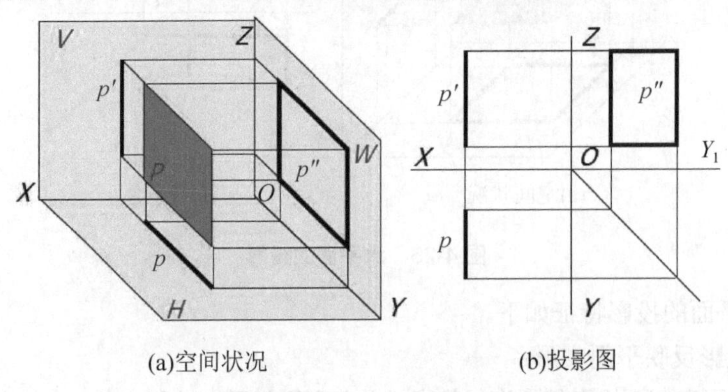

(a)空间状况　　(b)投影图

图 4-27　侧平面的投影

所以，侧平面的投影特征如下。

(1) 侧面投影反映平面实形；

(2) 水平投影和正面投影积聚为一条直线并分别平行于 Y 轴和 Z 轴，或者共同垂直于 X 轴。

综上所述，投影面平行面的投影特性可总结如下。

(1) 平面在它所平行的投影面上的投影反映实形；

(2) 平面在另外两个投影面上的投影积聚成直线，且分别平行于相应的投影轴，或者共同垂直于某一投影轴。

掌握了投影面平行面的投影规律，我们就可以通过观察平面在三面投影图中的投影特征来判定平面的空间位置。

事实上，在平面的任意两面投影中，若有一面投影积聚为平行于某投影轴的直线，则此平面必为该投影轴相邻的投影面的平行面。

4.4　线面、面面的相对位置

在三面投影体系中，平面与平面之外的直线、平面不平行则必相交，其中垂直属于相交时的一种特殊情况，因为不管是线面垂直还是面面垂直均有特殊规律可循，所以通常我们将垂直状态从相交中单独罗列出来进行研究，则线面和面面之间的位置关系就分成了平行、垂直和相交三种情况。

掌握线面、面面在空间中不同相对位置的投影特性，有利于我们在日后的综合解题中准确、便捷地进行几何作图。

4.4.1　平行

1. 线面平行

直线和平面如平行，直线必定平行于平面内的一条直线。反之，也可用此特性来判定直线与平面的位置关系：如一直线和平面内的一条直线平行，则该直线必平行于该平面。

如图 4-28 所示，AB 为平面 P 外的一条直线。AB 平行于平面 P，则必定在平面 P 内可找到一条直线 CD 与 AB 平行；反之，如 AB 平行于平面 P 内的直线 CD，则直线 AB 必定平行于平面 P。

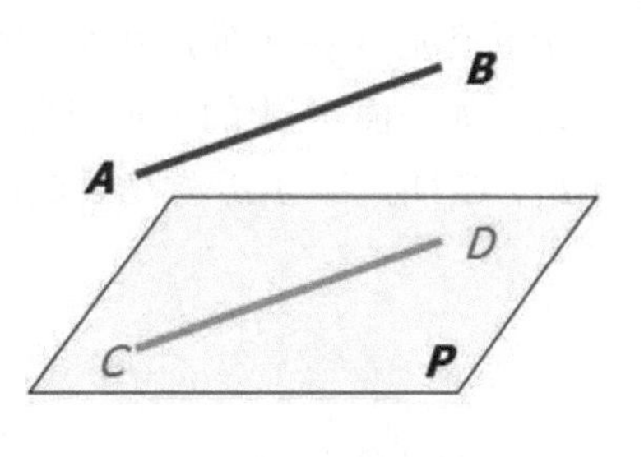

图 4-28　线面平行

提示： 直线与平面平行，则在平面内必可找到一组平行的直线均与已知直线平行。用此特性判定时，只需找出任意一条即可。

【例题 4-9】试判别直线 AB 是否平行于 $\triangle LMN$(见图 4-29)。

【解题分析】直线 AB 如平行△LMN，则必能在平面内能找出一条直线与之平行。解题时，可先假设直线 AB 与△LMN 平行，之后在任一投影面中作图，使△LMN 中的一条直线平行于直线 AB 的同名投影，再到另一投影面中观察平面内所找直线与直线 AB 的同名投影关系，如仍然平行，则假设成立，如不平行，则假设不成立。

作图过程(见图 4-30)：

(1) 在 V 面中，作 $c'd'$ 平行于 $a'b'$，并与 $l'm'$ 交于 c'，与 $m'n'$ 交于 d'；

(2) 过 c' 向下作连系线与 lm 交于 c，过 d' 向下作连系线交 mn 于 d，连接 cd；

(3) 通过观察，cd 不平行于 ab，故直线 AB 不平行于△LMN。

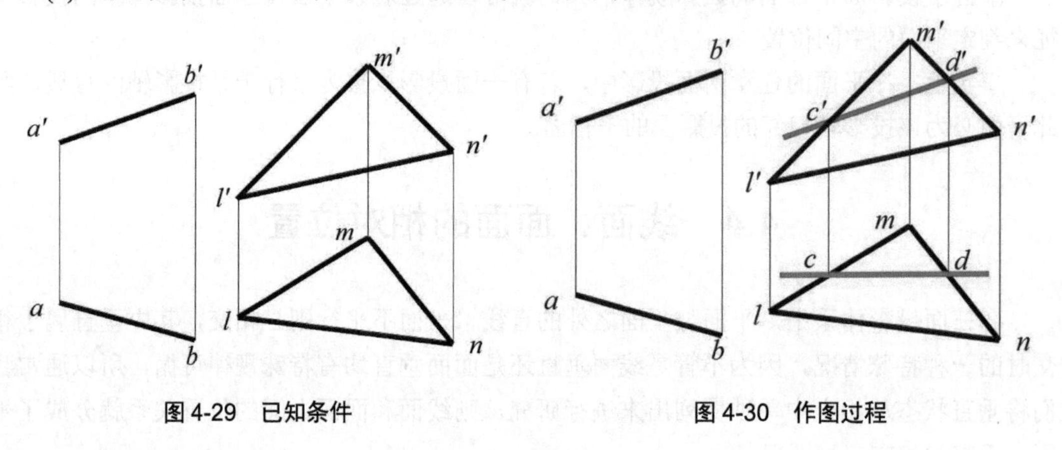

图 4-29 已知条件　　图 4-30 作图过程

小思考：是否可以从水平投影面入手作图解题？

2. 面面平行

两平面如平行，则一平面内的相交两直线必定对应地平行于另一平面内的相交两直线。反之，可用此特性来判定两平面的位置关系：若一平面内相交两直线对应地平行于另一平面内相交两直线，则两平面互相平行。

如图 4-31 所示，直线 AB 与直线 CD 为平面 P 内的一对相交直线，如平面 P 平行于平面 P_1，则必定在平面 P_1 中能找到一对相交直线 A_1B_1、C_1D_1，并使 $A_1B_1 /\!/ AB$，$C_1D_1 /\!/ CD$。反之，如平面 P 中的一对相交直线 AB、CD 分别对应地平行于平面 P_1 内的一对相交直线 A_1B_1、C_1D_1，即 $A_1B_1 /\!/ AB$、$C_1D_1 /\!/ CD$，则可判定平面 P 平行于平面 P_1。

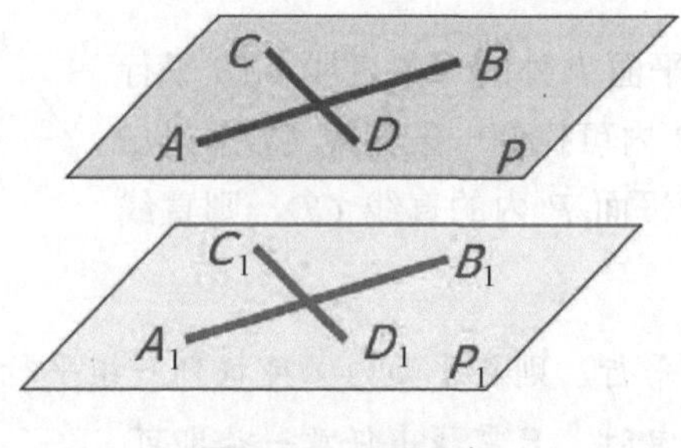

图 4-31 面面平行

提示： 在判断两平面的空间位置时，平面中的两对相交直线一定要“对应”地平行，作图中需多加注意。

【例题 4-10】试判别平面 *ABC* 是否平行于平面 *LMN*(见图 4-32)。

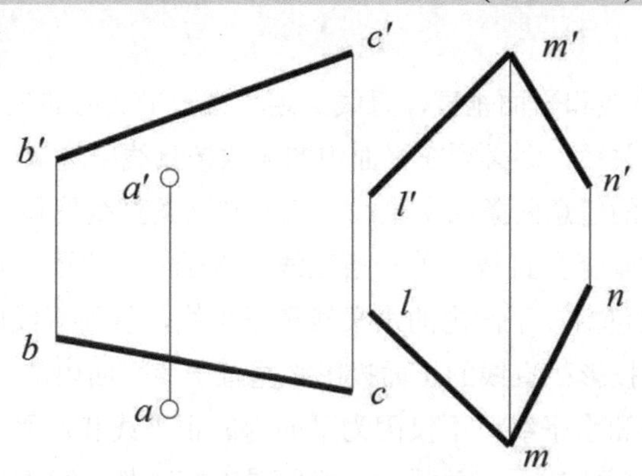

图 4-32　已知条件

【解题分析】题中平面 *ABC* 是由直线和线外一点表示的平面，平面 *LMN* 是由两相交直线表示的平面。如两平面平行，则一平面中必有一对相交直线对应地平行于另一平面中的相交直线。题中平面 *LMN* 中已有一对相交直线 *LM*、*MN*，现假设两平面平行，则必能通过平面 *ABC* 中的 *A* 点作出一对相交直线分别与 *LM*、*MN* 平行。解题时可先从任一投影面着手，在平面 *ABC* 中过 *A* 点的投影作一对相交直线对应的平行于直线 *LM*、*MN* 的同名投影，然后在另一投影面上再观察同名投影是否依然平行即可。如果在另一投影面上，两平面里的相交直线仍对应地互相平行，则两平面平行，如果两条相交直线中任一条与另一平面中的对应直线不平行，则两平面就不平行。

作图过程(见图 4-33)：

(1) 在 *V* 面中，过 a' 作 $a'k' \parallel l'm'$，并交 $b'c'$ 于 k'；

(2) 过 k' 向下做连系线交 bc 于 k，连接 ak；

(3) 通过观察可见，ak 不平行于 lm，则直线 *AK* 不平行于直线 *LM*；

(4) 因已有一直线不能对应地平行，则可直接判定平面 *ABC* 不平行于平面 *LMN*。

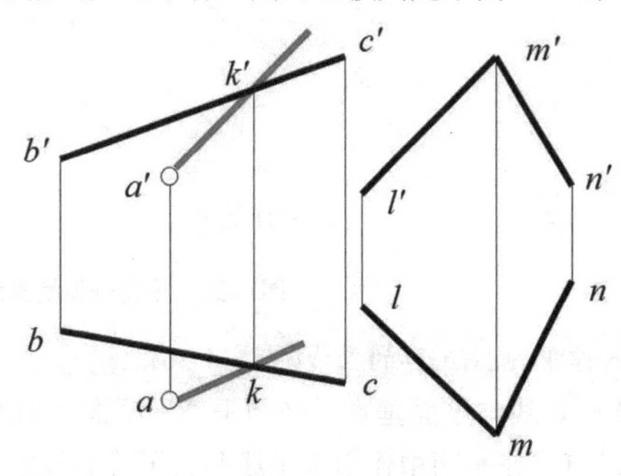

图 4-33　作图过程

4.4.2 垂直

1. 线面垂直

如图 4-34 所示，直线和平面垂直，直线必定垂直于平面内的任何直线。如需用此特性判定直线与平面的位置关系，则必须在平面中的无数条直线中选取一对相交直线作为参考，即得：直线若和平面内的任意两条相交直线垂直，则这条直线就和这个平面互相垂直。

一个平面中有无数条相交直线，若一条直线垂直于一个平面，则这条直线垂直于该平面内的任意直线，也应包括该平面内的水平线和正平线，从而直线的水平投影必垂直于该平面内的水平线的水平投影；直线的正面投影必垂直于该平面内的正平线的正面投影。

之所以选取正平线和水平线，不仅因为平面内的正平线和水平线是一对相交直线，还因为投影面平行线在两直线的垂直关系中，投影具有特殊性，可帮助我们日后在利用线面垂直的解题过程中简化作图。

知识链接： 两直线垂直，如果其中一条为某投影面的平行线，则两直线在其所平行的投影面上的投影反映直角实形。

如图 4-35 所示，直线 *AB* 垂直于平面 *P*，则直线 *AB* 必定垂直于平面 *P* 内的正平线与水平线。根据投影面平行线在两直线垂直时的特殊规律，直线 *AB* 的 *H* 面投影必定垂直于水平线的 *H* 面投影，直线 *AB* 的 *V* 面投影必定垂直于正平线的 *V* 面投影。相反，如果我们观察投影图时，直线 *AB* 在 *H* 面上垂直于一个水平线 *H* 面投影，在 *V* 面上垂直于一个正平线 *V* 面投影，则直线 *AB* 必定垂直于这个水平线和正平线所确定的平面。

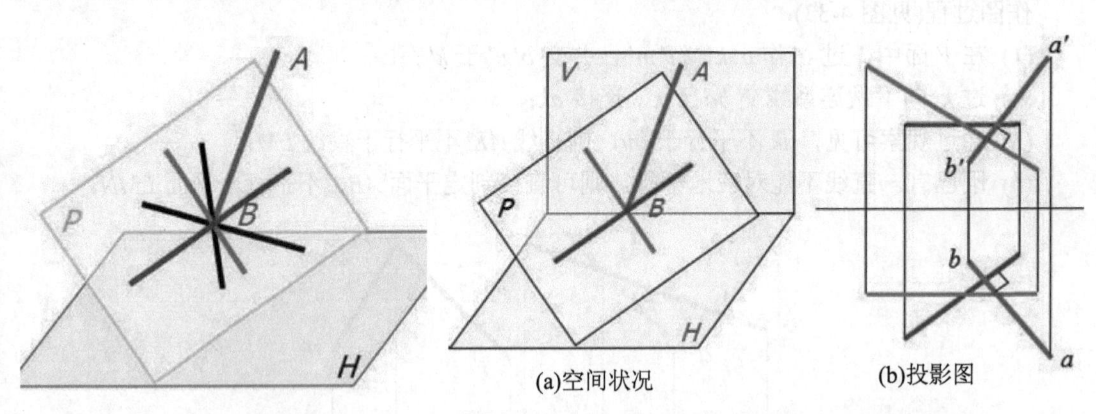

图 4-34 线面垂直

图 4-35 用特殊位置直线判断线面垂直

【例题 4-11】 过 *A* 点作平面△*BCD* 的垂线(见图 4-36)。

【解题分析】 因为若一直线与平面垂直，必须垂直于平面内的所有直线，也包括水平线与正平线，则在解题时可先在平面中作出水平线和正平线的投影，然后根据投影面平行线在两直线垂直中的特性，过 *A* 的 *H* 面投影向水平线的 *H* 面投影引垂线，再过 *A* 的 *V* 面

投影向正平线的 V 面投影引垂线。H 面和 V 面上所引的这两条垂线即为所求垂线的两面投影。

作图过程(见图 4-37)：

(1) 过 b' 作 $b'm'$ 平行于 X 轴，交 $c'd'$ 于 m'；

(2) 过 m' 向下作连系线与 cd 交于 m，连接 bm；

(3) 过 a 向 bm 引垂线；

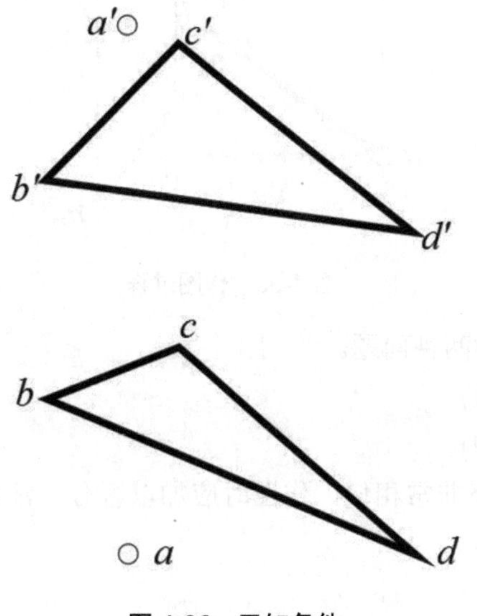

图 4-36　已知条件

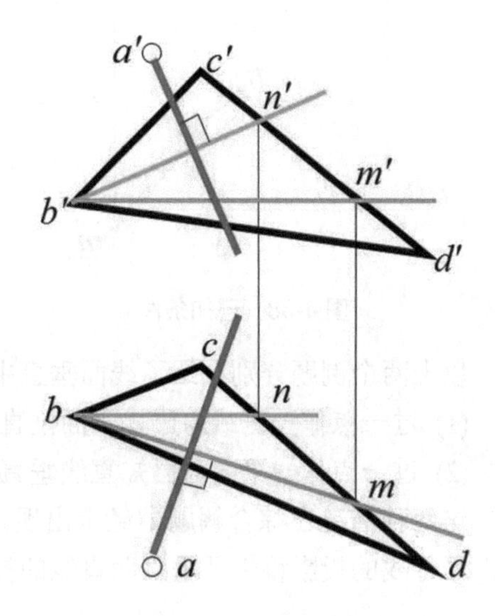

图 4-37　作图过程

(4) 过 b 作 bn 平行于 X 轴，交 cd 于 n；

(5) 过 n 向上引连系线交 $c'd'$ 于 n'，连接 $b'n'$；

(6) 过 a' 向 $b'n'$ 引垂线；

(7) H 面和 V 面上两条垂线所确定的直线即为过 A 点的平面△BCD 的垂线。

【例题 4-12】过 A 点作直线 MN 的垂面(见图 4-38)。

【解题分析】直线 MN 要与所求平面垂直，就必须垂直于所求平面中的所有直线，其中就包括过 A 点的正平线和水平线。解题时，可过 A 点作一条正平线与直线 MN 垂直，再作一条水平线与直线 MN 垂直，而所作正平线和水平线又是一对相交直线，又可用来表示所求平面。作图时由于正平线和水平线的投影有特殊性，可利用投影面平行线在两直线垂直中的特性来简化作图过程。

作图过程(见图 4-39)：

(1) 在 V 面上，作 $a'c'$ 垂直于 $m'n'$，$a'c'$ 长度可任意；

(2) 在 H 面上，过 a 作 ac 与 X 轴平行，并与过 c' 向下作的连系线交于 c；

(3) 在 H 面上，作 ab 垂直于 mn，ab 长度可任意；

(4) 在 V 面上，过 a' 作 $a'b'$ 与 X 轴平行，并与过 b 向上作的连系线交于 b'；

(5) 正平线 AC 与水平线 AB 所确定的平面即为过 A 点的直线 MN 的垂面。

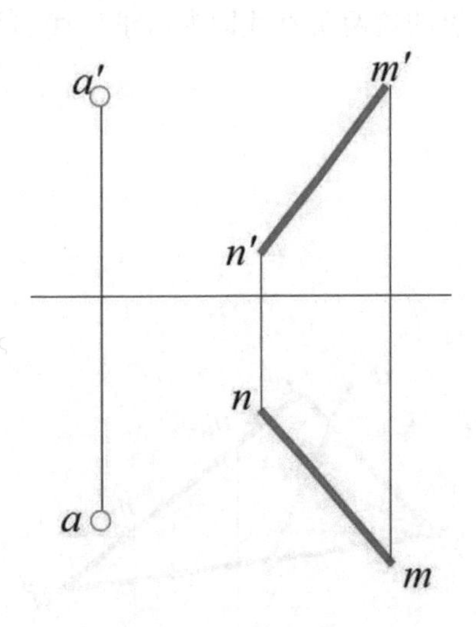

图 4-38　已知条件

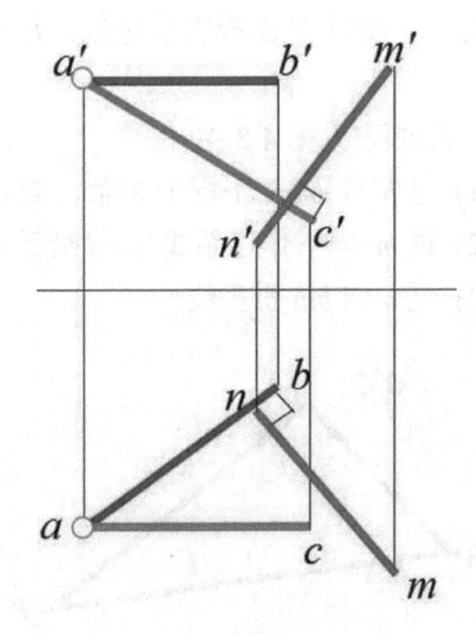

图 4-39　作图过程

以上两个例题分别介绍了线面垂直中最典型的两种问题。

(1) 过一点作一直线与已知平面垂直(见例 4-11)。

(2) 过一点作一平面与已知直线垂直(见例 4-12)。

这两种情况在综合解题中经常出现，解题思路非常相似，作图时应加以区分，注意投影面平行线的投影特性及垂直两直线的投影规律。

2. 面面垂直

两平面垂直，那么在一平面内必定能找到另一平面的一条垂线。反之，可用此特性来判定两平面的位置关系：若一个平面经过另一个平面的一条垂线，则这两个平面互相垂直。

如图 4-40 所示，如平面 P 垂直于平面 P_1，则在平面 P 上就必定能至少找出一条直线 AB 与平面 P_1 垂直；反之，如直线 AB 为平面 P_1 的一条垂线，则空间平面不论什么位置，只要通过直线 AB，就一定与平面 P_1 垂直。

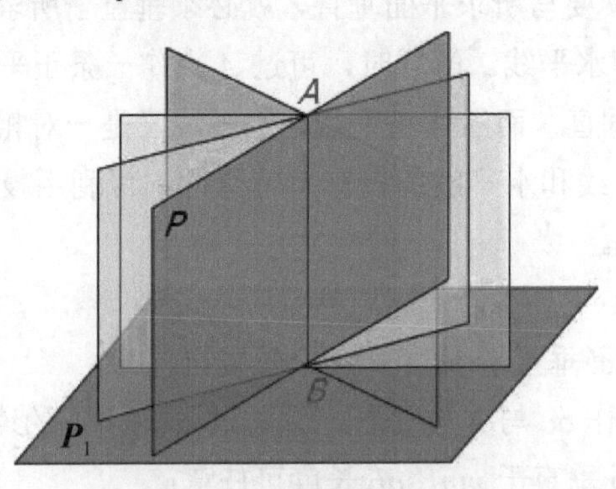

图 4-40　面面垂直

【例题 4-13】过已知点 K 作平面△ABC 的垂面(见图 4-41)。

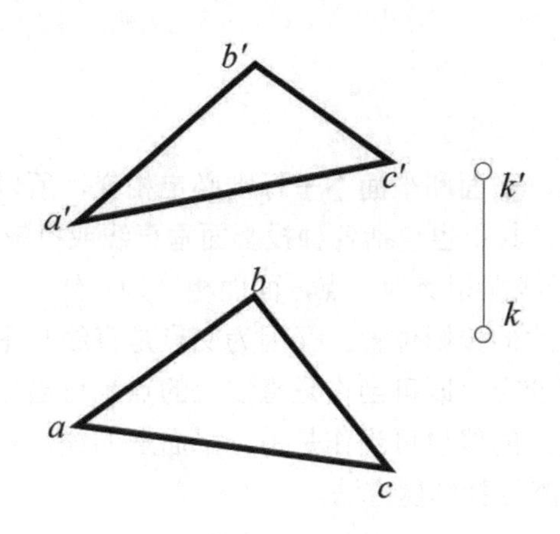

图 4-41　已知条件

【解题分析】题中要求过 K 点作一平面，并且要使过 K 点的平面与△ABC 垂直。两平面要垂直则所求平面就必须通过△ABC 的一条垂线。在解题时，可先过 K 点作一条△ABC 的垂线，然后再过 K 点任作一直线，此直线仅是为了与垂线形成相交直线来表示平面，其位置可任意，只要所表示平面中包含△ABC 的垂线，那么所求平面就必定会和△ABC 垂直。

作图过程(见图 4-42)：

(1) 过 c' 作 $c'm'$ 平行于 X 轴，交 $a'b'$ 于 m'，过 m' 向下作连系线与 ab 交于 m，连接 cm，过 k 向 cm 引垂线 ke；

(2) 过 a 作 an 平行于 X 轴，交 bc 于 n，过 n 向上引连系线交 $b'c'$ 于 n'，连接 $a'n'$，过 k' 向 $a'n'$ 引垂线 $k'e'$ 与过 e 向上作的连系线相交于 e'；

(3) 过 k 作任意方向任意长度的直线 kf，过 k' 作任意方向的直线 $k'f'$，并与过 f 向上作的连系线交于 f'；

(4) 直线 KE 与直线 KF 所确定的平面即为△ABC 的一个垂面。

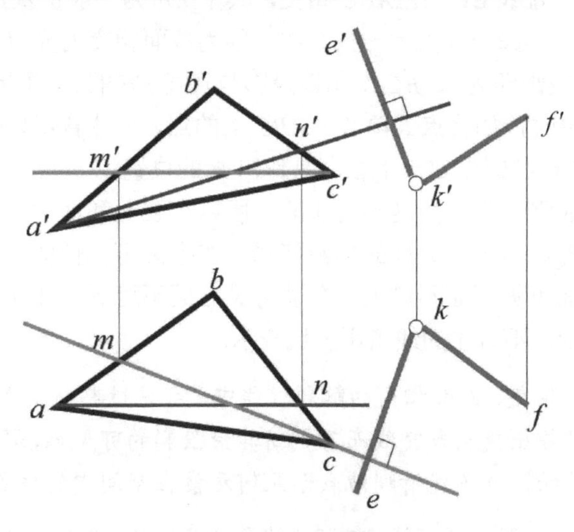

图 4-42　作图过程

4.4.3 相交

在空间中直线和平面、平面和平面不平行则必定相交，所以直线和平面、平面和平面相交的位置情况多种多样，其中也包括各种投影面垂直线或投影面垂直面。

如图 4-43 所示，由于线面相交为一点，面面相交为一线，所以在线面相交和面面相交中最关键的是找交点、交线的投影位置。又因为交点是直线与平面的共有点，交线是两个平面的共有线，所以线面的交点既可当作是直线上的点也可当作是平面上的点，面面相交的交线既可当作是一平面上的线也可当作是另一平面上的线，在具体的解题过程中应灵活运用所学知识，从各种思路寻找解题方法。

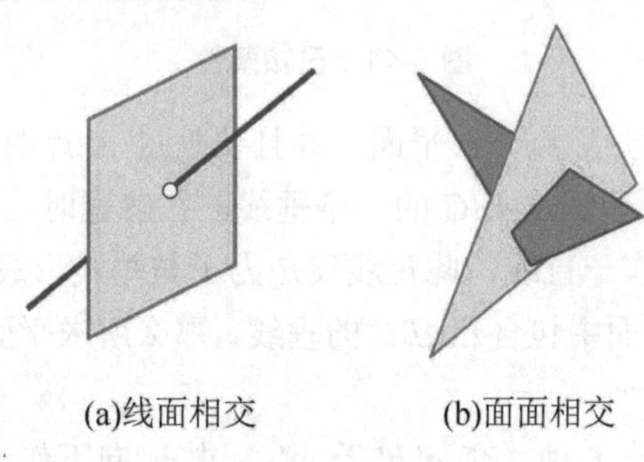

(a)线面相交　　(b)面面相交

图 4-43　相交

在此将线面相交与面面相交分为以下 5 种情况来研究。

1. 一般位置直线与特殊位置平面相交

当一般位置直线与特殊位置平面相交时，交点的一个投影是平面积聚性投影与直线的同面投影的交点，交点的另一个投影可在直线的另一投影上找到。

如图 4-44(a)所示，直线 EF 与△ABC 相交，其中 EF 为一般位置直线，△ABC 为 H 面垂直面，所以在 H 面上的投影积聚为一条直线。因为线面相交的交点 K 是线面的共有点，所以点 K 在 H 面上的投影即为△ABC 的积聚投影与直线 EF 的 H 面投影 ef 的交点；在作点 K 在 V 面上的投影位置时，如将点 K 看作△ABC 上的点，k' 位置不好确定，但将点 K 看作一般位置直线 EF 上的点，则在 $e'f'$ 上很容易作出 k' 的位置。

在画法几何中，通常认为平面是不透明的，所以在线面和面面的相交中会存在投影前后、上下、左右的遮挡，出现可见性的判断问题。在投影可见性的判断中，我们认为前面可见后面不可见、上面可见下面不可见、左面可见右面不可见。在作图时为区别表示，将可见的线条用实线表示，不可见的线条用虚线表示。

提示： 在线面相交、面面相交的解题过程中，可见性判断是十分重要的一环，作图时如只作出交点或交线而不判断其余投影的可见性，那么整个解题过程就是不完整的，也不能清晰地表示几何元素在空间中的位置关系。

图 4-44(b)中，根据一般位置直线 EF 和投影面垂直面△ABC 在 H 面上的积聚投影可以直接判断得出：直线 EF 中 EK 段在平面之前，KF 段在平面之后，所以在 V 面投影中 $e'k'$ 应

为实线表示，$k'f'$中与平面重叠的部分应为虚线表示。

提示： 在判断投影的可见性时，交点一般是临界点，一侧线段若可见，另一侧线段必为不可见，相反，如一侧线段为不可见则另一侧线段必为可见，作图时如能灵活运用这些作图技巧，必能提高作图效率。

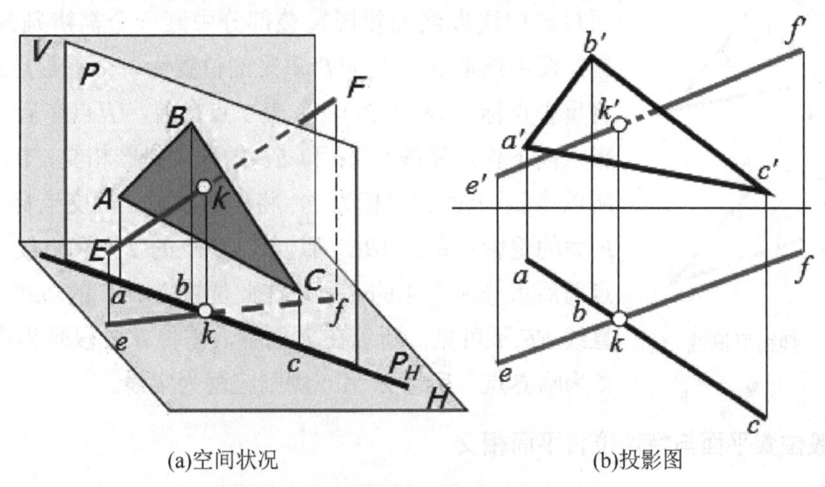

(a)空间状况　　(b)投影图

图 4-44　一般位置直线与特殊平面相交

2. 投影面垂直线与一般位置平面相交

当投影面垂直线与一般位置平面相交时，交点的一个投影与直线的积聚性投影重合，另一个投影可用在平面内找点的方法在平面的另一个投影中得到。

如图 4-45 所示，直线 EF 与△ABC 相交，其中 EF 为 H 面垂直线，在 H 面上的投影积聚为一点，△ABC 为一般位置平面。因为线面相交的交点 K 是线面的共有点，所以点 K 的 H 面投影 k 必定随着直线 EF 在 H 面上的积聚而位于此积聚投影所在的位置；求作点 K 在 V 面上的投影位置时，如将点 K 看作 H 面垂直线 EF 上的点，则直线在 V 面上的投影与过 k 向上作的连系线重合，而不好确定 k' 的具体位置，但将点 K 看作△ABC 上的点，则可根据 H 面上点 K 与△ABC 的位置关系，在 V 面上利用面上找点的方法作出 k' 的位置。

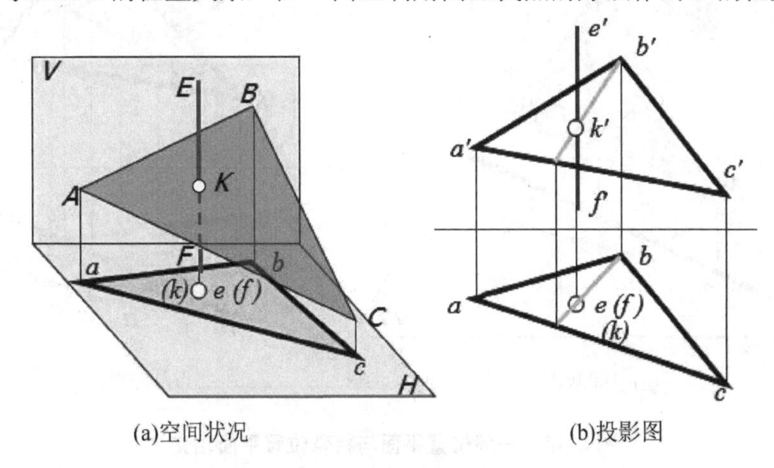

(a)空间状况　　(b)投影图

图 4-45　投影面垂直线与一般位置平面相交

在可见性的判断中，因直线在 H 面中积聚为一点，不存在前后左右关系的判断，从而可见性的判断主要集中在 V 面投影中。

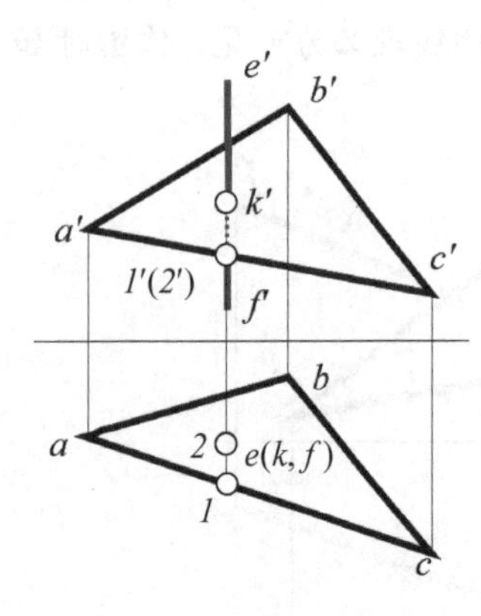

图 4-46　判别可见性

如图 4-46 所示，判断直线 EF 和△ABC 的 V 面投影的前后遮挡关系，需利用分辨重影点的方法来进行辨别。首先，在 V 面投影中选取线面投影重叠部分中某一个需辨别的重影点位置，图中选取 $a'c'$ 与 $e'f'$ 重影的位置为一个重影点进行辨别，将重影点标识为 $1'(2')$，代表 Ⅰ点在前，Ⅱ点在后，再过此重影点向下作连系线与 ac 和 EF 的积聚投影相交，因 ac 在前，所以将 ac 上的交点标为 1，将积聚投影上的交点标为 2，可见 V 面的重影点是△ABC 的边线 AC 上的 Ⅰ点和直线 EF 上的 Ⅱ点前后重叠所产生的，所以在此位置△ABC 的边线 AC 可见而直线 EF 不可见，所以在 V 面中，需将 $k'2'$ 段画为虚线，交点 K 为临界点，所以 k' 另一侧则应画为实线。

3. 一般位置平面与特殊位置平面相交

当一般位置平面与特殊位置平面相交时，交线的投影可利用特殊位置平面的积聚性投影直接求出。

如图 4-47 所示，△ABC 与△LMN 相交，其中△ABC 为一般位置平面，△LMN 为 H 面垂直面，所以其在 H 面上的投影积聚为一条直线。因为面面相交的交线 FK 是两平面的共有线，所以交线 FK 在 H 面上的投影为△ABC 与△LMN 的积聚投影的重叠部分；作交线 FK 在 V 面上的投影位置时，如将交线 FK 看作△LMN 上的直线，$f'k'$ 位置不好确定，但将交线 FK 看作一般位置平面△ABC 上的直线，则很容易通过交线与边线的交点位置确定 $f'k'$ 的位置。

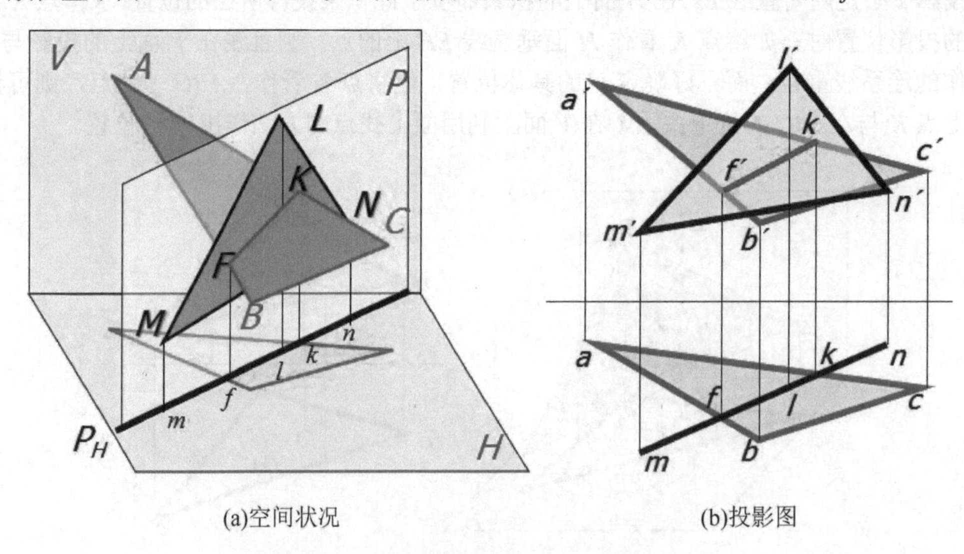

(a)空间状况　　(b)投影图

图 4-47　一般位置平面与特殊位置平面相交

判断可见性时，由于△*LMN* 是 *H* 面垂直面，所以可见性的辨别主要集中在 *V* 面中。根据△*LMN* 在 *H* 面上的积聚投影可以直接判断得出：△*ABC* 中，以交线 *FK* 为界，*AB* 边线上 *BF* 段在△*LMN* 之前，*AF* 段在△*LMN* 之后，*AC* 边线上 *CK* 段在△*LMN* 之前，*AK* 段在△*LMN* 之后，所以两平面投影的可见性如图 4-48 所示。在△*ABC* 中的 *V* 面投影中 $b'f'$、$c'k'$ 应用实线表示，交线另一侧的重叠边线应用虚线表示，同时△*LMN* 的 *V* 面投影中，被△*ABC* 可见部分遮挡住的边线也应用虚线表示。

4. 一般位置直线与一般位置平面相交

一般位置直线与一般位置平面相交时，由于直线和平面的投影都没有积聚性，交点无法利用积聚性投影求出，因此通常采用辅助线法求交点。

作图步骤如下。

(1) 在平面内找出一条与已知直线重影的直线；

(2) 在另一投影面上区别两条直线的可见性，找出其交点位置。

(3) 判别线面相交后投影的可见性。

如图 4-49 所示，一般位置直线 *EF* 与一般位置平面△*ABC* 相交，求作交点时，可先在△*ABC* 中找出一条与已知直线在 *H* 面上重影的直线 *Ⅰ Ⅱ*，因线面交点 *K* 必属于 *EF*，则交点 *K* 必在 *EF* 与平面内直线 *Ⅰ Ⅱ*的重影区域，只要在另一投影面中作出两条直线的投影，就可找出两直线的交点，这个交点也就是直线 *EF* 和直线 *Ⅰ Ⅱ*所属的△*ABC* 的交点。

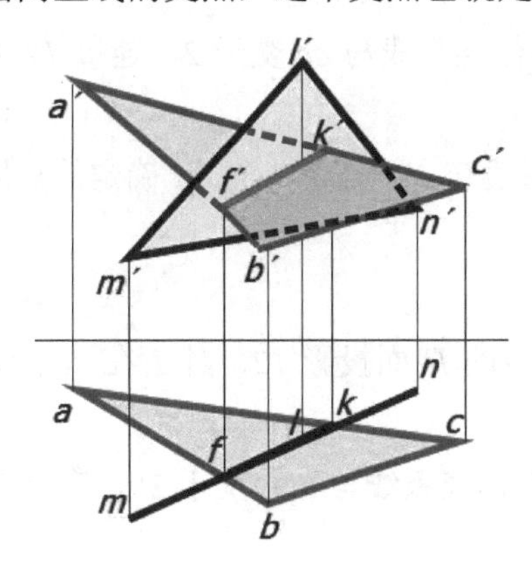

图 4-48　判别可见性

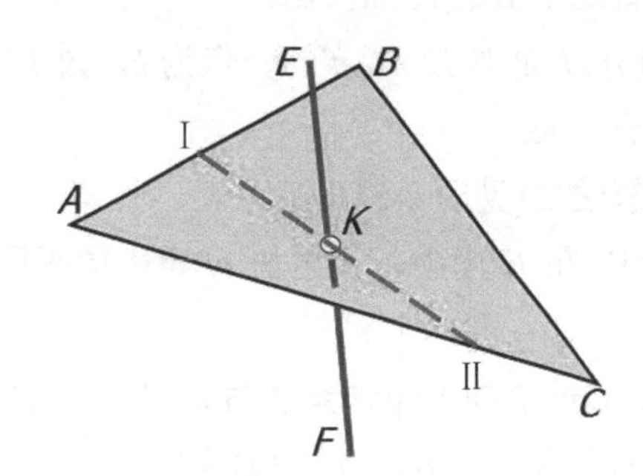

图 4-49　辅助线法求一般位置线面相交

【例题 4-14】求直线 *EF* 与△*ABC* 的交点(见图 4-50)。

【解题分析】根据一般位置直线和一般位置平面相交的作图步骤，首先需在平面中找到一条与直线 *EF* 在投影面上重影的直线。本题可在 *H* 面投影中找△*ABC* 内与直线 *EF* 重影的直线，也可在 *V* 面投影中找△*ABC* 内与直线 *EF* 重影的直线，两种思路均可，任选其一即可。接下来，在另一投影面中作出两直线的投影即可求出两直线的交点，此交点也就是线面相交的交点。最后，需要判别直线与平面相交后投影的可见性。本题中 *H* 面和 *V* 面的投影均需判别，判别中 *H* 面的可见性可利用判别 *H* 面重影点的方法进行作图，*V* 面的可见性可利用判别 *V* 面重影点的方法进行作图。

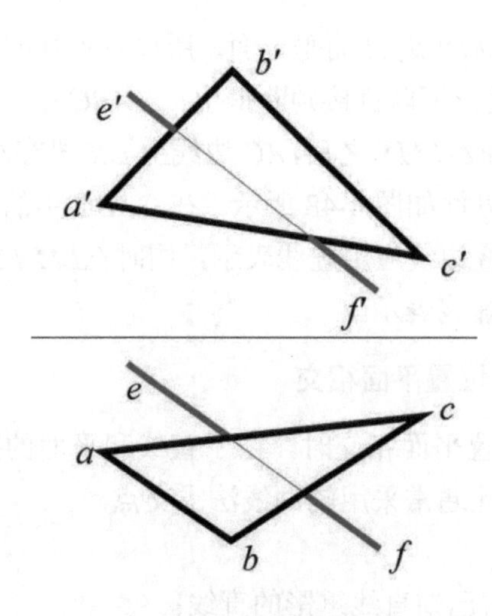

图 4-50　已知条件

作图过程：

——求线面交点：

解法一(见图 4-51(a))：

(1) 在 V 面中，找出与 $e'f'$ 重影的平面内直线 Ⅰ Ⅱ的 V 面投影 $1'2'$，且 $1'$ 在 $a'b'$ 上，$2'$ 在 $a'c'$ 上；

(2) 过 $1'$ 向下作连系线与 ab 交于 1，过 $2'$ 向下作连系线与 ac 交于 2，连接 12 即为平面内直线 Ⅰ Ⅱ的 H 面投影；

(3) H 面中 12 与 ef 的交点为 k，过 k 向上作连系线交 $e'f'$ 于 k'，k、k' 确定的点即为线面的交点 K。

解法二(见图 4-51(b))：

(1) 在 H 面中，找出与 ef 重影的平面内直线 Ⅰ Ⅱ的 H 面投影 12，且 1 在 ac 上，2 在 bc 上；

(2) 过 1 向上作连系线与 $a'c'$ 交于 $1'$，过 2 向上作连系线与 $b'c'$ 交于 $2'$，连接 $1'2'$ 即为平面内直线 Ⅰ Ⅱ的 V 面投影；

(3) V 面中 $1'2'$ 与 $e'f'$ 的交点为 k'，过 k' 向下作连系线交 ef 于 k，k、k' 确定的点即为线面的交点 K。

——判断可见性(见图 4-51(c))：

(1) 在 V 面中，将 $a'b'$ 与 $e'f'$ 重影的位置标识为 $1'(2')$；

(2) 过重影点 $1'(2')$向下作连系线与 ab 交于 1，与 ef 交于 2；

(3) 因 ab 在前，所以在 V 面中，需将 $k'2'$ 段画为虚线，交点 K 为临界点，所以 k' 另一侧则应画为实线；

(4) 在 H 面中，将 bc 与 ef 重影的位置标识为 $3(4)$；

(5) 过重影点 $3(4)$向上作连系线与 $b'c'$ 交于 $3'$，与 $e'f'$ 交于 $4'$；

(6) 因 $b'c'$ 在上，所以在 H 面中，需将 $k4$ 段画为虚线，交点 K 为临界点，所以 k 另一侧则应画为实线。

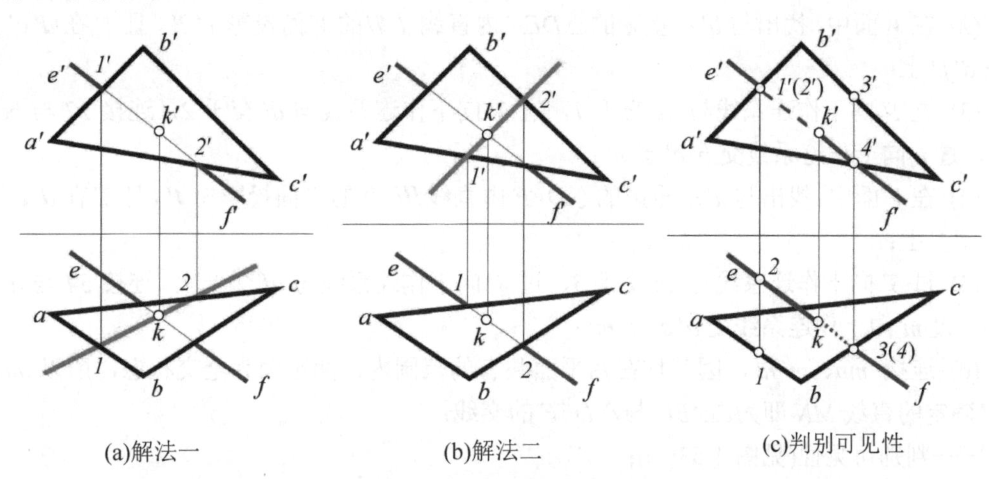

图 4-51　作图过程

5. 一般位置平面与一般位置平面相交

求作两个一般位置平面的交线时，可利用某一平面的边线解题，求出一平面的两个边线分别与另一平面相交时的交点，再连接这两个交点，即为所求的交线。

作图步骤如下：

(1) 选一平面的两条边线与另一平面相交，得到两个交点，连接两个交点；

(2) 如交点连线均在两平面的范围内，则此连线即为所求交线(两平面全交)；

(3) 如交点连线中一部分在两平面范围内，另一部分仅属于两平面其中一个，则取两平面共有的那一段连线为两平面的交线(两平面半交)；

(4) 判别两平面相交后投影的可见性。

【例题 4-15】求△ABC 与△DEF 的交线(见图 4-52)。

【解题分析】根据一般位置平面和一般位置平面相交的作图步骤，首先需在一平面中找到两条边线与另一平面相交。本题可在△ABC 中找两条边线，也可在△DEF 内找两条边线，两种思路均可，任选其一即可。接下来，求出任一平面中两条边线与另一平面的两个交点，连接两个交点进行判断两平面是全交还是半交状态，并确定交线的具体位置。最后，需要判别两平面相交后投影在 H 面和 V 面中的可见性。判别中，重影点的分辨应仔细进行，避免混淆，如能正确利用投影间的遮挡关系则可通过一个重影点判别一个投影面上的全部可见性。

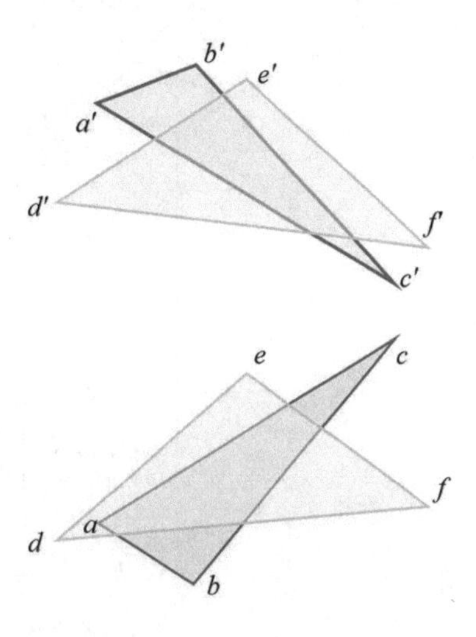

图 4-52　已知条件

作图过程：

——求交线(见图 4-53(a))：

(1) 选取△ABC 中的两条边线 AC 与 BC；

(2) 在 V 面中，找出与 $b'c'$ 重影的△DEF 内直线 Ⅰ Ⅱ的 V 面投影 $1'2'$，且 $1'$ 在 $d'e'$ 上，$2'$ 在 $d'f'$ 上；

(3) 过 $1'$ 向下作连系线与 de 交于 1，过 $2'$ 向下作连系线与 df 交于 2，连接 12 与 bc 交于 n，过 n 向上作连系线交 $b'c'$ 于 n'；

(4) 在 V 面中，找出与 $a'c'$ 重影的△DEF 内直线Ⅲ Ⅳ的 V 面投影 $3'4'$，且 $3'$ 在 $d'e'$ 上，$4'$ 在 $d'f'$ 上；

(5) 过 $3'$ 向下作连系线与 de 交于 3，过 $4'$ 向下作连系线与 df 交于 4，连接 34 与 ac 交于 m，过 m 向上作连系线交 $a'c'$ 于 m'；

(6) 连接 mn、$m'n'$，因其均在两平面共有的范围内，两平面为全交状态，所以 mn、$m'n'$ 确定的直线 MN 即为△ABC 与△DEF 的交线；

——判别可见性(见图 4-53(b))：

(7) 在 V 面中，将 $d'e'$ 与 $a'c'$ 重影的位置标识为 $5'(6')$，过重影点 $5'(6')$ 向下作连系线与 ac 交于 5，与 de 交于 6；

(8) 因 ac 在前，所以在 V 面中，需将 $m'5'$ 段画为实线，则遮挡住的 $d'e'$ 部分为虚线，则 $b'n'$ 为实线，又因交线 MN 为临界线，所以 MN 另一侧的 AC、BC 被△DEF 遮挡住的部分为虚线；

(9) 在 H 面中，将 bc 与 ef 重影的位置标识为 $7(8)$，过重影点 $7(8)$ 向上作连系线，与 $e'f'$ 交于 $7'$，与 $b'c'$ 交于 $8'$；

(10) 因 $e'f'$ 在上，所以在 H 面中，需将 ef 画为实线，则遮挡住的 $n8$ 及 mc 部分画为虚线，又因交线 MN 为临界线，所以 MN 另一侧的 AC、BC 则为实线，其遮挡住△DEF 的部分为虚线。

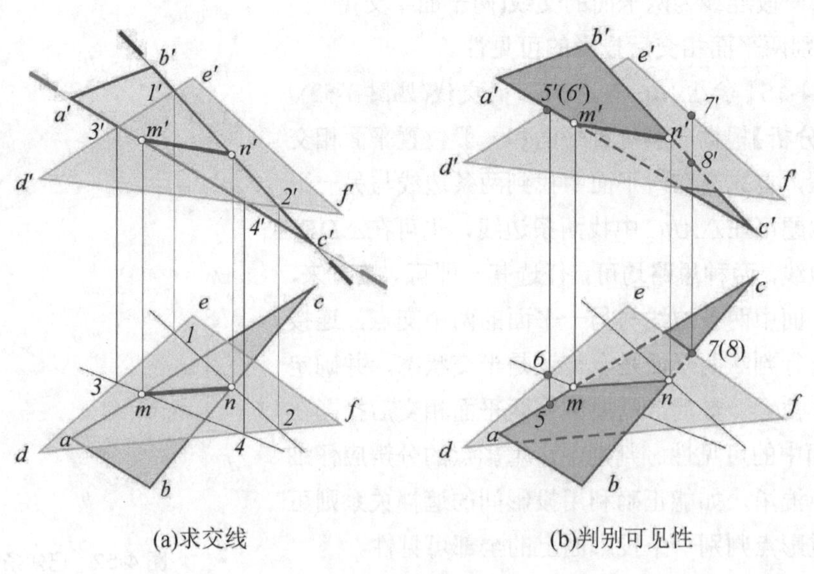

图 4-53 作图过程

【例题 4-16】求△*ABC* 与△*DEF* 的交线(见图 4-54)。

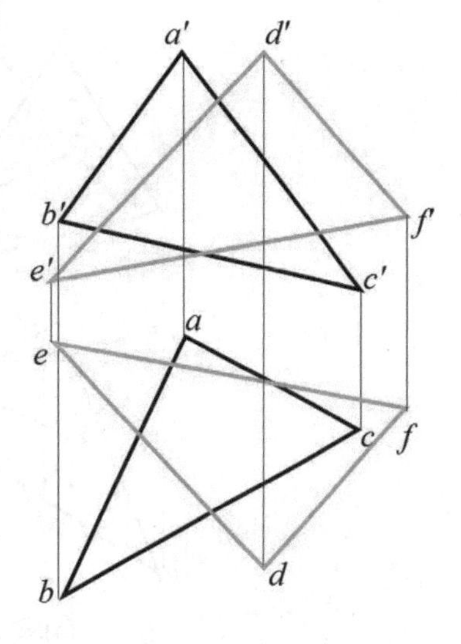

图 4-54　已知条件

【解题分析】根据两一般位置平面相交的作图步骤，首先在一平面中找到两条边线与另一平面相交。本题可在△*ABC* 和△*DEF* 任一平面内找两条边线与另一平面相交求出两个交点。接下来，连接两个交点进行判断两平面是全交还是半交，确定交线的具体位置。最后，需要判别两平面相交后投影在 *H* 面和 *V* 面中的可见性。判别中，作出某一投影面上一个重影点的可见性后，可利用两平面投影之间的遮挡关系将整个投影面上的全部可见性逐一判别出来。

作图过程：

——求交线(见图 4-55(a))：

(1) 选取△*DEF* 内的两条边线 *DE* 与 *EF* 分别与△*ABC* 相交；

(2) 在 *V* 面中，找出与 *d'e'* 重影的△*ABC* 内直线 *I II* 的 *V* 面投影 *1'2'*，且 *1'* 在 *a'c'* 上，*2'* 在 *b'c'* 上；

(3) 过 *1'* 向下作连系线与 *ac* 交于 *1*，过 *2'* 向下作连系线与 *bc* 交于 *2*，连接 *12* 与 *de* 交于 *m*，过 *m* 向上作连系线交 *d'e'* 于 *m'*；

(4) 在 *V* 面中，找出与 *e'f'* 重影的△*ABC* 内直线 *III IV* 的 *V* 面投影 *3'4'*，且 *3'* 在 *a'c'* 上，*4'* 在 *b'c'* 上；

(5) 过 *3'* 向下作连系线与 *ac* 交于 *3*，过 *4'* 向下作连系线与 *bc* 交于 *4*，延长 *34* 与 *ef* 交于 *k*，过 *k* 向上作连系线交 *e'f'* 于 *k'*；

(6) 连接 *mk*、*m'k'* 后发现，*mk*、*m'k'* 并不全在两平面的范围内，两平面属半交状态，通过观察可见，在 *mk* 中 *mn* 段为两平面共有，*m'k'* 中 *m'n'* 段为两直线共有，所以在 *MK* 中取 *MN* 为两平面的交线，其余舍去；

——判别可见性(见图 4-55(b))：

(7) 在 *V* 面中，将 *b'c'* 与 *d'e'* 重影的位置标识为 *5'*(*6'*)，过重影点 *5'*(*6'*)向下作连系线与 *bc* 交于 *5*，与 *de* 交于 *6*；

(8) 因 *bc* 在前，所以在 *V* 面中，需将 *b'c'* 画为实线，则 *m'6'* 段画为虚线，被遮挡住的 *e'f'* 部分也为虚线，从而 *n'c'* 为实线，又因交线 *MN* 为临界线，所以 *MN* 另一侧的 *AN* 被△*DEF* 遮挡住的部分为虚线，而 *MD* 为实线；

(9) 在 *H* 面中，将 *ac* 与 *ef* 重影的位置标识为 *7*(*8*)，过重影点 *7*(*8*)向上作连系线，与 *a'c'* 交于 *7'*，与 *e'f'* 交于 *8'*；

(10) 因 *a'c'* 在上，所以在 *H* 面中，需将 *an* 画为实线，则遮挡住的 *ef* 部分画为虚线，又因交线 *MN* 为临界线，所以 *MN* 另一侧的 *NC* 为虚线、*BC* 被△*DEF* 遮挡住的部分也为虚线，而在其上的 *md* 为实线，*M* 点另一侧的 *me* 被△*ABC* 遮挡住的部分为虚线。

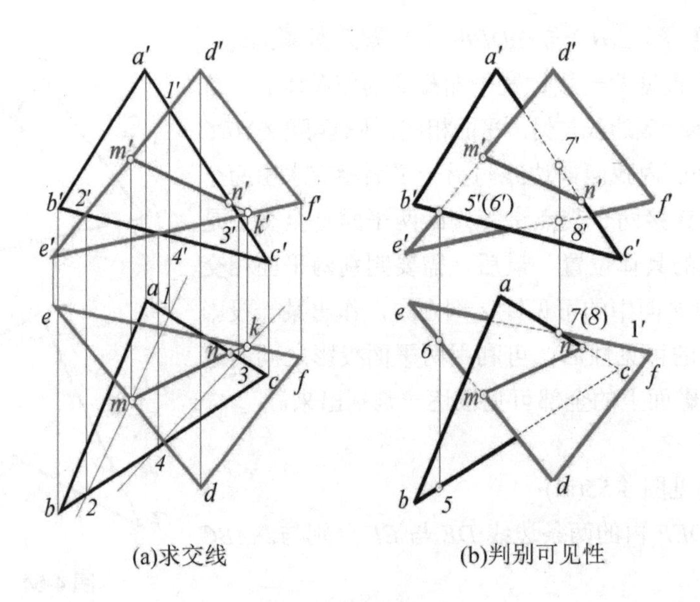

(a)求交线　　　　　　(b)判别可见性

图 4-55　作图过程

本 章 小 结

本章主要讲解了各种位置平面的投影特性，其中特殊位置平面(垂直面、平行面)因其投影在投影图中有特殊规律，所以重点掌握其特性有利于在日后综合解题中快速判断平面的空间位置；直线与平面、平面与平面的位置关系，则主要分为平行、垂直与相交，其中垂直属于相交的一种特殊情况，之所以单独列出研究是因为它们在投影图中有特殊规律可循，能有利于我们快速判断线面在空间的垂直关系，而在线面、面面相交中主要是求作交点、交线的问题，对于有积聚投影可利用的情况可直接找出交点、交线的位置，对于没有积聚投影可利用的情况，则需要在平面内找出辅助直线进行作图求解，作图中应多注意点线的区分，不可混淆；另外对投影可见性的判断也是线面、面面关系判定的重要环节，解题中切不可遗漏。

第5章 投影变换

【本章教学要点】

知识要点	掌握程度
投影变换的目的	熟悉
投影变换的方法	掌握
换面法的基本原理	重点掌握
投影变换的目的	熟悉

【本章技能要点】

技能要点	掌握程度
换面法的作图步骤	熟悉
点的一次变换	掌握
点的二次变换	掌握
一般位置直线的变换	重点掌握
一般位置平面的变换	重点掌握

【本章导读】

在三面投影体系中，几何元素在一般位置时，投影因没有特殊规律而使我们对其空间特性不能直接判断，作图比较复杂。比如，一般位置直线的投影不能反映实长及倾角，而需通过直角三角形法进行求解；一般位置平面的投影也不能反映其对投影面的真实倾角，而需通过在平面中找最大斜度线来求解。那么，有没有什么作图方法可以使一般位置的直线或平面能像特殊位置时一样直接反映出有关特性呢？这就是本章要给大家介绍的投影变换。投影变换就是使我们换个思路来看待一般位置的直线与平面，将本不特殊的线和面变换成能直接反映其特性的特殊位置的直线和平面，从而方便我们在图上直接表示实长和倾角等。

5.1 投影变换的目的和方法

5.1.1 投影变换的目的

在三面投影体系中，对于一般位置的空间形体，因其与投影面的位置没有特殊规律而作图不便，所以我们通常在几何作图中，把空间形体和投影面的相对位置变换成有利于图示和图解的位置，再求出新的投影，这种方法就称为投影变换。由此可见，进行投影变换的目的是要变换空间形体和投影面的相对位置， 使之有利于图示和图解。

那么，什么是有利于图示和图解的相对位置呢？我们认为，一般情况下最有利于图示和图解的位置是与投影面垂直或平行。如果空间形体与投影面垂直，空间形体就会在投影面上形成积聚投影方便观察。如果空间形体与投影面平行，空间形体则会在投影面上反映其真实形状及大小。所以在解题过程中为了能方便作图，对于一般位置的空间形体，往往将其变换成特殊位置再进行图示和图解。

提示： 在具体解题过程中，需结合题目具体要求判断空间形体的哪种位置是最有利于图示和图解的，再决定将空间形体如何转换。

5.1.2 投影变换的方法

在投影变换中，变换前的空间形体往往和投影面处于一般位置而不利于图示和图解，所以如需使空间形体与投影面的位置变换成有利的位置，要么改变空间形体的位置，要么改变投影面的位置，两者只需改变其一，就可将其相对位置进行变换。

所以，在投影变换中，主要采用的变换方法有辅助投影面法和旋转法，其中辅助投影面法也叫换面法。

1. 辅助投影面法

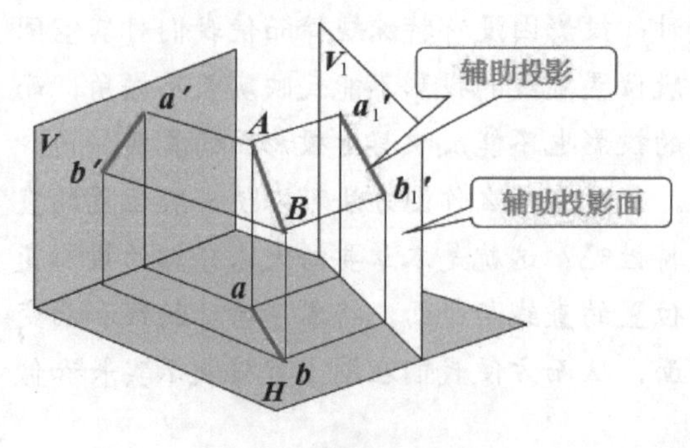

图 5-1 辅助投影面法

在辅助投影面法中，物体本身在空间的位置保持不动，而用某一新加的辅助投影面代替原有投影面，使物体相对新的投影面处于解题所需要的有利位置，然后将物体向新投影面进行投射，得到新的投影。

如图 5-1 所示，直线 AB 在三面投影体系中为一般位置直线，其在 H 面、V 面中均没有特殊性，不反映真实倾角和实形。此时，在空间中新加一投影面 V_1，使 V_1 面与直线 AB 平行，则 AB 直线在 V_1 面上的投影 $a_1'b_1'$ 将

直接反映 AB 直线的实长和对 H 面的倾角 α，这样，在投影变换中，新加的投影面 V_1 称为辅助投影面，新的投影 $a_1'b_1'$ 为辅助投影。

2. 旋转法

在旋转法中，投影面保持不动，物体本身绕着轴线旋转到有利于图示和图解的位置，从而在投影面上形成新的投影面。

如图 5-2 所示，AB 为三面投影体系中的一般位置直线，如不添加辅助投影面，就需要旋转空间直线 AB 本身的位置，使之与投影面呈特殊位置，从而有利于图示和图解。图中，将 AB 直线绕着一条过 A 点的 H 面平行线向下旋转至垂直于 H 面的位置，就会在 H 面上形成一个积聚状的投影，同时在 V 面上形成一个能够反映实形的投影。

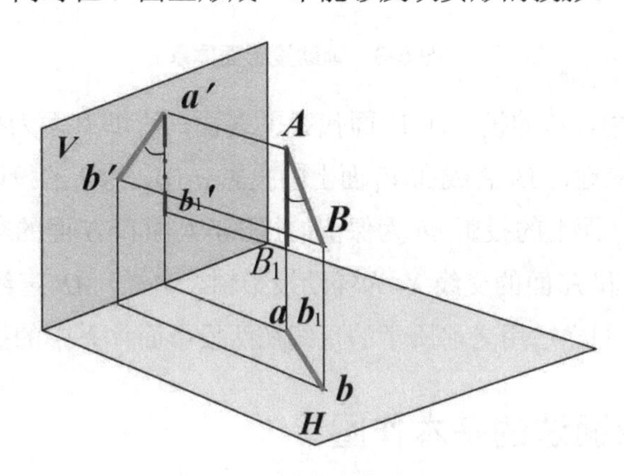

图 5-2　旋转法

5.2　辅助投影面法

5.2.1　辅助投影面法的基本条件

在辅助投影面法中，需新加辅助投影面使其与空间物体处于最有利的解题位置，则新加辅助投影面的位置就很重要，所以对于新加的辅助投影面必须满足以下条件。

(1) 新投影面必须能使空间物体处于最有利于图示和图解的位置。

新加的辅助投影面可以和空间形体平行也可以和空间形体垂直，这样方便利用特殊位置下几何元素的投影规律作图。

(2) 新投影面必须垂直于某一保留的原投影面，以构成一个相互垂直的两投影面的新体系。

提示：为了使之前所学的投影特性及规律仍能继续使用，辅助投影面必须垂直于一个保留的原投影面，从而构成一个新的两面投影体系。在新的体系中，由于两投影面相互垂直，物体在两投影面中的投影仍适用于之前所学的投影特性。

如图 5-3 所示，在原投影体系 V/H 中，新加一辅助投影面 V_1，使 V_1 面垂直于 H 面，从而形成一个新的相互垂直的两面投影体系 V_1/H。

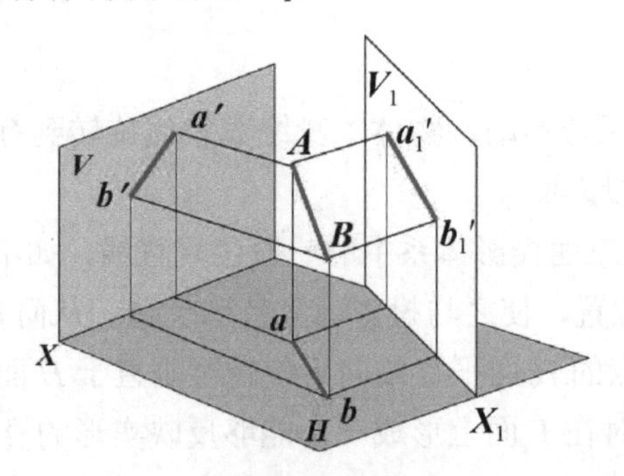

图 5-3　辅助投影面体系

在新的投影体系中，新的投影面 V_1 面代替了 V 面，所以 V 面为被替换的投影面，H 面为保留的投影面。相应地，AB 直线在 V_1 面上的投影 $a_1'b_1'$ 为新的投影，V 面上的投影 $a'b'$ 则为被替换的投影。H 面上的投影 ab 为保留的投影，V 面和 H 面的交线 X 轴为被替换的投影轴，辅助投影面 V_1 和 H 面的交线 X_1 为辅助投影轴。这样，AB 直线在新的投影体系 V_1/H 中的投影 ab 和 $a_1'b_1'$ 同样适用之前所学的直线在两投影面体系中的投影规律。

5.2.2　辅助投影面法的基本作图

虽然点在投影变换中仍为一点，但可以通过对点的变换方法进行观察，从而掌握投影变换中的一般作图规律。

1. 点的一次变换

1) 新投影体系的建立

如图 5-4 所示，A 点在原两面投影体系 V/H 中，有 a、a' 两个投影，现新加辅助投影面 V_1 替换 V 面，使 $V_1 \perp H$ 面，形成新的两面投影体系 V_1/H，A 点在新的投影面 V_1 上有新的投影 a_1'，且 a_1' 到 X_1 轴的距离等于 a' 到 X 轴的距离。

于是在图 5-4 中可以看到：

(1)　原投影体系 V/H 中被替换的投影面 V 面，被替换的投影 a'，被替换的投影轴 X 轴，保留的投影面 H 面，保留的投影 a。

(2)　新投影体系 V_1/H 中辅助投影面 V_1 面，辅助投影 a_1'，辅助投影轴 X_1 轴。

提示：　不管经历几次变换，点在以 H 面命名的投影面中的投影都不加撇，在以 V 面命名的投影面中的投影都加“ ′ ”，在以 W 面命名的投影面中的投影都加“ ″ ”。

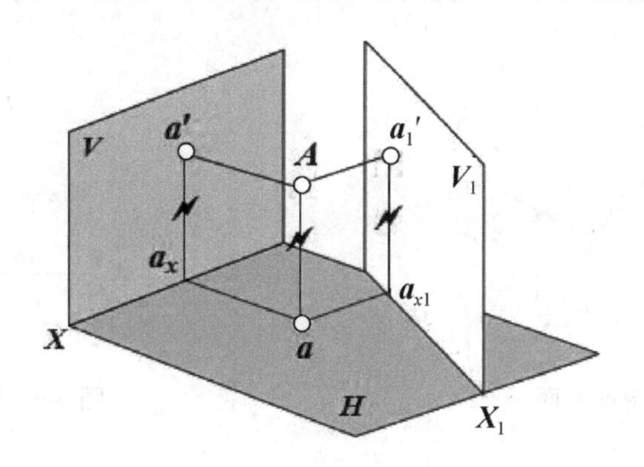

图 5-4　点的一次变换

2) 新旧投影之间的关系

在图 5-4 中，由于 A 点在新的投影体系 V_1/H 中仍符合点的两面投影规律，所以，点 A 在新投影体系中两个投影的连系线 aa_1' 垂直于 X_1 轴，a_1' 到 X_1 轴的距离等于点 A 到 H 面的距离。又因在原投影体系 V/H 中，a' 到 X 轴的距离也等于点 A 到 H 面的距离，所以 a_1' 到 X_1 轴的距离应等于 a' 到 X 轴的距离。

通过上述观察，可以得到点在投影变换中的规律。

(1) 点的新投影和保留投影间的连系线，必垂直于新的投影轴。($aa_1' \perp X_1$)

(2) 点的新投影到新投影轴的距离等于被替换的投影到被替换的投影轴的距离。($a_1' a_{x1}=a' a_x$)

3) 点的一次变换作图方法

在点的一次变换中，根据上述规律，可任意用新的辅助投影面替换 V 面或者 H 面。

(1) 更换 V 面。

作图过程(见图 5-5)：

① 在 H 面范围内新加辅助投影轴 X_1 轴；

② 过 a 向 X_1 轴引垂线交 X_1 轴为 a_{x1}；

③ 在垂线上量取 $a_1' a_{x1}=a' a_x$；

④ a_1' 即为点 A 在辅助投影面 V_1 上的辅助投影。

小思考： 在点的一次变换中，X_1 轴的位置是否可以任意取？

(2) 更换 H 面。

作图过程(见图 5-6)：

① 在 V 面范围内新加辅助投影轴 X_1 轴；

② 过 a' 向 X_1 轴引垂线交 X_1 轴为 a_{x1}；

③ 在垂线上量取 $a_1a_{x1} = aa_x$；

④ a_1 即为点 A 在辅助投影面 H_1 上的辅助投影。

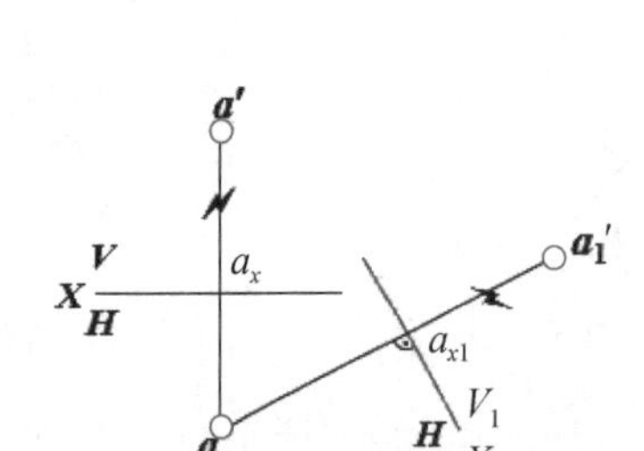

图 5-5 更换 V 面

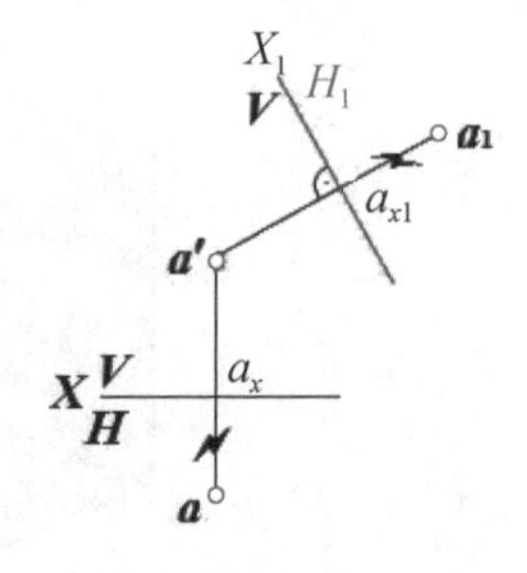

图 5-6 更换 H 面

提示： 由于投影面增加，作图时为避免标注过多而混淆，常常将每个投影轴两侧的投影面名称标示出来，如 $X_1\frac{H_1}{V}$。

综上所述，点在进行投影变换时作图步骤可总结如下。

(1) 先由点的保留投影向辅助投影轴作垂线；

(2) 再在垂线上量取一段距离，使这段距离等于被替换的投影到被替换的投影轴的距离。

2. 点的二次变换

在某些解题过程中，投影可能需要经过多次变换才能满足作图需要，在变换过程中一定要按照顺序，依次变换。

1) 新投影体系的建立

如图 5-7 所示，在对点 A 进行第一次变换时，先用 V_1 面替换 V 面，此时相对于原投影体系 V/H 而言，V_1/H 为新的投影体系。其中，V_1 面为辅助投影面，a_1' 为辅助投影，X_1 为辅助投影轴；而 V 面为被替换的投影面，a' 为被替换的投影，X 轴为被替换的投影轴；H 面为保留的投影面，a 为保留的投影。

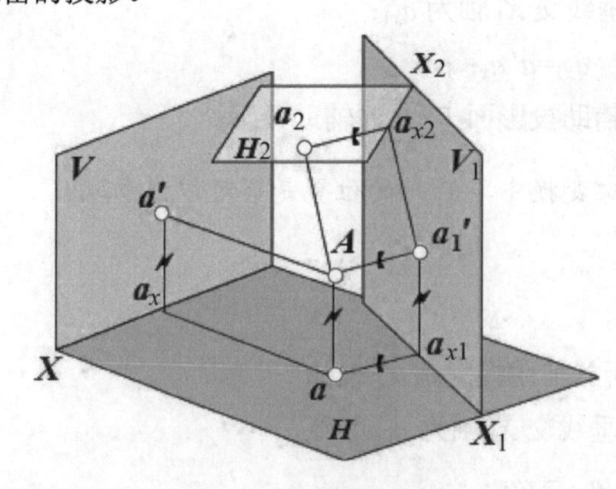

图 5-7 点的二次变换

在第二次投影变换中，再用 H_2 面替换 H 面，此时相对于第一次变换结束时的投影体系 V_1/H 而言，V_1/H_2 为新的投影体系。其中，H_2 面为辅助投影面，a_2 为辅助投影，X_2 为辅助投影轴；而 H 面为被替换的投影面，a 为被替换的投影，X_1 轴为被替换的投影轴；V_1 面为保留的投影面，a_1' 为保留的投影。

提示： 在投影变换中，每一次新加辅助投影面时，为了与原来的投影面相区别，都会在随之产生的新投影轴、新投影、新投影面的相应字母右下角加上代表变换次数的数字。例如，a_1 为第一次变换中 A 点的辅助投影，X_2 为第二次变换中的辅助投影轴。

2) 点的二次变换作图方法

在点的二次变换中，需按更换顺序，依次变换。

作图过程(见图 5-8)：

第一次变换(用 V_1 面替换 V 面)：

(1) 在 H 面范围内新加辅助投影轴 X_1 轴；

(2) 过 a 向 X_1 轴引垂线交 X_1 轴为 a_{x1}；

(3) 在垂线上量取 $a_1'a_{x1} = a'a_x$；

(4) a_1' 即为点 A 经一次变换后在辅助投影面 V_1 上的辅助投影。

第二次变换(用 H_2 面替换 H 面)：

(5) 在 V_1 面范围内新加辅助投影轴 X_2 轴；

(6) 过 a_1' 向 X_2 轴引垂线交 X_2 轴为 a_{x2}；

(7) 在垂线上量取 $a_2a_{x2} = aa_{x1}$；

(8) a_2 即为点 A 经二次变换后在辅助投影面 H_2 上的辅助投影。

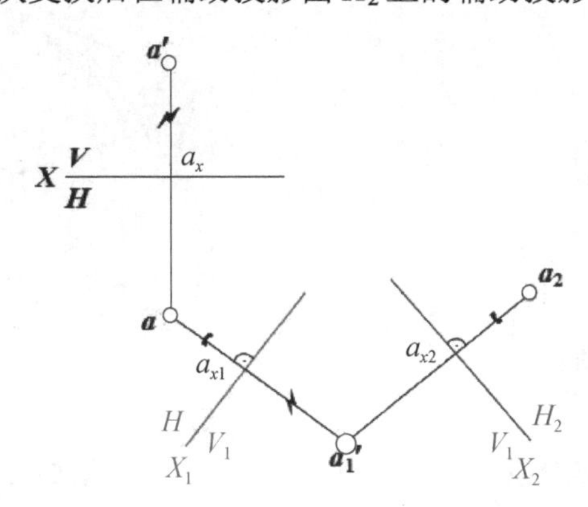

图 5-8　先替换 V 面再替换 H 面

5.3　辅助投影面法的四种基本情况

在辅助投影面法的运用过程中，一般位置的直线与平面因没有特殊的投影规律通常成为变换的对象，而与投影面平行或垂直的直线或平面在投影图中通常有较强的作图规律而成为变换的目标。

不同位置的线面变换一般可分为以下四种基本情况。

(1) 一般位置直线变换成投影面平行线；

(2) 一般位置直线变换成投影面垂直线；

(3) 一般位置平面变换成投影面垂直面；

(4) 一般位置平面变换成投影面平行线。

以上四种变换方法需在具体解题过程中根据题意进行判断选择。

5.3.1 一般位置直线变换成投影面平行线

空间分析：如图 5-9 所示，一般位置直线 *AB* 在原投影体系 *V*/*H* 中不反映实长及倾角，不利于解题，如能新加一辅助投影面，使 *AB* 对辅助投影面呈平行位置，*AB* 就可在新的投影面上反映实形，并能反映与保留投影面的真实倾角。

此时可替换 *V* 面，即在 *H* 面范围内加 X_1 轴平行于 *ab*。也可替换 *H* 面，即在 *V* 面范围内加 X_1 轴平行于 $a'b'$，两种方法均可使直线 *AB* 反映实长。

知识链接： 投影面平行线在它所平行的投影面上的投影反映实长，且反映对其他投影面倾角的实形；直线在其他投影面上的投影分别平行于相应的投影轴。

如图 5-10 所示，要通过一次换面，用 V_1 面代替 *V* 面，在 V_1/H 投影体系中，使新加的辅助投影面 V_1 平行直线 *AB*，就必须使 X_1 轴与 *AB* 的保留投影 *ab* 平行。

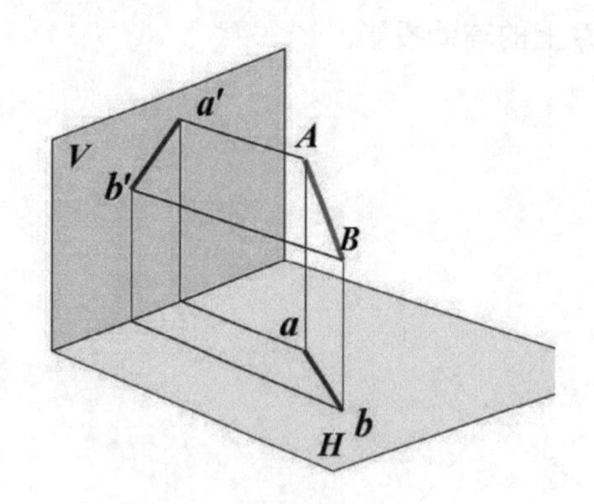

图 5-9 原投影面体系

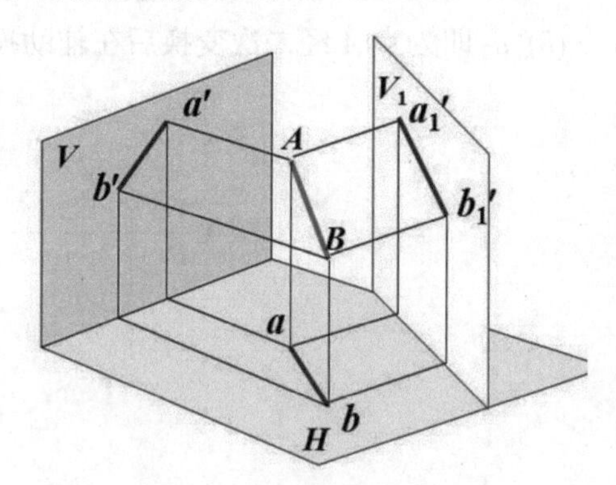

图 5-10 新投影面体系

作图过程(见图 5-11)：

以替换 *V* 面为例：

(1) 在 *H* 面范围内新加辅助投影轴 X_1 轴，使 $X_1 /\!/ ab$；

(2) 过 *a* 作 X_1 轴的垂线，在 V_1 面范围的垂线内量取 a_1' 与 X_1 轴的距离等于 *V* 面中 a' 到 *X* 轴的距离，a_1' 即为 *A* 点在 V_1 面中的新投影；

(3) 过 *b* 作 X_1 轴的垂线，在 V_1 面范围的垂线内量取 b_1' 与 X_1 轴的距离等于 *V* 面中 b' 到 *X* 轴的距离，b_1' 即为 *B* 点在 V_1 面中的新投影；

(4) 连接 $a_1'b_1'$，即为直线 AB 在 V_1 面上的新投影。

图 5-11 中，AB 在 V_1 面上的新投影 $a_1'b_1'$ 不仅反映直线的真实长度，而且 $a_1'b_1'$ 与 X_1 轴的夹角反映了 AB 直线的 H 面倾角 α。

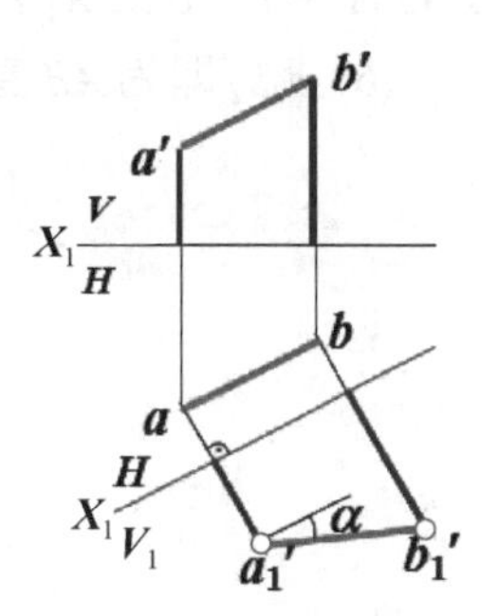

图 5-11　作图过程

小思考： 如果题目不仅要求反映直线的实长而且要求反映与 V 面的倾角 β，变化 V 面可以吗？

5.3.2　一般位置直线变换成投影面垂直线

我们已经知道，投影面垂直线在投影体系中与某一投影面垂直则必与其他投影面平行。所以，要将一般位置直线变换为投影面垂直线，可先经过一次变换成为辅助投影面的平行线，再经过第二次变换成为新投影面的垂直线。

知识链接： 投影面垂直线是指垂直于一个投影面，同时平行于其他投影面的直线。

空间分析：

如图 5-12 所示，直线 AB 在 V/H 投影体系中为一般位置直线，先新加一辅助投影面 V_1，使 AB 平行于 V_1 面，从而在 V_1/H 投影体系中成为投影面平行线完成第一次变换；再加一辅助投影面 H_2，使 $AB \perp H_2$，即在 V_1/H_2 投影体系中，使 $a_1'b_1' \perp X_2$ 轴，则 AB 就完成了第二次变换，成为 H_2 面的垂直线，在 H_2 面上的投影 a_2b_2 积聚为一点。

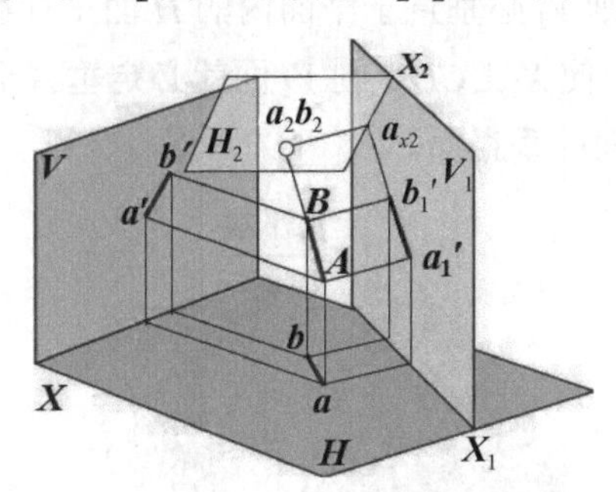

图 5-12　空间状况

作图过程(见图 5-13)：

第一次变换：

(1) 在 H 面范围内新加辅助投影轴 X_1 轴，使 $X_1 /\!/ ab$；

(2) 过 a、b 作 X_1 轴的垂线，在 V_1 面范围的垂线内分别量取 a_1'、b_1' 与 X_1 轴的距离等于 V 面中 a'、b' 到 X 轴的距离；

(3) 连接 $a_1'b_1'$ 即为 AB 直线在 V_1 面中的新投影，且反映直线 AB 的实长；

第二次变换：

(4) 在 V_1 面范围内新加辅助投影轴 X_2 轴，使 $X_2 \perp a_1'b_1'$；

(5) 过 a_1'、b_1' 作 X_2 轴的垂线，在 H_2 面范围的垂线内分别量取 a_2、b_2 与 X_2 轴的距离等

于 H 面中 a、b 到 X_1 轴的距离；

(6) a_2b_2 即为 AB 直线在 H_2 面中的新投影，且直线 AB 积聚为一点。

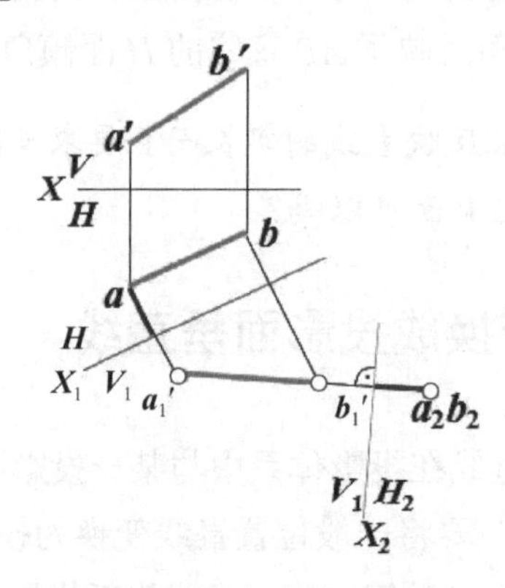

图 5-13　作图过程

5.3.3　一般位置平面变换成投影面垂直面

空间分析：

如图 5-14 所示，平面在原投影体系 V/H 中为一般位置平面，如需使平面成为投影面垂直面，须新加一辅助投影面 V_1，且使 V_1 垂直于空间平面中的某一直线。又因为辅助投影面 V_1 须与保留投影面 H 垂直，则 V_1 必垂直于平面内的 H 面平行线。于是，作图时可先在平面中找到一条 H 面平行线 CD，使 $X_1 \perp CD$，则 V_1 面就必定垂直于 CD 所在的平面，也就将一般位置平面转换成了新投影面的垂直面。

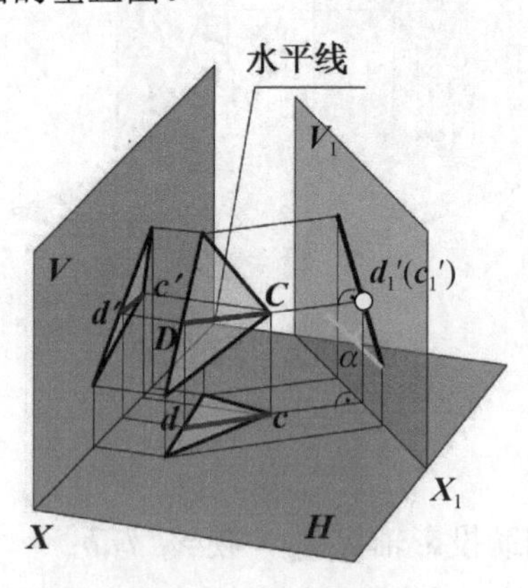

图 5-14　空间状况

知识链接： 如果两平面垂直，那么在一平面内必定能找到另一平面的一条垂线。

作图过程(见图 5-15)：

(1) 在平面 ABC 的 V 面投影中，过 c' 作 $c'd'$ 平行于 X 轴且交 $a'b'$ 于 d'；

(2) 过 d' 向下作连系线与 ab 交于 d，连接 cd；

(3) 在 H 面范围内新加辅助投影轴 X_1 轴，使 $X_1 \perp cd$；

(4) 过 c、d 作 X_1 轴的垂线，在 V_1 面范围的垂线内量取 $d_1'(c_1')$与 X_1 轴的距离等于 V 面中 c'、d' 到 X 轴的距离；

(5) 过 a、b 作 X_1 轴的垂线，在 V_1 面范围的垂线内量取 a_1'、b_1' 与 X_1 轴的距离等于 V 面中 a'、b' 到 X 轴的距离；

(6) 连接 $a_1'b_1'c_1'$，即为平面 ABC 在 V_1 面中的积聚投影，其与 X_1 轴的夹角反映了平面 ABC 与 H 面的倾角 α。

提示： 在将一般位置平面转换为投影面垂直面的作图过程中，不管新加的辅助投影面将要替换哪个原投影面，在空间平面中所作的始终是所保留投影面的平行线。

5.3.4 一般位置平面变换成投影面平行面

空间分析：

在两投影面体系中，如需将一般位置平面变换成投影面平行面，可先经过一次变换将其变为投影面的垂直面，再经过第二次变换，将投影面垂直面变换为投影面平行面。

我们已知：一平面与某投影面平行，则必与相邻的投影面垂直。如图 5-16 所示，平面 ABC 为 H 面垂直面，如需使平面 ABC 反映实形，可经过一次换面，用 V_1 面代替 V 面，在 V_1/H 投影体系中，使平面 ABC 成为辅助投影面 V_1 的平行面，作图时使辅助投影轴 X_1 平行于平面 ABC 的积聚投影 abc 即可。

作图过程(见图 5-16)：

(1) 在 H 面范围内新加辅助投影轴 X_1 轴，使 $X_1 \parallel abc$；

(2) 过 a、b、c 作 X_1 轴的垂线，在垂线上分别量取 a_1'、b_1'、c_1' 与 X_1 轴的距离等于 V 面中 a'、b'、c' 到 X 轴的距离；

(3) 连接 $a_1'b_1'c_1'$ 即为平面 ABC 在 V_1 面中反映实形的新投影。

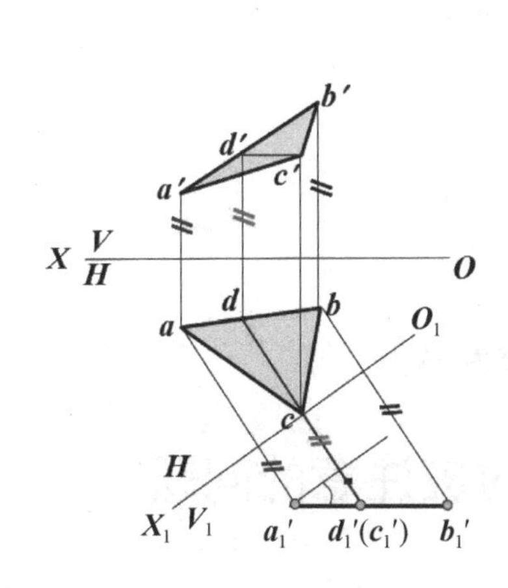

图 5-15　作图过程

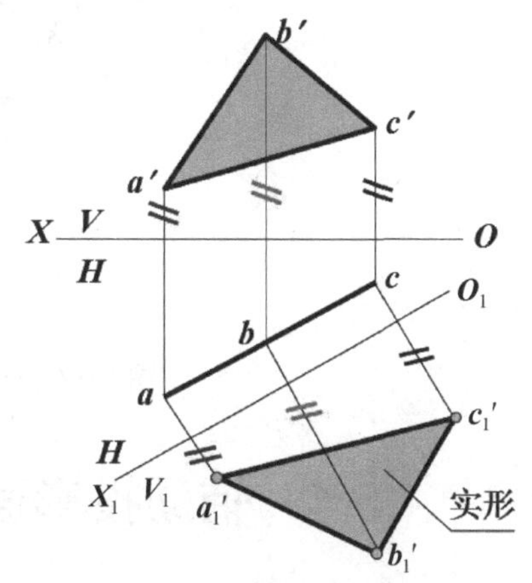

图 5-16　垂直面变换为平行面

对于一般位置平面而言，变换成投影面平行面需在作图过程中先后变换两次。

作图过程(见图 5-17)：

第一次——将平面变换为垂直面：

(1) 在平面 ABC 的 V 面投影中，过 c' 作 $c'd'$ 平行于 X 轴且交 $a'b'$ 于 d'；

(2) 过 d' 向下作连系线与 ab 交于 d，连接 cd；

(3) 在 H 面范围内新加辅助投影轴 X_1 轴，使 $X_1 \perp cd$；

(4) 过 c、d 作 X_1 轴的垂线，在 V_1 面范围的垂线内量取 $d_1'(c_1')$与 X_1 轴的距离等于 V 面中 c'、d' 到 X 轴的距离；

(5) 过 a、b 作 X_1 轴的垂线，在 V_1 面范围的垂线内量取 a_1'、b_1' 与 X_1 轴的距离等于 V 面中 a'、b' 到 X 轴的距离；

(6) 连接 $a_1'b_1'c_1'$，即为平面 ABC 在 V_1 面中的积聚投影，其与 X_1 轴的夹角反映了平面 ABC 与 H 面的倾角α；

第二次——将平面变换为平行面：

(7) 在 V_1 面范围内新加辅助投影轴 X_2 轴，使 $X_2 /\!/ a_1'b_1'c_1'$；

(8) 过 a_1'、b_1'、c_1' 作 X_2 轴的垂线，在 H_2 面范围的垂线内分别量取 a_2、b_2、c_2 与 X_2 轴的距离等于 H 面中 a、b、c 到 X_1 轴的距离；

(9) 连接 $a_2b_2c_2$ 即为平面 ABC 在 H_2 面中反映实形的新投影。

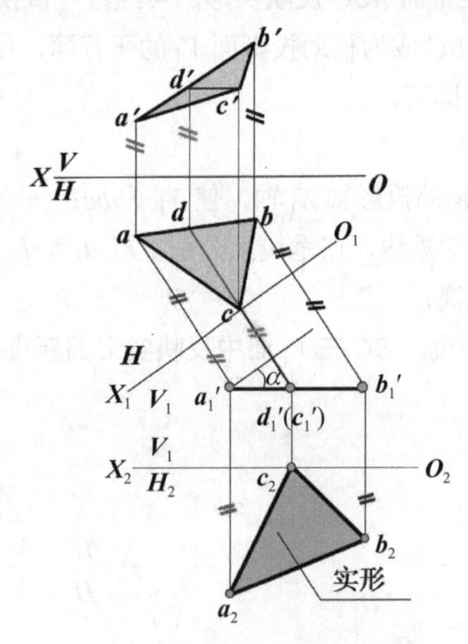

图 5-17　一般位置平面变换为平行面

5.4　辅助投影面法解题时应注意的问题

辅助投影面法是投影变换的一种常用方法，就是改变投影面的位置，使它与所给物体或其他几何元素处于解题所需的特殊位置。

在运用辅助投影面法进行投影变换中，要熟练一般位置线面与特殊位置线面的变换次序：

一般位置直线⟹投影面平行线⟹投影面垂直线

一般位置平面⟹投影面垂直面⟹投影面平行面

综合解题时一般要注意下面几个问题。

(1) 分析已给条件的空间情况，弄清原始条件中物体与原投影面的相对位置，并把这些条件抽象成几何元素(点、线、面等)。

(2) 根据题目要求所得到的结果，确定出有关几何元素对新投影面应处于什么样的特殊位置(垂直或平行)，据此选择正确的解题思路与方法。

(3) 在具体作图过程中，要注意新投影与原投影在变换前后的关系，既要在新投影体系中正确无误地求得结果，又能将结果返回到原投影体系中。

【例题】求 S 点与平面 ABC 的距离(见图 5-18)。

【解题分析】通过分析题意得出题目所求为点与平面的距离，因为平面 ABC 此时为一般位置平面，所以点和平面的位置关系不能在投影图中直接反映，如想在投影图中通过投影直接反映出点和平面的距离关系，必须将平面与投影面的空间关系进行变换，而平面垂直于投影面时最有利于表示出点和平面间的距离关系，所以确定解题目标为将平面变换成投影面垂直面。

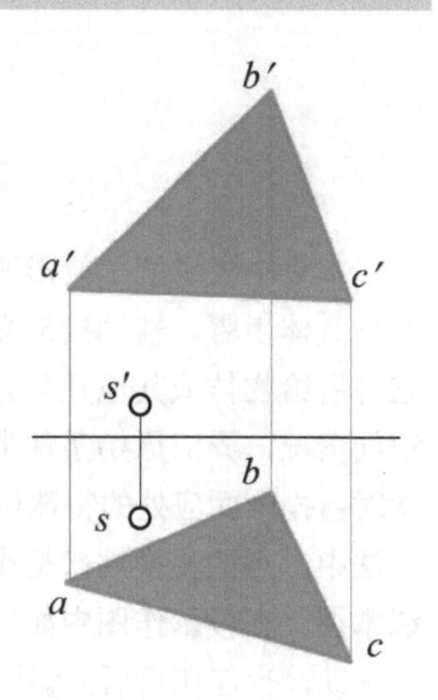

图 5-18　已知条件

已知将一般位置平面变换为投影面垂直面需要一次变换即可，替换 H 面或替换 V 面均可。但要注意如替换 H 面，需在平面内作一条 V 面平行线，如替换 V 面，则需在平面内作一条 H 面平行线，而且变换过程中需将 S 点随平面一同变换。

作图过程(见图 5-19)：

(1) 在平面 ABC 的 H 面投影中，过 a 作 ad 平行于 X 轴且交 bc 于 d；

(2) 过 d 向上作连系线与 $b'c'$ 交于 d'，连接 $a'd'$；

(3) 在 V 面范围内新加辅助投影轴 X_1 轴，使 $X_1 \perp a'd'$；

(4) 过 a'、d' 作 X_1 轴的垂线，在 H_1 面范围的垂线内量取 $a_1(d_1)$与 X_1 轴的距离等于 H 面中 a、d 到 X 轴的距离；

(5) 过 b'、c'、s' 作 X_1 轴的垂线，在 V_1 面范围的垂线内量取 b_1、c_1、s_1 与 X_1 轴的距离等于 H 面中 b、c、s 到 X 轴的距离；

(6) 连接 $a_1b_1c_1$，即为平面 ABC 在 H_1 面中的积聚投影，s_1 为点 S 在 H_1 面中的新投影；

(7) 在 H_1 面中，过 s_1 向平面 ABC 的积聚投影 $a_1b_1c_1$ 引垂线，垂足为 k_1；

(8) s_1k_1 即为点 S 到平面 ABC 的距离实长。

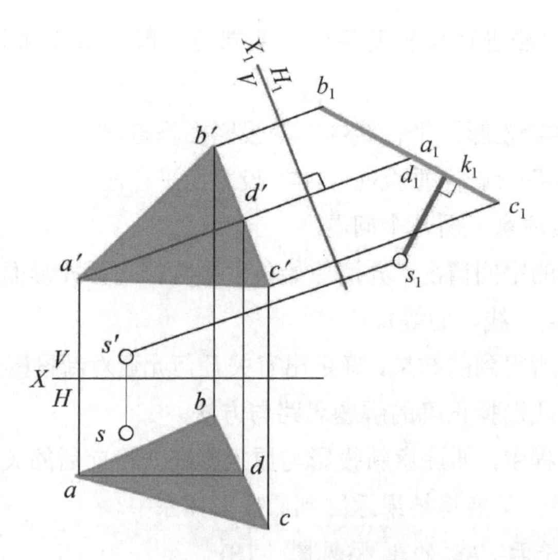

图 5-19　作图过程

本 章 小 结

本章主要讲解了投影变换的目的和主要方法，其中着重讲解了辅助投影面法的作图思路与具体步骤。辅助投影面法是投影变换的一种常用方法，是通过改变投影面的位置，使它与所给物体或其他几何元素处于解题所需的特殊位置。在解题中要注意分析已给条件的空间情况，弄清原始条件中物体与原投影面的相对位置，根据题目要求确定出有关几何元素对新投影面应处的特殊位置(垂直或平行)，从而选择正确的解题思路与方法。在辅助投影面法中，点的变换规律是作图的基础，四个基本问题是综合解题的基本作图方法，必须熟练掌握。在投影作图中如能将投影变换的方法加以灵活运用，将对提高解题的准确性有很大帮助，也能在日后的解题中积累解题技巧，使作图过程更加多样。

第6章

平面立体

【本章教学要点】

知识要点	掌握程度
平面立体的投影性质	熟悉
平面立体表面上点和线的意义	掌握
截交线、贯穿点、相贯线的概念	重点掌握
同坡屋顶的概念	重点掌握

【本章技能要点】

技能要点	掌握程度
平面立体的投影作法	熟悉
平面立体表面上点和线的作法	掌握
平面立体的表面展开图作法	掌握
平面与平面立体相交的截交线作法	重点掌握
直线与平面立体相交的贯穿点作法	重点掌握
两平面立体相交的相贯线作法	重点掌握
同坡屋顶的脊线作法	掌握

【本章导读】

平面立体是由平面图形组成的三维立体，与前面章节中的点、线、面等元素最大的不同点在于，它本身同时存在长、宽、高三个方向的量度性，各表面包裹着的是一个三维空间。在实际工程中，大多数建筑形体都属于平面立体或可以拆分成平面立体。本章就以最基本的平面立体作为研究对象，这有利于以后将复杂的建筑形体拆分成简单的平面立体后理解分析建筑的空间位置关系。通常认为，平面立体内部是不透明的，所以我们除了研究平面立体表面上点和线的意义及作法外，还要重点研究平面立体与直线、平面甚至另一个平面立体相交时，贯穿点、截交线和相贯线的作法。通过本章的学习，有利于提高学生的空间想象能力，丰富学生在综合解题中的各项技巧。

在实际工程中，我们见到的各种建筑形体及其构配件的形状虽然千变万化、种类繁多，但都可以经过形体分析，将其视为由一些简单的几何体叠加、切割或相交等形式组合而成。我们把这种简单的几何体称为基本几何体。

对于空间中的基本几何体，我们通常见到的有如图 6-1 所示的几种。

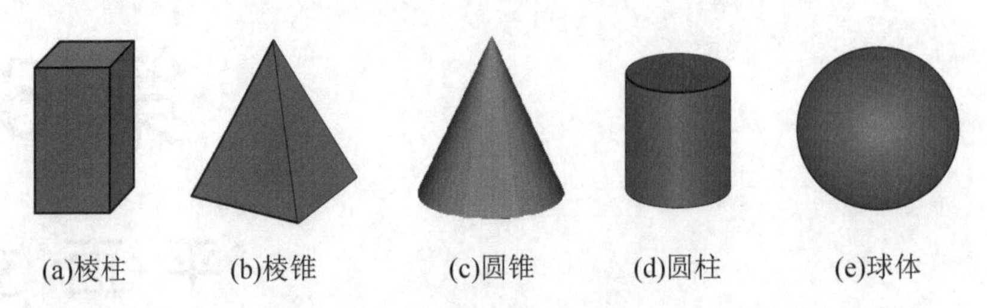

图 6-1　常见的几种立体

按组成立体表面的图形形状，我们可将基本几何体分为平面基本体和曲面基本体。

由平面多边形围合而成的具有长、宽、高三个方向尺度的几何体称为平面立体。常见的平面立体有棱柱、棱锥(台)，如图 6-1 所示中的前两种。

由曲面或曲面和平面所围成的几何体称为曲面立体。常见的曲面立体为回转体，如图 6-1 所示中的后三种。

本章研究的主要对象就是几何体中的平面立体。

6.1　平面立体的投影

平面立体的形状、大小和位置，由组成它的各表面所决定，故平面立体的投影也由其各表面的投影来表示。

平面立体的投影，实质上就是构成该平面立体的所有表面的投影总和。

如图 6-2 所示，在三面投影体系中，平面立体在每一个投影面上的投影都是平面立体上各表面的投影的叠加，这些表面的投影有的积聚、有的反映实形、有的类似原图形，它们在同一个投影面上的同名投影叠加在一起，便形成了平面立体的一个投影。

如图 6-3 所示，在平面立体的三面投影图中，立体每一个表面的投影都遵循三面投影规律，所以在组成平面立体的投影之后，平面立体的各投影之间也必定符合三面投影规律。

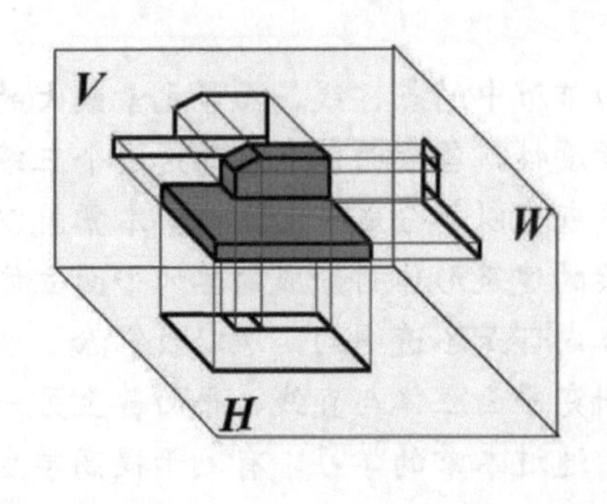

图 6-2　平面立体的投影

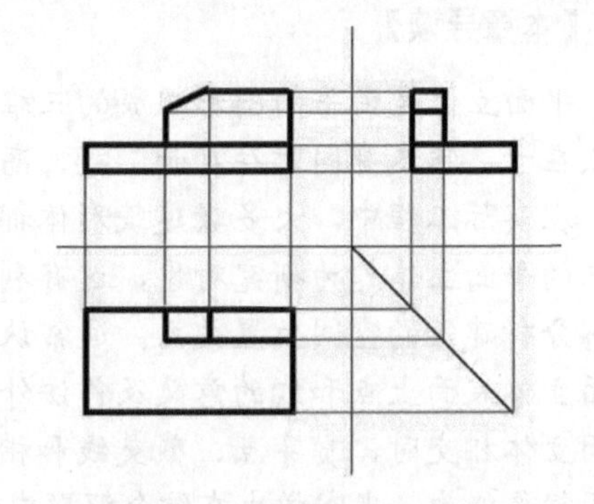

图 6-3　平面立体的投影图

6.1.1　棱柱和棱锥

1. 棱柱体

1) 棱柱体的组成

棱柱体通常由两个底面和几个侧棱面组成。侧棱面与侧棱面的交线称为侧棱线，棱柱体的侧棱线均相互平行。

如图 6-4 所示为一个六棱柱，该六棱柱由上底面、下底面和六个侧棱面组成，上下底面为六边形，各侧棱面均为矩形，六棱柱的六条侧棱线均相互平行且等长。

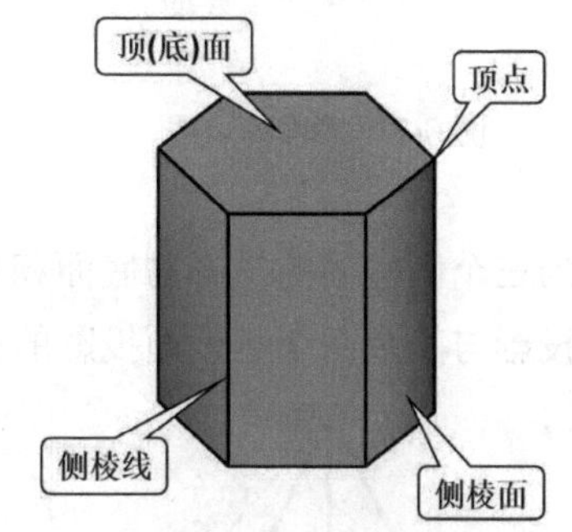

图 6-4　棱柱的组成

2) 棱柱的三面投影图

将棱柱体的各表面在三面投影体系中的各同名投影叠加起来，就形成了棱柱体的三面投影图。

如图 6-5 所示，六棱柱的两底面为水平面，其水平投影反映实形；前后两侧棱面是正平面，其正面投影反映实形；四个侧棱面均是铅垂面，它们的水平投影都积聚成直线，与底面在 H 面上的投影六边形的边重合。

如图 6-6 所示，在六棱柱的三面投影图里，每一个投影均是由六棱柱的各个表面的投影叠加在一起的。例如，H 面上的投影为一个六边形，为六棱柱上呈六边形的上下底面的投影和六个侧棱面的积聚投影的叠加；V 面、W 面投影均为六棱柱的六个侧棱面投影和上下两底面积聚投影的叠加。

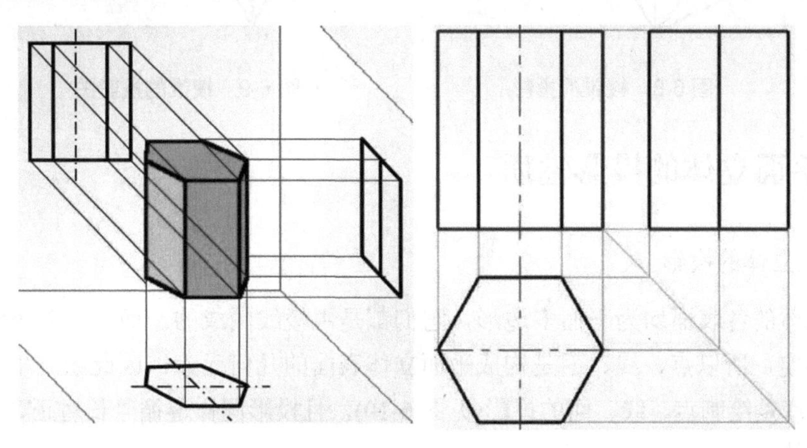

图 6-5　棱柱的投影　　　　图 6-6　棱柱的投影图

2. 棱锥体

1) 棱锥的组成

棱锥由一个底面和几个侧棱面组成。其与棱柱最大的不同在于，棱锥的几条侧棱线不平行，它们相交于有限远的一点——锥顶。

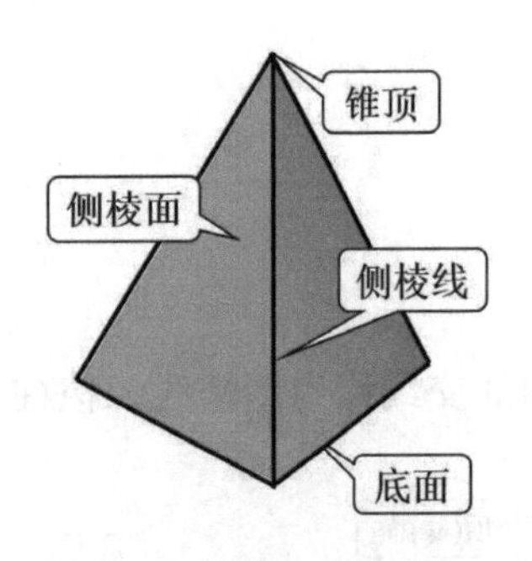

图 6-7　棱锥的组成

如图 6-7 所示为一个三棱锥，该三棱锥由一个下底面和三个侧棱面组成，下底面为三角形，三个侧棱面均为三角形，三条侧棱线不平行，相交于有限远的一点，即锥顶。

2) 棱锥的三面投影图

如图 6-8 所示，在三棱锥的三面投影图中，其底面是水平面，其水平投影反映实形；后侧棱面为侧垂面，在 *W* 面上呈直线状的积聚投影，另两个侧棱面均为一般位置平面。

如图 6-9 所示，在三棱锥的三面投影图里，*H* 面上的投影为底面三角形的实形与三个侧棱面投影的叠加；*V* 面投影为三个侧棱面的投影与底面积聚投影的叠加；*W* 面投影为下底面积聚投影、后侧面的积聚投影与其余两个侧棱面投影的叠加。

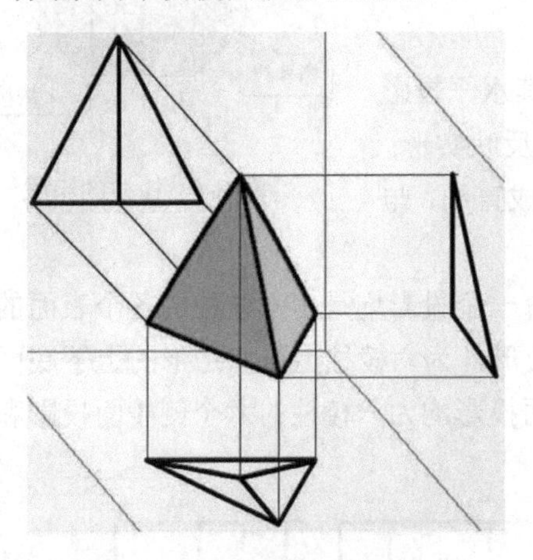

图 6-8　棱锥的投影

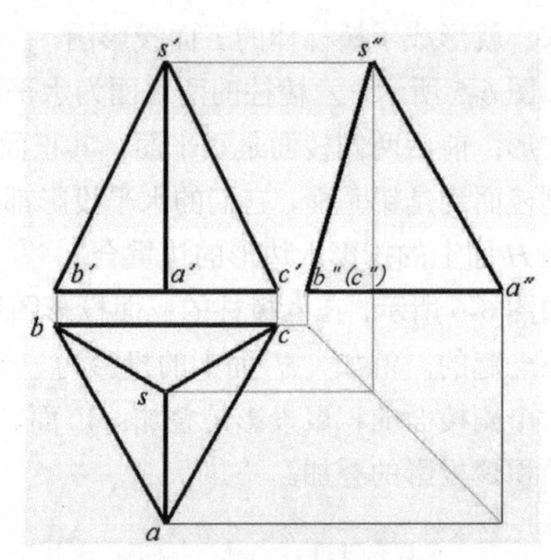

图 6-9　棱锥的投影图

6.1.2　平面立体的投影性质

1. 平面立体的投影

平面立体的各表面均为平面多边形，它们都是由棱线围成的，而每一条棱线都是由两个顶点所确定，所以点、线、面是构成平面立体表面的几何元素，因此绘制平面立体的投影，归根结底是绘制点、线、面的投影(见图 6-10)，且投影同样遵循“长对正、高平齐、宽相等”的规律。

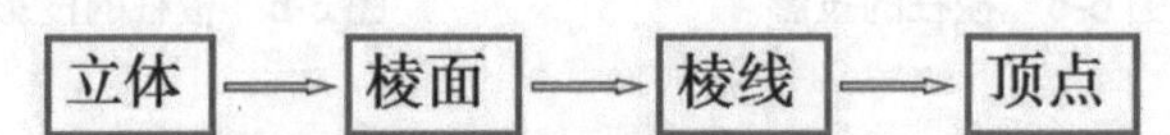

图 6-10　平面立体投影的分解

平面立体的投影，实质上是点、直线和平面的投影的集合。

提示：为方便叙述，均注出了平面立体的各个顶点字母。在平面立体的投影图中，为区分可见表面和不可见表面，可见的棱线用实线表示，不可见的棱线用虚线表示。其实，在以后绘制复杂的工程图中，非必要时一般不需注出顶点的字母，也可不画出不可见棱线的虚线，但这些棱线必须在其他投影图中表达出来。

2. 投影中线和点的意义

在平面立体的三面投影图中，因为每一个投影都是平面立体上各表面的投影的叠加，所以平面立体的投影中的线和点也不再仅仅代表某一条线、某一个点的投影，而可能有多重意义。平面立体投影图中的点有可能是某个顶点的投影，也有可能是某条棱线的积聚投影。线有可能是某条棱线的投影，也有可能是某个棱面的积聚投影。

如图 6-11 所示，在六棱柱的三面投影图中，*H* 面投影为六边形，这个六边形的每一条边有可能是上下底面边长的投影，也可能分别是六个侧棱面的积聚投影；六边形的顶点有可能是平面立体中顶点的投影，也有可能是六条侧棱线的积聚投影。*W* 面投影中前侧边线，有可能是两条侧棱线的投影，也有可能是前侧棱面的积聚投影，等等。像这样的例子可以在平面立体的投影图中找出很多。

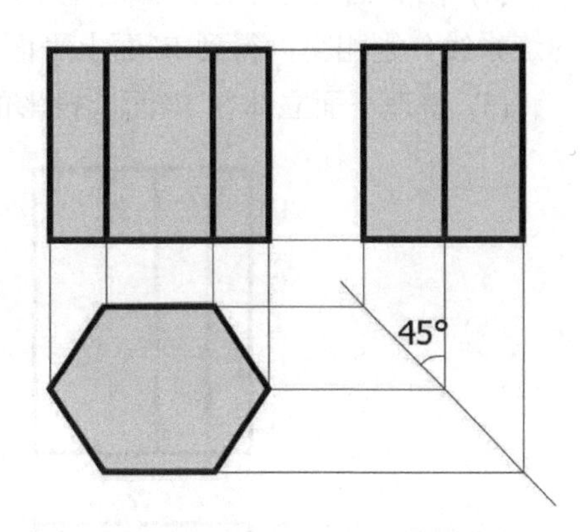

图 6-11　六棱柱的投影

3. 投影图的作法

如图 6-12 所示，平面立体的投影图作法，可归结为求其各个表面的投影图，而各表面——平面多边形是由直线段组成的，每条直线段皆可由两个端点确定，因此平面立体的投影图作法，又可归结为求其表面的交线(棱线)及各顶点(棱线的交点)的投影。

图 6-12　平面立体投影的作法

提示：在平面立体的投影具体作图过程中，应注意一些有积聚性的棱面或棱线，以利用其积聚性进行作图；如棱线、棱面没有特殊性可利用，也可适当作些辅助线以帮助作图。而且，在平面立体的投影中，表面上各点、线、面的投影均符合三面投影规律，作图中也要注意对“长对正、高平齐、宽相等”的基本投影规律的运用。

【例题 6-1】补全立体的侧面投影(见图 6-13)。

【解题分析】我们知道平面立体的各个投影均是其表面上各点、线、面的同名投影的叠加。在此题中，已知一平面立体的 *H* 面和 *V* 面投影，虽然 *W* 面投影尚未求出，但我们可以通过已知的投影得到平面立体上各点、线、面三个方向的尺寸，确定其空间位置。所以此时只需运用"长对正、高平齐、宽相等"的原则，将平面立体中各表面的 *W* 面投影得出，叠加起来就是平面立体的 *W* 面投影。

作图过程(见图 6-14)：

(1) 在三面投影图中的合适位置，任取一条 45°斜线；

(2) 在 *H* 面中，从左向右过平面立体左侧各可见棱线作连系线，分别与 45°斜线相交；

(3) 过 45°斜线上的各交点，向上作连系线；

(4) 在 *V* 面上过平面立体的上下底面的积聚投影，从左向右作连系线，与刚刚从下向上的连系线分别相交，得到 *W* 面上平面立体的上下底面积聚投影的宽度和各侧棱线的高度；

(5) 整理平面立体在 *W* 面上投影的轮廓线。

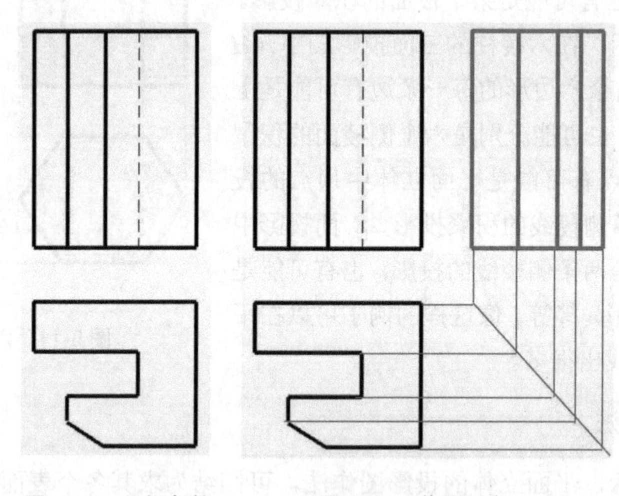

图 6-13　已知条件　　　　图 6-14　作图过程

4. 可见性

我们认为立体是不透明的，平面立体表面上的棱线与棱面有可见和不可见之分。

可见的棱线用实线表示，不可见的棱线用虚线表示；当两条棱线重影时，其中只要有一条为可见棱线的投影，则亦用实线表示。

如图 6-15 所示，平面立体表面可见的棱线均用实线表示；其中 *H* 面投影六边形的六个边，分别是上下两个底面边线的重影，其中上底面边线可见，下底面边线不可见，所以，因其中包含上底面可见棱线的投影，亦用实线表示。

对于平面立体表面的棱面，一般情况下，如果边线不全是投影的最外轮廓线，则只有都可见时，该棱面才是可见的；其中有一条边线不可见时，该棱面就不可见。但也有一种特殊情况，即棱面的边线全是投影的最外轮廓线，虽然轮廓线是可见的，该面不一定可见。

如图 6-16 所示，在三棱锥的 *H* 面投影中，左侧棱面 *SAB* 的三条边线中，虽然只有 *ab* 是投影的轮廓线，但其三个边线在 *H* 面中均可见，所以左侧棱面 *SAB* 为可见棱面；同样在

三棱锥的 *W* 面投影中，右侧棱面 *SAC* 的三条边线中，只有 *sa* 是投影的轮廓线，而且另外两条边线均不可见，所以右侧棱面 *SAC* 为不可见棱面；还有一种特殊情况，如三棱锥的 *H* 面投影中，底面 *ABC* 的三条边线均为投影的最外轮廓线，此时虽然三条边线的投影均可见，但底面 *ABC* 是不可见的。

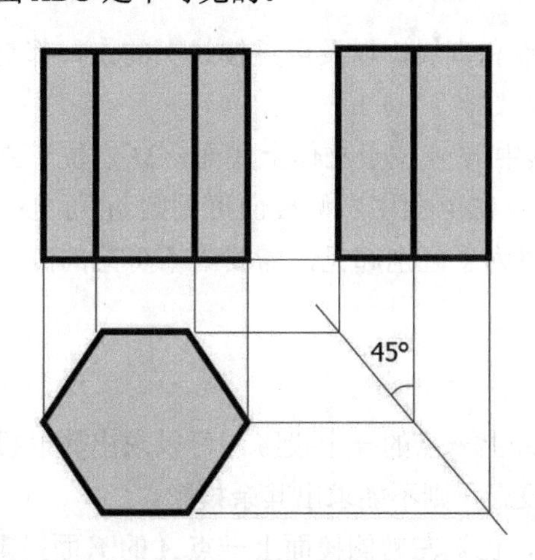

图 6-15　六棱柱的投影图

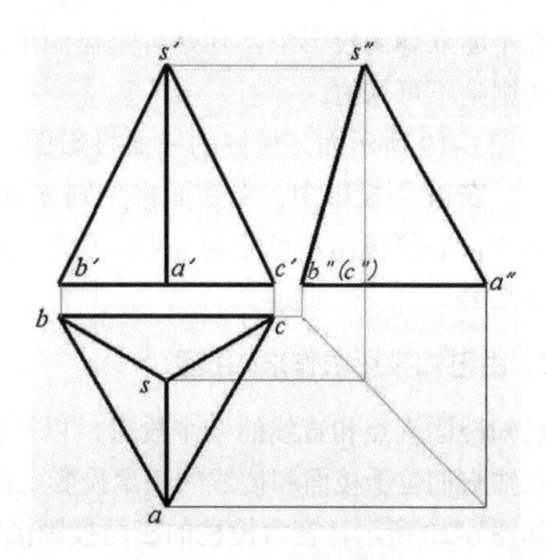

图 6-16　三棱锥的投影图

5. 投影数量

在用投影图表示平面立体的投影时，有时需要两个投影就可确定立体的空间形状及位置，有时则需要三个。

通常，除了各面平行于投影面的长方体需三个投影外，其他棱柱体和棱锥体只要两个投影就可以表达完整，但是其中一个投影必须是反映底面形状的投影。

如图 6-17 所示是一个各面均平行于投影面的长方体的投影图，此时必须有三个投影相互对照才能确定立体的形状。而如果仅用其中两个投影来表示该立体，则立体也可能被理解为四棱柱或三棱柱。

如图 6-18 所示为一个六棱柱，此时用两个投影就可将它的空间形状及位置表达完整，但是其中一个投影必须是反映底面形状的 *H* 面投影。

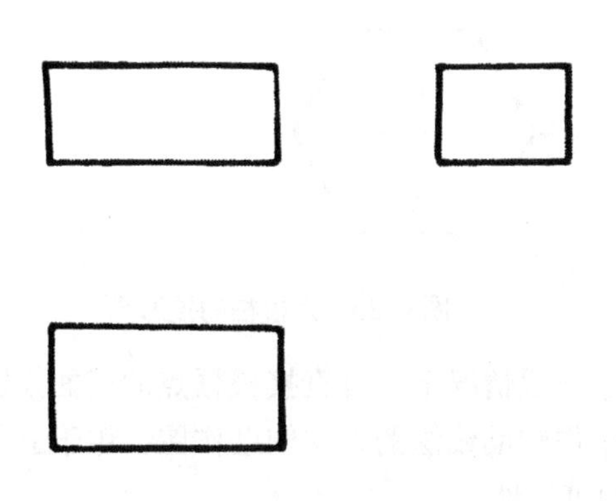

图 6-17　长方体的投影图

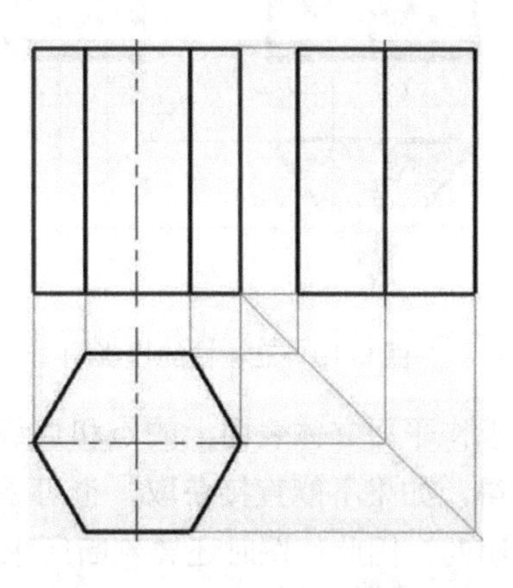

图 6-18　六棱柱的投影图

6.1.3 平面立体表面上的点和直线

1. 平面立体表面上点和直线的可见性

在平面立体的投影中，凡是可见棱面上的点和直线，以及可见棱线上的点，都是可见的；否则是不可见的。

如图 6-19 所示为三棱柱的三面投影图，其中 *N* 点位于立体上底面，*M* 点位于立体右侧棱面。在 *H* 面投影中，上底面可见则 *n* 可见；在 *V* 面中右侧棱面可见则 *m′* 可见；在 *W* 面投影中，右侧棱面不可见则 *m″* 不可见，此时为了区别起见，需要给不可见的点的投影加上小括号。

2. 由已知投影求作未知投影

已知棱面上点和直线的一个投影，以及棱线上一点的一个投影，可以求出其他投影，但若仅知它们位于棱面和棱线的积聚投影上的投影，则不能求出其余投影。

如图 6-20 所示，在六棱柱的三面投影图中，已知左前侧棱面上一点 *A* 的 *V* 面投影 *a′*，此时 *a′* 与它所属的侧棱面的位置关系比较明确，可通过在面上找点的方式求出 *A* 点在该侧棱面上的其他两个投影；又如图中已知 *B* 点位于后侧棱面上的投影 *b*，因后侧棱面为一铅垂面，在 *H* 面中该棱面的投影为一直线状的积聚投影，而已知投影 *b* 正好位于棱面的积聚投影上，此时点与棱面间的位置关系由于棱面的积聚而不清晰，必须结合另一个投影才可辨别点在面中的具体位置，所以仅通过 *B* 点在棱面的积聚投影上的投影不能求出该点的其余投影。

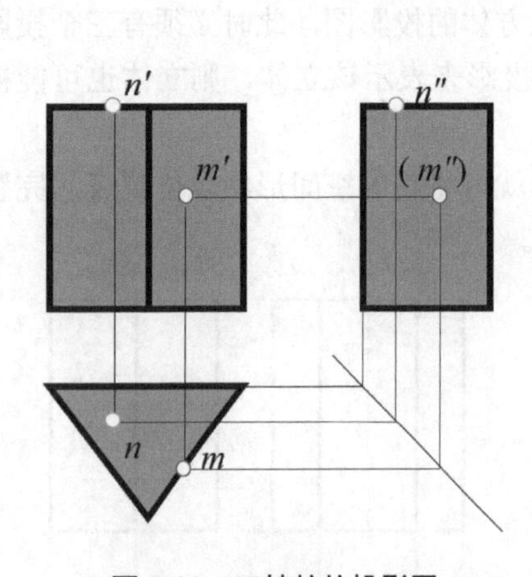

图 6-19 三棱柱的投影图

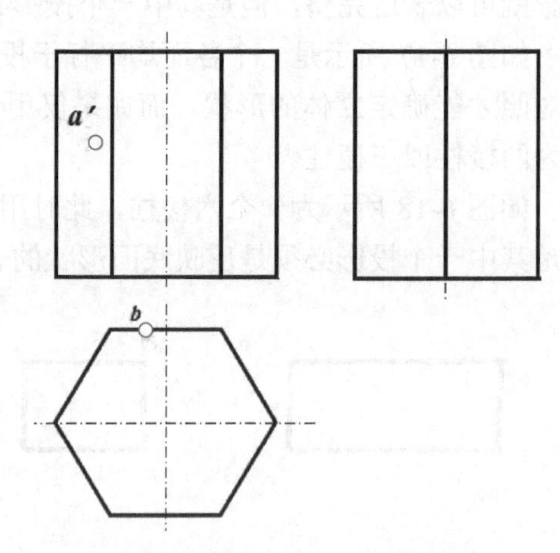

图 6-20 六棱柱的投影图

求作平面立体表面上的点和直线的投影时，一般情况下，可直接根据点的三面投影规律获得，如果不能直接获取，也可采用在投影中作辅助线法的方法辅助作图。由于立体是不透明的，因此作图时还要判断所求出的投影的可见性。

【例题 6-2】补全立体表面上点的投影(见图 6-21)。

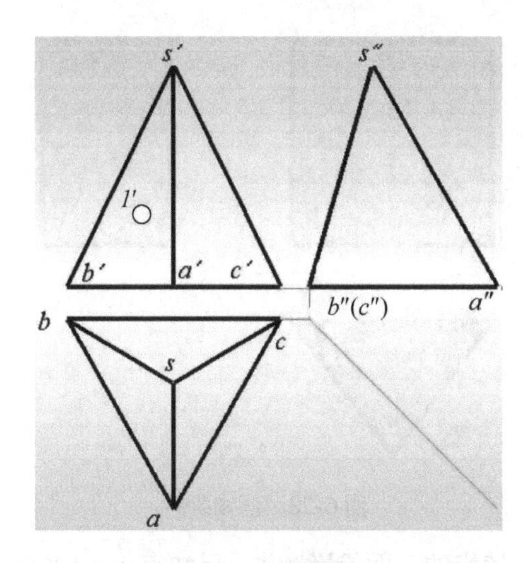

图 6-21　已知条件

【解题分析】由已知条件可以判断出此投影图为一三棱锥的三面投影图。底面为三角形 *ABC*，三个侧棱面为 *SAB*、*SAC* 和 *SBC*，已知点 *I* 的 *V* 面投影 *1′*，通过观察看到投影 *1′* 的标注方式并未加小括号，代表点 *I* 在 *V* 面是可见的，则点 *I* 必定位于左前方侧棱面 *SAB* 上，明确了点所属的棱面，只需要在 *SAB* 的其他投影中找出该点的其他投影即可。面上找点时，可先将点定位于面上的某条线上，再在线上找点，从而达到面上找点的目的。

作图过程(见图 6-22)：

(1) 在 *V* 面上，过 *1′* 作 *a′b′* 的平行线，交 *s′b′* 于 *r′*；

(2) 过 *r′* 向下作连系线交 *sb* 于 *r*；

(3) 在 *H* 面上，过 *r* 作 *ab* 的平行线与过 *1′* 向下作连系线交于 *1*；

(4) 过 *1* 作水平连系线与 45° 斜线相交；

(5) 过 45° 斜线上的交点向上作连系线与过 *1′* 作的水平连系线相交于 *1″*。

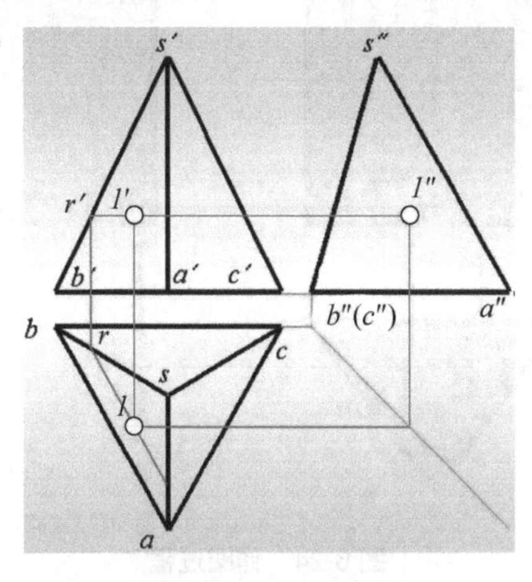

图 6-22　作图过程

【例题 6-3】补全立体表面上各点的投影(见图 6-23)。

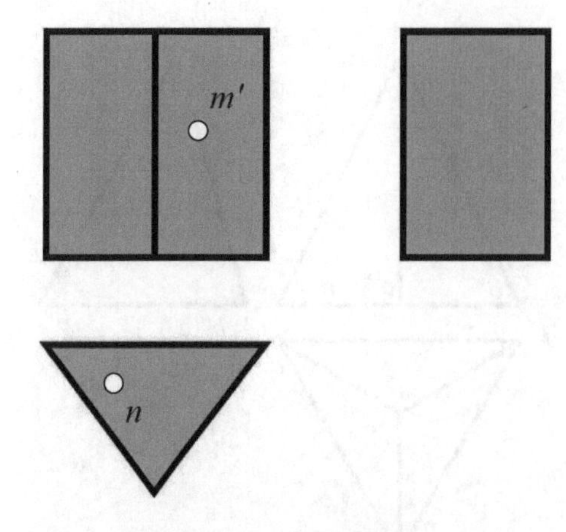

图 6-23　已知条件

【解题分析】在这个三棱锥的三面投影图中，已知点 M 的 V 面投影 m' 和点 N 的 H 面投影 n，先观察 V 面投影 m' 的标注方式并未加小括号，代表点 M 在 V 面是可见的，则点 M 必定位于右侧棱面上；再观察 H 面投影 n 的标注方式也并未加小括号，代表点 N 在 H 面是可见的，则点 N 必定位于上底面。明确了两个点所属的棱面，只需要在棱面的其他投影中用面上找点的方法找出对应点的投影即可。

注意： 因 M 点所属的右侧棱面在 W 面中不可见，所以在标注 M 点在 W 面上的投影时应加小括号以标示其不可见。

作图过程(见图 6-24)：

(1) 作出投影图中对应的 45° 斜线；

(2) 过 m' 向下作连系线交右前侧棱面的积聚投影为 m；

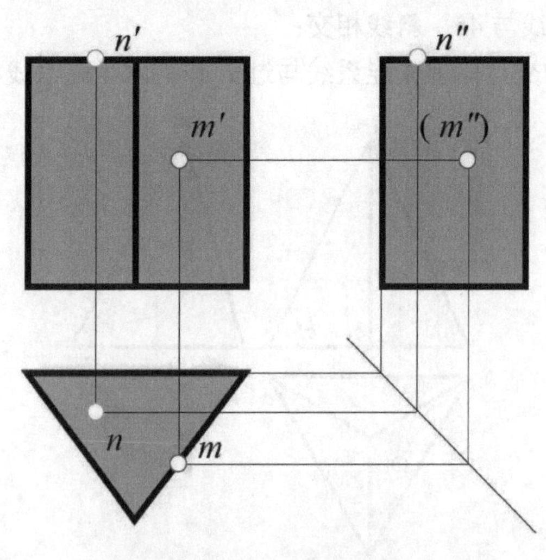

图 6-24　作图过程

(3) 过 m 作水平连系线与 45° 斜线相交，再过交点向上作连系线与过 m' 作的水平连系线相交于(m'')；

(4) 过 n 向上作连系线交上底面在 V 面上的积聚投影为 n'；

(5) 过 n 作水平连系线与 45° 斜线相交，再过交点向上作连系线与上底面在 W 面上的积聚投影相交于 n''。

【例题 6-4】 补全立体表面上各点和直线的投影(见图 6-25)。

【解题分析】 由已知条件可知，这是个三棱锥的三面投影图，已知点 K 的 V 面投影 k' 和直线 MN 的 H 面投影 mn，观察 K 面投影 k' 的标注方式可判断出点 K 位于右前侧棱面 SBC 上；再观察直线 MN 的 H 面投影 mn 的标注方式可判断出直线 MN 位于左前侧棱面 SAB 上。明确了点线所属的棱面，只需要在棱面的其他投影中找出点线对应的投影即可。其中面上找点比较简单，但在面上找线时可先将线拆分成两个端点，把两个端点的投影找到，再将同名投影相互连接，也可将直线延长与平面边线相交，找到交点，再在其上找到所求线段。

作图过程(见图 6-26)：

——求点 K：

(1) 在 V 面上，连接 $s'k'$ 交 $b'c'$ 于 $1'$；

(2) 过 $1'$ 向下作连系线交 bc 于 1，连接 $s1$，过 k' 向下作连系线与 $s1$ 交于 k；

(3) 过 1 作水平连系线与 45° 斜线相交，过交点向上作连系线交 $b''c''$ 于$(1'')$，连接 $s''1''$；因直线 $s''(1'')$在 W 面中不可见，所以用虚线表示；

(4) 过 k' 作水平连系线与 $s''1''$ 交于(k'')；

——求直线 MN：

(5) 在 H 面上，延长 mn 与 sa 相交于 2，与 ab 相交于 3；

(6) 过 2 向上作连系线与 $s'a'$ 相交于 $2'$，过 3 向上作连系线与 $a'b'$ 相交于 $3'$，连接 $2'3'$；

(7) 过 m、n 分别向上作连系线与 $2'3'$ 相交于 m'、n'，连接 $m'n'$；

(8) 过 2、3 分别作水平连系线与 45° 斜线相交，再过交点向上作连系线与 $s''a''$、$a''b''$ 交于 $2''$、$3''$，连接 $2''3''$；

(9) 过 m'、n' 分别作水平连系线与 $2''3''$ 相交于 m''、n''，连接 $m''n''$ 即可。

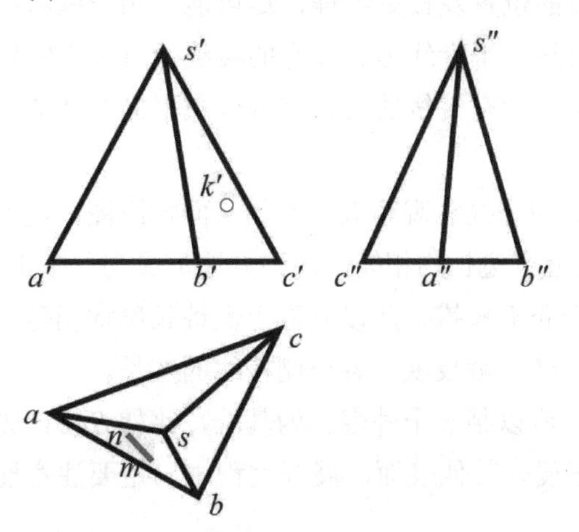

图 6-25　已知条件

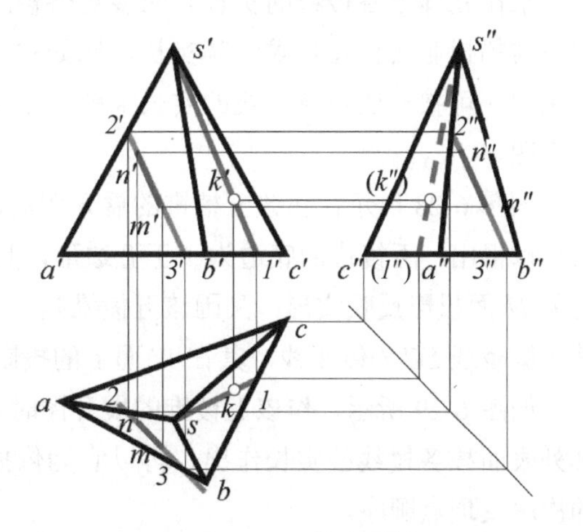

图 6-26　作图过程

6.1.4 平面立体的外表面展开

1. 平面立体外表面的展开

平面立体的外表面展开，就是将立体的所有外表面，按其实际形状和大小，顺次表示(摊平)在一个平面上，如图 6-27 所示。

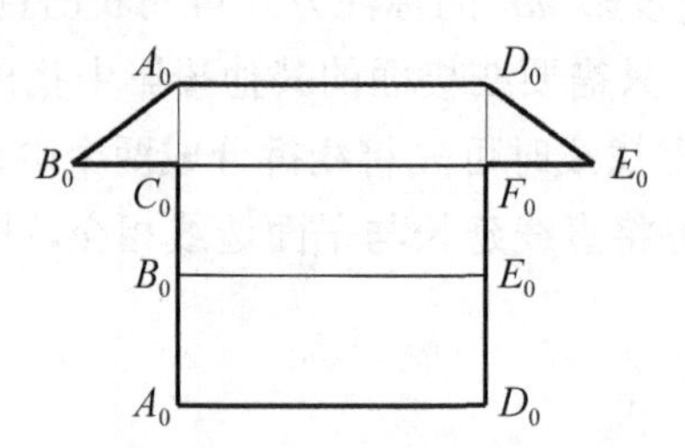

图 6-27 平面立体的表面展开

展开后所得的图形，称为平面立体外表面展开图，简称展开图。在展开图中标注时，可用原来标注顶点的大写字母于右下角加 0 来表示。

展开图中最外界线用粗实线表示，其余对应于各棱线的线条用细实线表示。

提示： 平面立体的展开图一定是其外表面的展开图，即每一个棱面的实形都是从平面立体外部看所得到的。展开图中每个棱面的顶点顺序也应与棱面外表面的顶点顺序相同，否则，展开图就变成了平面立体内表面的展开图。

2. 平面立体展开图的作法

作平面立体的展开图，必须先作出立体表面各棱面的实形，因为立体的各个棱面是由其边线组成的，所以求棱面实形时就必须先作出立体上各个棱线的实长。

求作立体上各棱线的实长时应多观察棱线的位置及投影特征，尽可能利用一些特殊位置直线的投影规律直接求出其实长，比如垂直线、平行线等。如有的棱线没有任何特殊性可利用，可按一般位置直线的实长求解，以作出所有棱线的实长来围合成平面立体的表面展开图。

如图 6-28 所示，作该五棱锥的展开图前，应先注意观察五棱锥的三面投影图，通过观察可以得出，五棱锥的底边为一正五边形，其五个边长均相等，而该五边形又为一水平面，它的 H 面投影反映实形；又因该五棱锥是一个正五棱锥，所以其五个侧棱长度均相等，而其中侧棱线 SC 为侧平线，其在 W 面上的投影 $s''c''$ 就反映了各个侧棱线的实长。

如图 6-29 所示，作该五棱锥的展开图时，应以某一个外表面为基准，比如 SAB，先将其外表面按各棱线的实长作出，再以它为依据展开其他表面，展开过程中一定要注意展开的次序及顶点顺序。

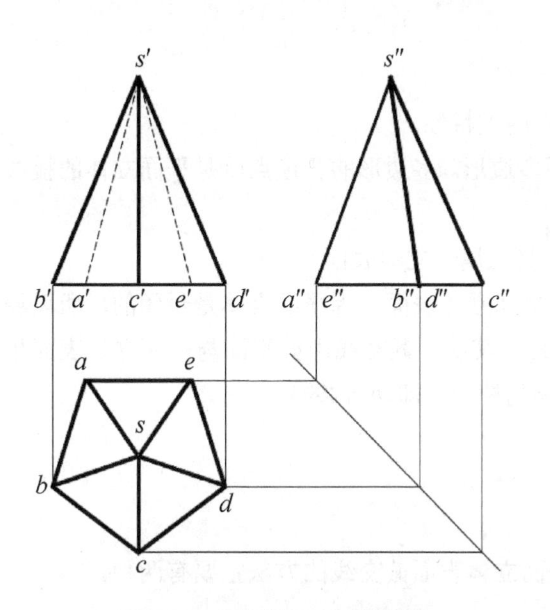

图 6-28 五棱锥的三面投影图

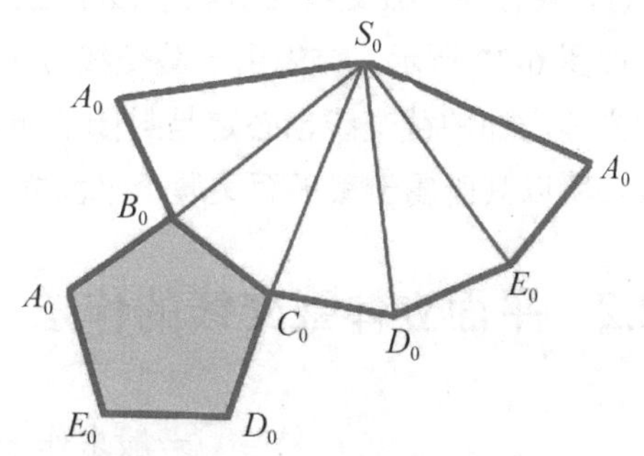

图 6-29 五棱锥的表面展开图

6.2 平面与平面立体相交

6.2.1 平面立体的截交线

1. 截交线

平面和平面立体相交，也叫作立体被平面截断，该平面称为截平面，如图 6-30 所示。

截平面与立体表面的交线，称为截交线；截交线所围成的平面图形，称为截断面，如图 6-31 所示。

立体的棱线与截平面的交点称为截交点。

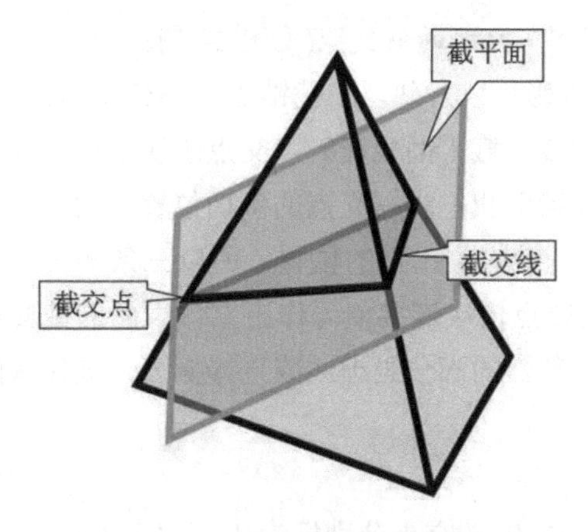

图 6-30 平面与立体相交

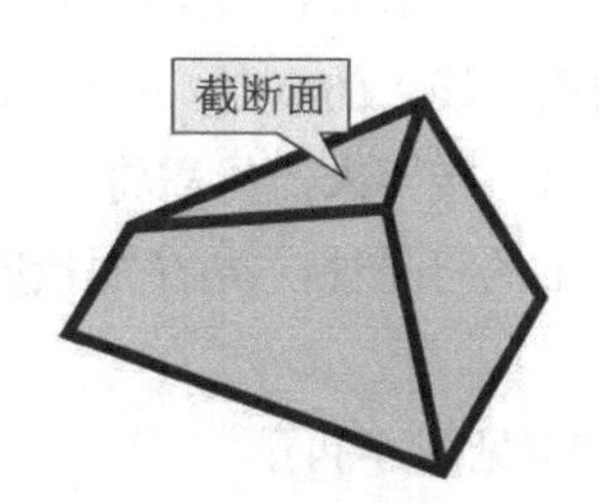

图 6-31 截断面

2. 截交线的性质

通过观察立体的截交线，可以看出其有两大特性。

(1) 闭合性：截交线一定是闭合的平面多边形。多边形的各顶点就是平面立体的棱线和截平面的交点。

(2) 共有性：截交线既从属于截平面，又从属于立体表面。

如图 6-32 所示，首先由于截交线位于平面立体表面，因平面立体是封闭的，所以经由平面立体表面的截交线也必定是封闭的折线；其次，截交线由截平面与平面立体表面相交而成，所以其既属于截平面又属于平面立体的棱面，即两者共有。

6.2.2 平面立体截交线的作法

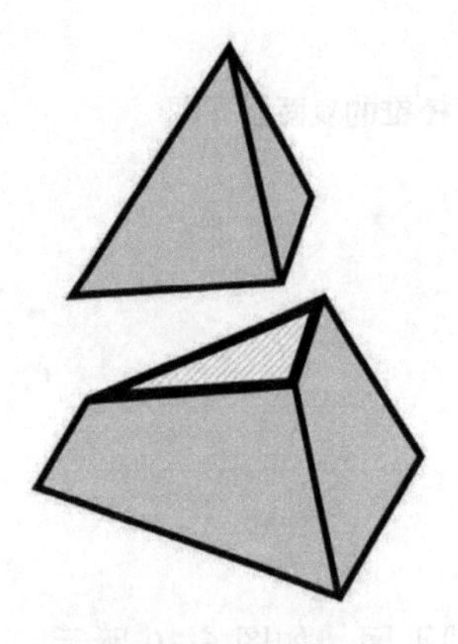

图 6-32 截交线

一般求作平面立体表面截交线的方法主要有两种。

1) 交点法

(1) 找出平面立体上哪些棱线会与截平面相交；

(2) 求出这些棱线和截平面的交点，并依次标明；

(3) 在平面立体的各个棱面中，依次连接所求交点，组成立体表面完整的截交线。

2) 交线法

(1) 找出平面立体上哪些棱面会与截平面相交；

(2) 直接求出这些棱面和截平面的交线，组成立体表面完整的截交线。

在实际作图时，常采用交点法。交点求出后的连接原则是：位于同一棱面上的两个交点才能连接。同时还要注意可见性：可见棱面上的两点用实线连接，不可见棱面上的两点用虚线连接。

【例题 6-5】求作正垂面截断三棱锥 $S-ABC$ 的截交线(见图 6-33)。

【解题分析】通过观察已知的 V 面投影可以发现，三棱锥 $S-ABC$ 中与截平面 P_V 面相交的是三条侧棱 SA、SB 和 SC，当侧棱线与截平面相交时，交点既属于截平面也属于侧棱线，将交点视为正垂面 P_V 上的点时不能帮助我们求得交点的确切位置，而当交点视为处于一般位置的侧棱线上的点时，可以很明确地定位出点的位置，所以三条侧棱线与截平面的交点即可作出。接下来，只需将三个截交点依次连接便可作出立体表面的截交线。最后需要根据 V 面上的可见性，将 H 面投影被截断的部分画虚线或直接擦去，被保留的部分用实线加粗画出。

作图过程(见图 6-34)：

(1) 在 V 面上，将 $s'a'$、$s'b'$、$s'c'$ 与 P_V 的交点分别标为 $1'$、$2'$、$3'$；

(2) 过 $1'$、$2'$、$3'$ 分别向下作连系线，与 sa、sb 和 sc 交于 1、2、3；

(3) 依次连接 *12*、*23*、*13*，即为立体表面的截交线；

(4) 根据可见性将 *H* 面投影保留的部分加粗。

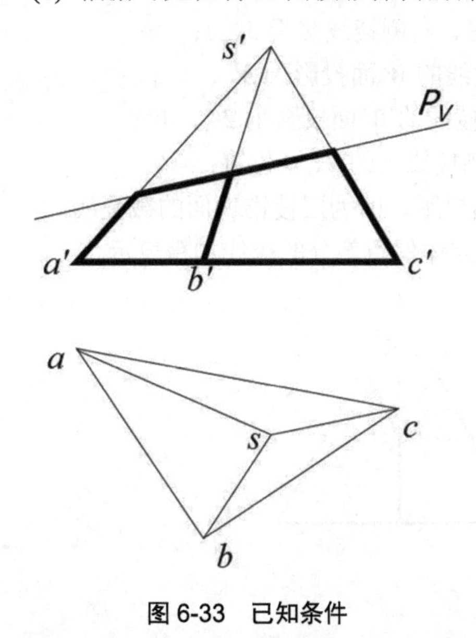

图 6-33　已知条件

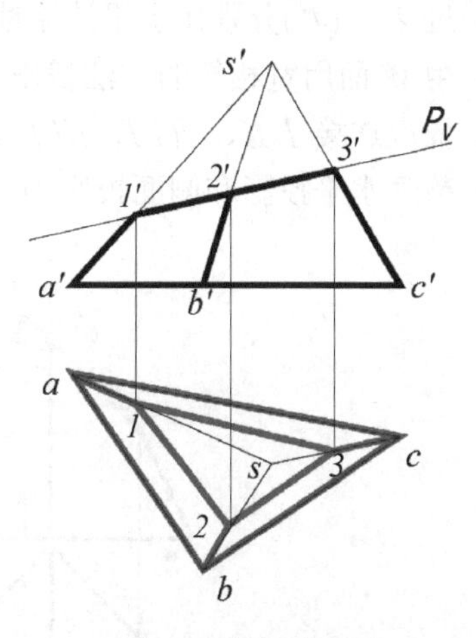

图 6-34　作图过程

【例题 6-6】求四棱锥被截断后的水平投影和侧面投影(见图 6-35)。

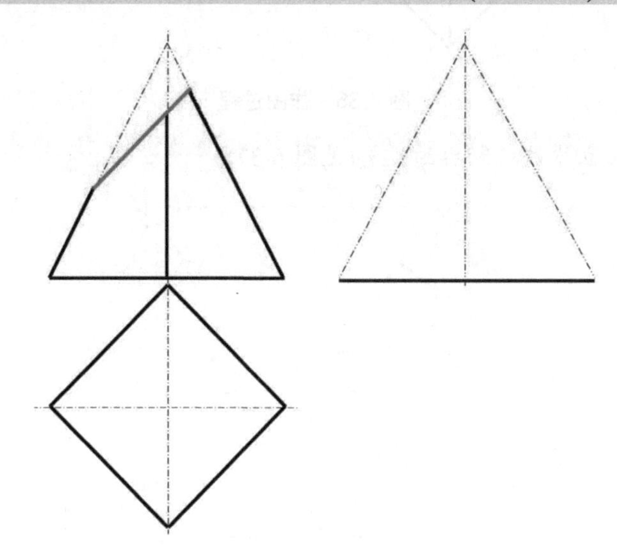

图 6-35　已知条件

【解题分析】根据四棱锥的 *V* 面投影图可观察到截平面积聚投影的具体位置，分析棱线和截平面积聚投影的相对位置，即可知四棱锥各个棱线与截平面相交的截交点位置，其中应注意一些被遮挡的棱线和一些重影的截交点，否则会导致截交点少找、漏找的情况。所有截交点找出后，在四棱锥的其他投影中，只要将截交点当作棱线上的点按照点的投影规律依次找出来，然后将同一棱面上的截交点相互连接就可得到四棱锥的截交线，最后一定要注意整理各投影轮廓，将立体保留部分的棱线加粗表示。

作图过程(见图 6-36)：

(1) 在 *V* 面投影中，将棱线与截平面的交点分别标为 *1′*、*2′*、*3′*、(*4′*)；

(2) 过 *3′*、*1′* 分别向下作连系线与 *H* 面投影左、右侧棱线交于 *3*、*1*；

(3) 过 *3′*、*1′* 分别作水平连系线交左、右侧棱线的 *W* 面投影于 *3″*、*1″*；

(4) 过 *2′*、(*4′*)分别作水平连系线交前、后侧棱线的 *W* 面投影于 *2″*、*4″*；

(5) 由 *W* 面用宽相等的方法找出 *H* 面前、后侧棱线上的 *2*、*4* 位置；

(6) 依次连接 *I II*、*II III*、*III IV*、*I IV* 的各面投影，即为四棱锥表面的截交线；

(7) 整理水平投影和侧面投影中的轮廓线，将立体保留部分的棱线加粗表示。

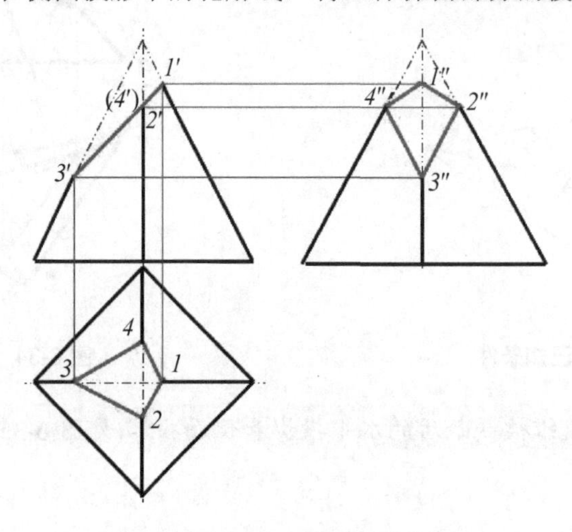

图 6-36 作图过程

【例题 6-7】补出立体被截断后的投影(见图 6-37)。

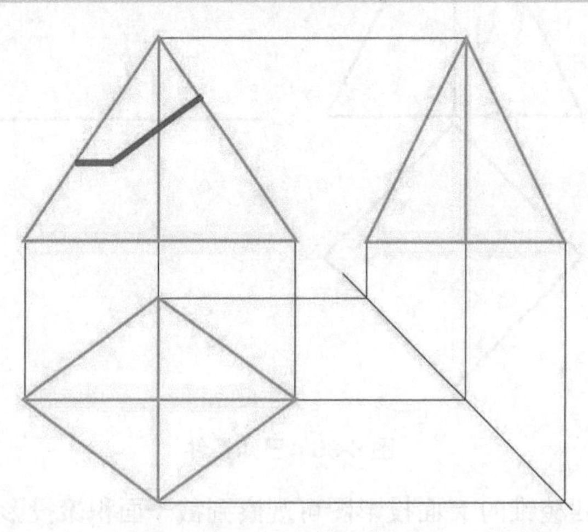

图 6-37 已知条件

【解题分析】通过观察立体的投影图，我们发现截断立体的截平面有两个，由此，可以想象出立体被截平面截断后的空间状况(见图 6-38)，此时立体表面上截交线的转折点除了侧棱线和截平面的截交点之外，还包括两个截平面边线的交点，而截断面也不再是一个平面，变成两个相交的平面。作图时，标注立体表面关键点时除了截交点外还有截平面在立体表面的两个交点，截交点的求法可通过线上找点的方法作出，而两个截平面在立体表面的交点可用面上找点的方法作出。作图中一般先作简单的点，再作复杂的点，然后依次连接所作各点就是立体表面的截交线，最后在整理立体被截断后的投影图时，应注意不要忘记画出两个截断面的交线。

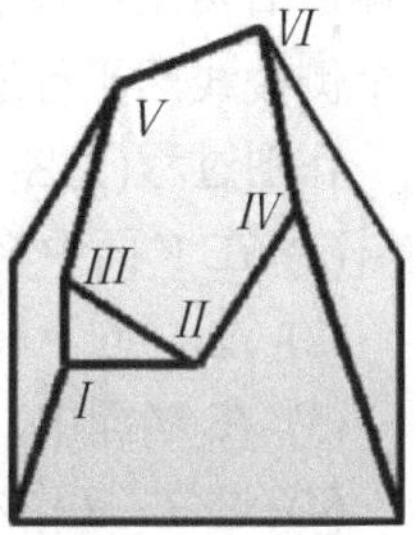

图 6-38　空间状况

作图过程(见图 6-39)：

(1) 在 *V* 面中，将立体表面截交线的转折点分别标注为 *1′*、*2′*、(*3′*)、*4′*、(*5′*)、*6′*；

(2) 过 *1′*、*6′* 分别向下作连系线与 *H* 面投影左、右侧棱线交于 *1*、*6*；

(3) 过 *1′*、*6′* 分别作水平连系线交左、右侧棱线的 *W* 面投影于 *1″*、*6″*；

(4) 过 *4′*、(*5′*)分别作水平连系线交前、后侧棱线的 *W* 面投影于 *4″*、*5″*；

(5) 过 *4″*、*5″* 分别向下作连系线与 45° 斜线相交并过交点作水平连系线与 *H* 面上前、后侧棱线交于 *4*、*5*；

(6) 过 *2′*、(*3′*)向下作连系线与 *H* 面上过 *1* 作的左侧前后两底边的平行线交于 *2*、*3*；

(7) 连接截交线 *I II*、*II IV*、*IV VI*、*VI V*、*V III* 和 *III I* 的各面投影，还有两个截断面的交线 *II III*，注意各棱线的可见性区别；

(8) 整理三面投影中的轮廓线，将立体保留部分的棱线加粗表示。

【例题 6-8】 求四棱锥被截断后的水平投影和侧面投影(见图 6-40)。

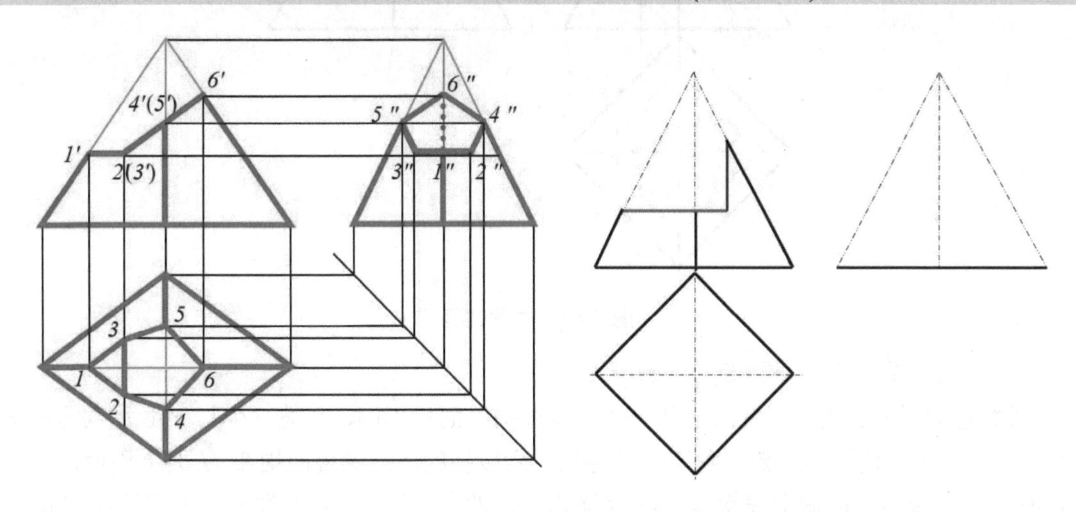

图 6-39　作图过程　　　　图 6-40　已知条件

【解题分析】 从投影图中可知，立体被两个正垂面截断，一个呈水平位置一个呈竖直位置。在解题时，我们应尽量运用一些特殊位置平面的投影特征来简化作图步骤，有利于我们理清思路，减少不必要的错误。比如该题中水平的截平面与四棱锥底面平行，则它与各棱面的截交线就与对应的底边平行，只要通过一个棱线上的截交点定位出截平面的位置，其余的截交线就可随即作出。又如垂直的截平面，它在右侧前后两个侧棱面上的截交线与

立体前后两个侧棱线平行，所以作图时可先定位出右侧棱线上的截交点然后过该点作前后两个侧棱线的平行线即可。最后还要注意对两个截平面交线的表达。

作图过程(见图 6-41)：

(1) 在 *V* 面中将各关键点进行标注；

(2) 过 *5′* 向下作连系线与 *H* 面投影中左侧棱线交于 *5*；

(3) 在 *H* 面中，过 *5* 作底面边线的平行线与前后侧棱线交于 *3*、*4*；

(4) 过 *3*、*4* 作右侧前后底边的平行线与过 *1′(2′)* 向下作的连系线交于 *1*、*2*；

(5) 过 *6′* 向下作连系线与 *H* 面上右侧棱线交于 *6*；

(6) 在 *H* 面中，连接 *13*、*35*、*54*、*42*、*26*、*61* 和 *12*；

(7) 在 *V* 面中，过 *3′*、*4′*、*5′*、*6′* 分别作水平连系线与 *W* 面中前、后、左、右侧棱线的投影交于 *3″*、*4″*、*5″*、*6″*，连接 *3″5″*、*4″5″*；

(8) 在 *W* 面中过 *6″* 作前后两侧棱线投影的平行线交水平截平面的积聚投影于 *1″*、*2″*，连接 *3″1″*、*1″6″*、*6″2″*、*2″4″* 和 *1″2″*；

(9) 整理三面投影中的轮廓线，将立体保留部分的棱线加粗表示。

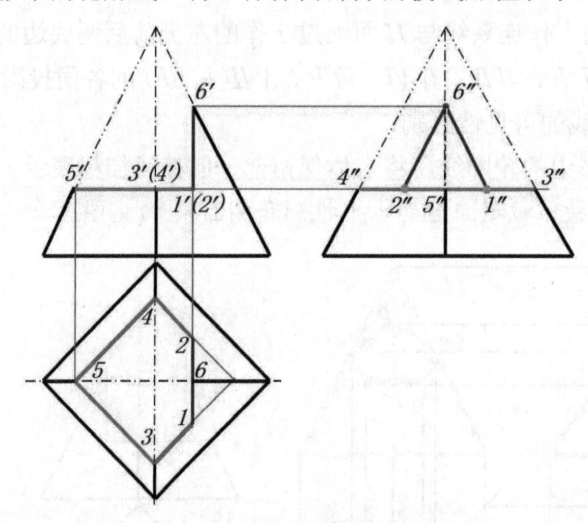

图 6-41　作图过程

【例题 6-9】求立体截切后的投影(见图 6-42)。

【解题分析】从图中可看出这是一个六棱柱的三面投影图，其被三个与 *V* 面垂直的截平面截断。分析六棱柱的投影图我们可以得到：六棱柱的所有侧棱面均在 *H* 面上积聚，所以其 *H* 面上侧棱面上的截交线均集中在 *H* 面六边形的六个边上；六棱柱的上下底边在 *H* 面上重影，所以上下底边棱线上的某些点可能会出现重影的情况；六棱柱的前后两个棱面与 *W* 面垂直，在 *W* 面的投影呈积聚状，所以前后两个棱面上的截交线在 *W* 面上的投影也必定位于此积聚状的投影上。然后只要按照作图规律，先作简单的点再作复杂的点，便可依次作出各截交线的投影，最后应注意可见性的区分，将立体被截断后可见的棱线加粗表示。

作图过程(见图 6-43)：

(1) 在 *V* 面中将各关键点从上向下进行标注；

(2) 过 *1′*(*2′*)、*3′*(*4′*)分别向下作连系线与 *H* 面上左侧前、后侧棱面的积聚投影交于 *1*(*3*)、*2*(*4*)；

(3) 在 *H* 面中各侧棱线的积聚投影上，直接标出棱线上截交点 *5*、*6*、*9*、*10*、*11* 的位置；

(4) 过 *8′*(*7′*)向下作连系线与 *H* 面上右侧前、后侧棱面的积聚投影交于 *8*、*7*，用虚线连接 *78*；

(5) 在 *H* 面中，过 *1*(*3*)、*2*(*4*)分别作水平连系线与 45° 斜线相交，并分别过交点向上作连系线与过 *1′*(*2′*)、*3′*(*4′*)的水平连系线分别交于 *1″*、*2″*、*3″*、*4″*；

(6) 在 *V* 面中，过 *10′*(*5′*)、*9′*(*6′*)分别作水平连系线与 *W* 面中前后两个侧棱面的积聚投影交于 *5″*、*6″*、*9″*、*10″*；

(7) 在 *H* 面中，过 *7*、*8* 分别作水平连系线与 45° 斜线相交，并分别过交点向上作连系线与过 *8′*(*7′*)的水平连系线交于 *7″*、*8″*；

(8) 过 *11′* 作水平连系线与立体上最左侧棱线的 *W* 面投影交于 *11″*；

(9) 依次连接各棱面上的截交线，注意区分可见性；

(10) 整理立体投影中的轮廓线，将保留部分的棱线加粗表示。

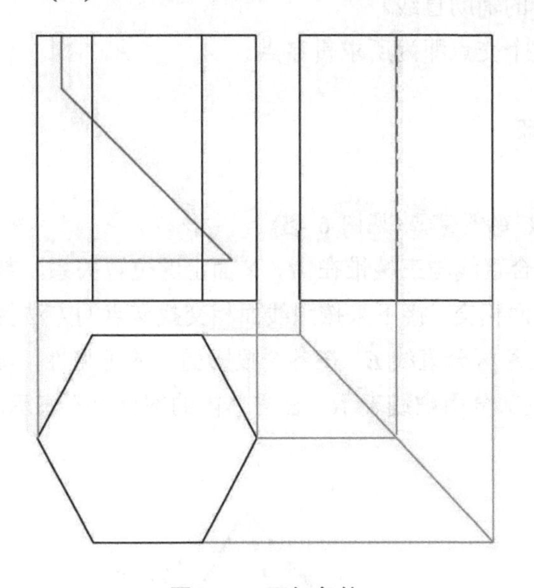

图 6-42　已知条件

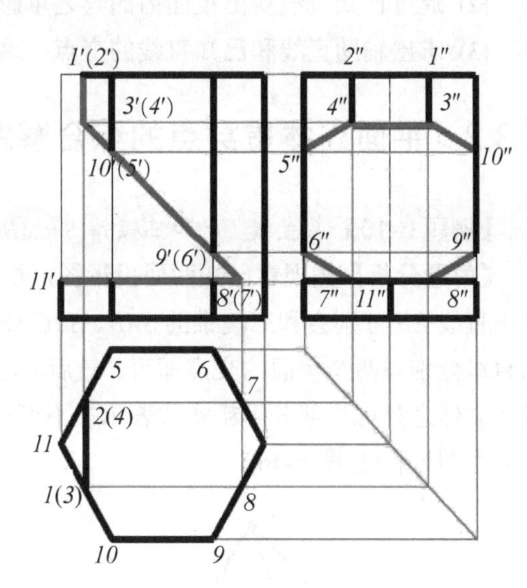

图 6-43　作图过程

6.3　直线与平面立体相交

6.3.1　平面立体的贯穿点

1. 贯穿点

直线和平面立体相交，在立体的表面上可以得到两个交点，这种交点叫作贯穿点。贯

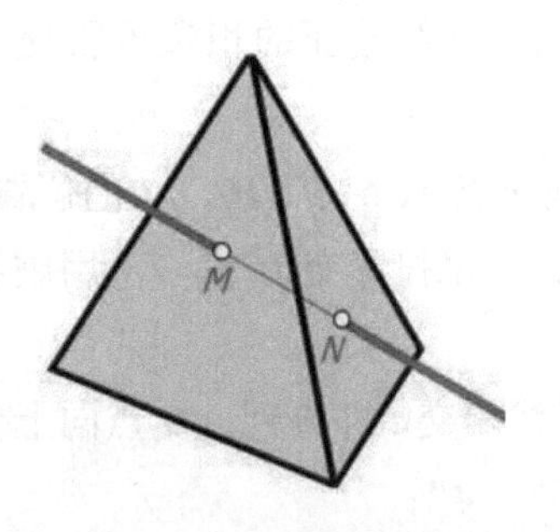

图 6-44　直线与平面立体相交

穿点既属于平面立体的棱面也属于直线。

直线穿入立体内部的一段，可视为与立体融合，故不必画出，必要时也可用细实线表示。因立体是不透明的，直线在立体之外又被立体遮挡的部分，用虚线表示。

如图 6-44 所示，棱锥被直线贯穿，直线在穿入和穿出时分别与棱锥的两个侧棱面相交于 M 和 N，这两个交点就是直线与棱锥相交的贯穿点。直线上 MN 段由于穿入立体内部而与立体融合，所以一般不必表示出来，如有必要，可用细实线画出。

2. 贯穿点的求法

求平面立体的贯穿点，就是求直线和平面立体棱面的交点，即线面相交求交点。

步骤如下：

(1) 分析判断直线与平面立体的哪个棱面相交。

(2) 通过已知直线找出棱面内的与之重影的辅助直线。

(3) 求出辅助直线和已知直线的交点，这个交点即为所求贯穿点。

6.3.2　平面立体贯穿点的综合解题

【例题 6-10】求直线 EF 和三棱锥 $S-ABC$ 的贯穿点(见图 6-45)。

【解题分析】先观察已知两面投影图，结合直线与三棱锥在 H、V 面上的位置关系，判断出直线 EF 分别会和三棱锥的 SAB、SAC 棱面相交。接下来按照线面相交找交点的方法找出直线分别与两个棱面的交点即可。最后应注意区分直线 EF 在各个投影面上的可见性，直线在立体之外可见部分用粗实线表示，不可见部分用虚线表示，在立体内的部分可不表示。

作图过程(见图 6-46)：

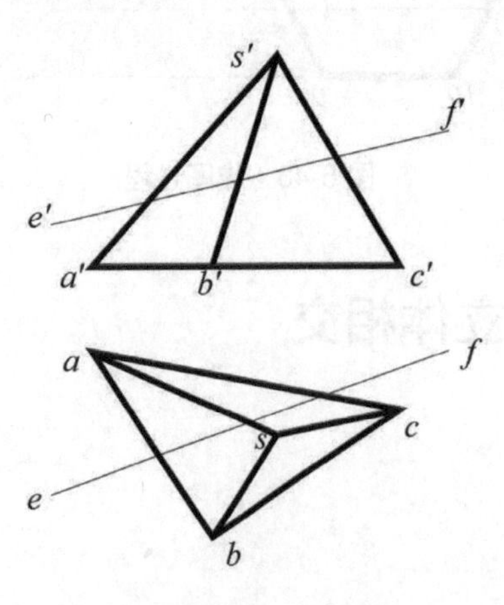

图 6-45　已知条件

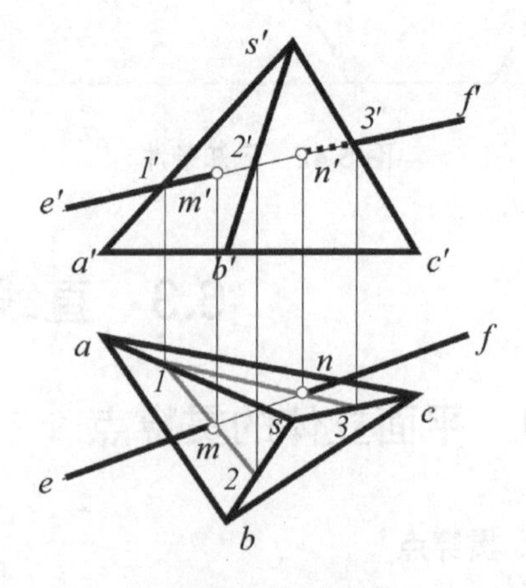

图 6-46　作图过程

(1) 在 V 面中，将直线 $e'f'$ 与棱面 $s'a'b'$ 重影的部分标注为 $1'2'$，其中棱线 $s'a'$ 上为 $1'$，$s'b'$ 上为 $2'$；

(2) 过 $1'$、$2'$ 分别向下作连系线与 H 面中侧棱线 sa、sb 相交于 1、2，连接 12;

(3) 在 H 面中，ef 与 12 相交于 m，过 m 向上作连系线与 V 面上 $e'f'$ 交于 m'；

(4) 在 V 面中，将直线 $e'f'$ 与棱面 $s'a'c'$ 重影的部分标注为 $1'3'$，其中棱线 $s'a'$ 上为 $1'$，$s'c'$ 上为 $3'$；

(5) 过 $3'$ 向下作连系线与 H 面中侧棱线 sc 相交于 3，sa 中 1 点已作，连接 13;

(6) 在 H 面中，ef 与 13 相交于 n，过 n 向上作连系线与 V 面上 $e'f'$ 交于 n'；

(7) m' 和 m 确定的点 M 以及 n'、n 确定的点 N 就是三棱锥上的两个贯穿点；

(8) 整理可见性，将直线 EF 在立体之外的可见部分加粗表示，不可见部分用虚线表示。

6.4　两平面立体相交

6.4.1　两平面立体的相贯线

1. 相贯线

两平面立体相交，又叫相贯，相交的两平面立体叫相贯体，在平面立体表面上所得的交线叫作相贯线，相贯线上的点称为相贯点。

如图 6-47 所示，棱柱体和棱锥体相交时，两立体的棱面必定相交，棱面和棱面相交的交线即为相贯线，棱柱和棱锥相贯后两立体融合的部分，视为在相贯体内部，可不必表示出来。

图 6-47　两平面立体相交

2. 相贯线的性质和求法

相贯线和截交线一样，都具有闭合性和共有性的特点。但相贯线通常是闭合的空间折线，而不是平面的多边形。

相贯线的求法和截交线的求法也一样，有交点法和交线法两种。但两个相贯的平面立体，不一定是所有的棱面都有交线，或者所有的棱线都有交点。因此，在动手做题前，首先要分析哪些棱面和棱线参与相交。

此外还需要判断每段折线的可见性，其原则如下。

(1) 只有当相交的两个棱面的同面投影均属可见时，其交线在该投影面上的投影才可见;

(2) 相交的两个棱面中有一个棱面为不可见时，其交线就不可见。

6.4.2　两平面立体相贯的综合解题

【例题 6-11】求两相交立体的相贯线(见图 6-48)。

【解题分析】通过观察可知相贯的两个立体均左右、前后对称，所以可以判断出其相贯线也具有对称性，而且也是前后、左右均对称；观察两立体的位置可以发现，竖向房屋的所有侧棱面均为正垂面，它们的正面投影都有积聚性，而横竖两房屋相贯时，相贯线正好就在竖向房屋的侧棱面上，所以相贯线的正面投影也与竖向房屋侧棱面的积聚投影重合。在 *V* 面上可根据积聚投影的位置，在横向房屋的棱面上求作相贯线的各面投影。本题中，作图时应注意利用相贯线的对称性简化作图。

作图过程(见图 6-49)：

(1) 在 *V* 面中标注各关键点的投影；

(2) 延长 *3′ 2′* 与横向房屋前屋檐线的 *V* 面投影相交于 *m′*，过 *m′* 向下作连系线与横向房屋前屋檐线的 *H* 面投影交于 *m*；

(3) 过 *3′* 向下作连系线与横向房屋屋脊线的 *H* 面投影交于 *3*，连接 *m3*，过 *2′* 向下作连系线与 *m3* 交于 *2*；

(4) 过 *1′* 向下作连系线与横向房屋前屋檐线的 *H* 面投影交于 *1*，连接 *12*、*23*；

(5) 因为相贯线左右对称，在 *H* 面上先以竖向房屋的屋脊线为对称轴，直接画出横向房屋前半部分右侧的相贯线 *45*、*56*；

(6) 因为相贯线前后也对称，在 *H* 面上再以横向房屋的屋脊线为对称轴，直接画出横向房屋后侧剩余的相贯线；

(7) 整理可见性，将两立体上可见部分的轮廓线加粗表示。

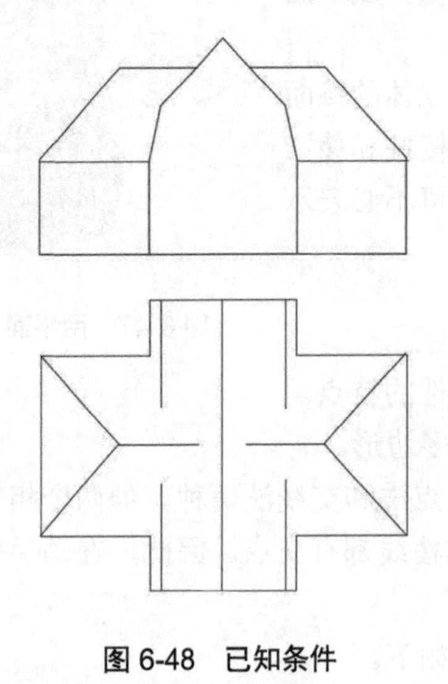

图 6-48　已知条件

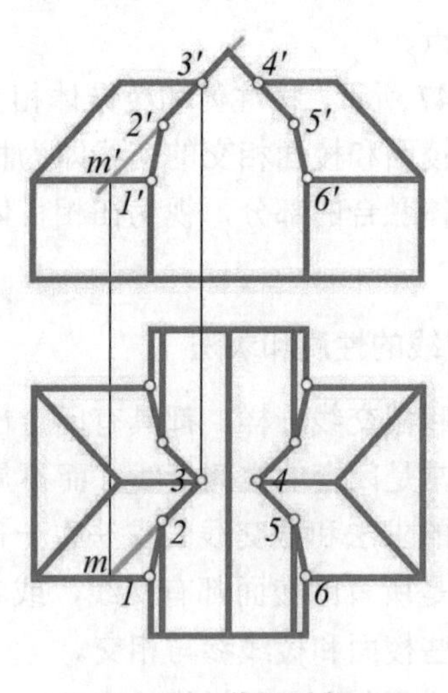

图 6-49　作图过程

6.4.3　同坡屋顶的投影

1. 同坡屋顶

在坡屋顶中，屋面由若干对水平面倾角都相等的平面组成，且屋檐各处同高，则由这种屋面构成的屋顶称为同坡屋顶。

如图 6-50 所示，同坡屋顶中与屋檐平行的脊线中上凸的称为平脊线，下凹的称为天沟线；与屋檐相交的脊线称为斜脊线；屋檐线和屋檐线相交的凸出部分称为凸角，内凹的部分称为凹角。

图 6-50　同坡屋顶

2. 同坡屋顶的作图特点

当同坡屋顶各坡面的屋檐高度相等时，同坡屋顶具有以下特性。

(1) 两坡面的屋檐线相交时，其交线为斜脊线，它的水平投影必为这两屋檐线夹角的分角线；

(2) 两坡面的屋檐线平行时，其交线为平脊线，它的水平投影必为与两屋檐等距离的平行线；

(3) 若屋面上的两条脊线已相交于一点，则过该点必然并且至少还有第三条脊线。

【例题 6-12】 已知同坡屋面的倾角 α 和平面形状，求屋面的两面投影(见图 6-51)。

【解题分析】 由投影图可知，同坡屋顶的外轮廓已知，在每个矩形区域内都有一个四坡屋顶，两个四坡屋顶在中间区域相交，可能会形成新的天沟、斜脊等。作图时，在 H 面上，首先根据同坡屋顶的特性(1)，由已知屋檐线画出所有斜脊线；再根据特性(2)，由已知屋檐线画出所有平脊线和天沟线；然后根据 H 面上的投影补全 V 面上的投影即可；最后需要整理同坡屋顶的轮廓线，根据屋顶上各脊线的可见性，将可见的线条用粗实线表示，不可见的线条用虚线表示。

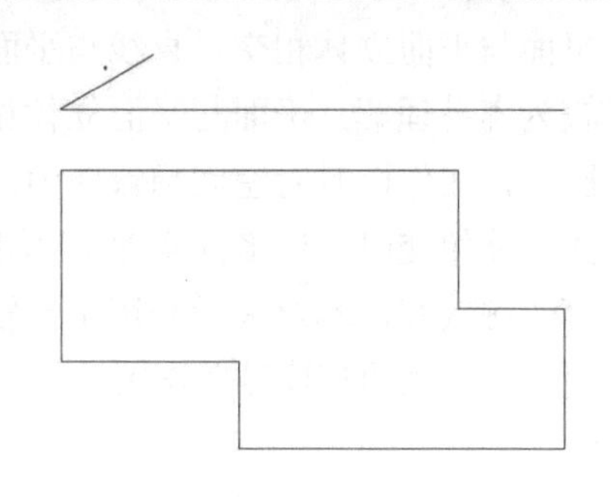

图 6-51　已知条件

作图过程：

——作 H 面投影(见图 6-52)：

(1) 用虚线补全两个四坡屋顶原本的屋檐线；

(2) 在 H 面中所有屋檐相交部分绘制斜脊线，斜脊线为相交两屋檐线的夹角的分角线方向；

(3) 过两斜脊线的交点，作平脊线或天沟线，它的水平投影必为与某两个屋檐等距离的平行线；

——作 V 面投影(见图 6-53)：

(4) 根据 H 面投影补全 V 面投影；

(5) 整理同坡屋顶的轮廓线，根据屋顶上各脊线的可见性，将可见的线条用粗实线表示，不可见的线条用虚线表示。

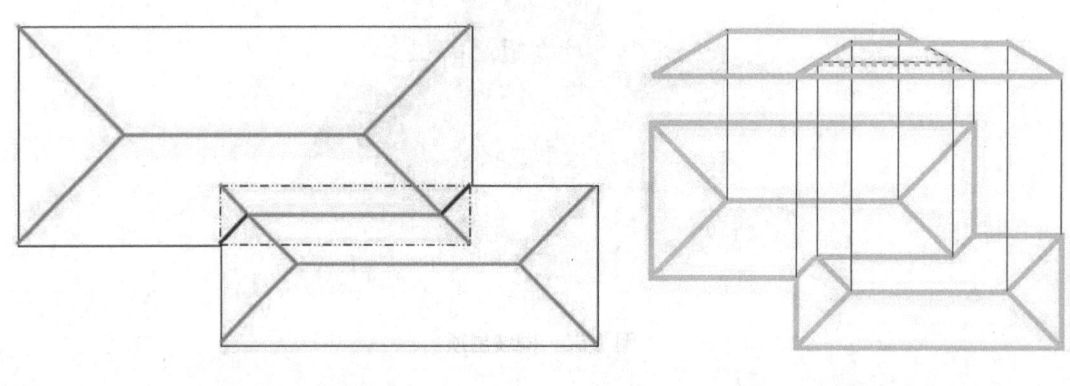

图 6-52 绘制 H 面脊线　　图 6-53 绘制 V 面投影

本 章 小 结

本章从平面立体的形成及特征着手，首先介绍了平面立体的投影作法，平面上点和线的意义及可见性的表达，其中由平面立体的已知投影求未知投影是本章开头的重点，需要用到前面章节中平面的相关知识来进行作图，否则很容易混淆点、线所在的棱面；在介绍平面立体的表面展开图中，主要需要弄清平面立体棱面实形的求法。本章的重点及难点是平面与平面立体相交、直线与平面立体相交及两平面立体相交，其中直线与平面立体相交较为容易理解，平面与平面立体相交主要需要理解截平面的位置及数量对平面立体投影的影响，在作图时对空间想象能力的要求较高，需要学生时刻理清思路，细心解题；在两平面立体相交时，应多注意对立体相贯线对称性的分析，可以在解题中避免错误，大大地提高作图效率。本章最后介绍了比较常见的同坡屋顶的投影规律及作法，在遇到此种类型屋面时，可利用规律准确作图。

第7章

曲线及曲面立体

【本章教学要点】

知识要点	掌握程度
曲线的分类	熟悉
共轭直径	熟悉
曲面的分类	掌握
曲面立体表面截交线的特征	掌握
螺旋线、螺旋面	掌握

【本章技能要点】

技能要点	掌握程度
曲线投影的作法	熟悉
四圆弧近似法	掌握
曲面立体表面取点	掌握
曲面立体截交线的作法	重点掌握
螺旋楼梯的立面作法	重点掌握

【本章导读】

随着工程技术的发展，建筑师在建筑造型中越来越多地尝试采用各种曲线或曲面，只因曲线和曲面能给人更强的柔和美及流动感。本章研究曲线和曲面立体的投影规律，有助于拓宽学生的知识视野，有利于学生日后对包含曲线及曲面立体的建筑图形的表达及理解。通过本章的学习，学生能了解曲线和曲面的种类和特点；能利用曲面立体的投影特点，不仅在其表面正确取点、取线，还能掌握其表面截交线的具体作法；更能掌握常见螺旋线与螺旋面的正确表达方法。

7.1 曲线与曲面

7.1.1 曲线

1. 曲线的基本知识

1) 曲线的形成

曲线的形成一般有下列三种方式(见图 7-1)。

(1) 曲线可以视为一点连续运动的轨迹或一系列点的集合。

(2) 曲线也可视为一条线(直线或曲线)运动过程中的包络线。

(3) 平面与曲面或两曲面相交的交线。

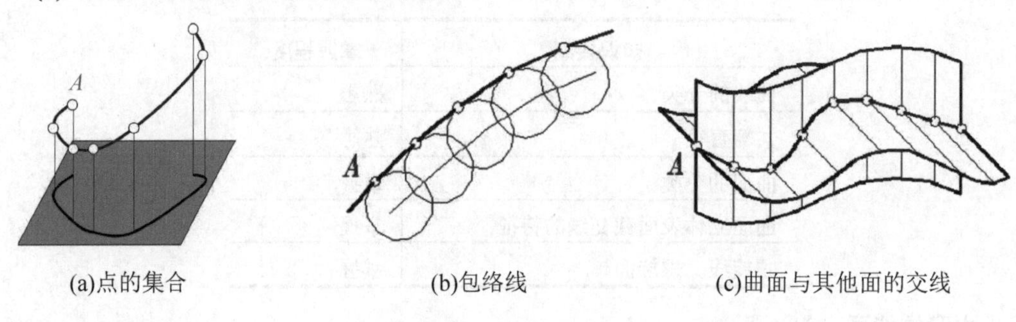

图 7-1 曲线的形成

提示： 同一曲线可以由几种不同的方法形成。例如，椭圆既可看成是点运动的轨迹，又可看成是平面和圆锥面的交线。

2) 曲线的表示

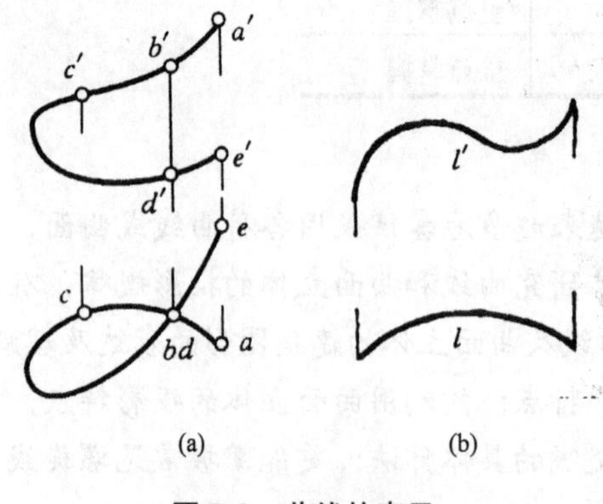

图 7-2 曲线的表示

曲线可以用线上一些点的字母来标注。

如图 7-2(a)所示，在投影图中，当曲线的投影上注出一些足以肯定曲线形状的点的字母时，则由任意两个投影即可表示一条曲线，如曲线 *ADE*。

曲线也可以用一个字母来标注。

如图 7-2(b)所示，某些位置的曲线，由两个投影已经能完全表达该曲线的空间位置，即便不注出曲线上点的字母，也不会因其误解，就可以不必用曲线上一些点的字母来标注，而仅用一个字母命名即可，如曲线 *l*。

3) 曲线的分类

(1) 根据点的运动有无规律，曲线可分为规则曲线和不规则曲线。

(2) 根据曲线的形状不同可分为圆周、椭圆、螺旋线等。

(3) 根据曲线上各点是否在一个平面上可分成平面曲线和空间曲线。

平面曲线——曲线上所有的点都从属于同一个平面，如圆、椭圆、双曲线、抛物线等。

空间曲线——曲线上任意连续四点不从属于同一个平面，如圆柱螺旋线。

2. 曲线的投影

通常情况下，曲线至少需要两个投影才能确定出它在空间的形状和位置。

无论是平面曲线还是空间曲线，其投影在一般情况下仍是曲线。

如图 7-3 所示，作图时应先求出曲线上一系列点的投影，然后用曲线板将各个点的同面投影光滑地依次相连。

提示： 为了提高作图的准确性，应尽可能作出曲线上一些特殊位置点(如转向点、反曲点、切点及端点等)的投影。

1) 曲线的投影特性

(1) 曲线的投影一般情况下仍为曲线，只有当平面曲线所在平面垂直于投影面时，曲线投影为一直线；

(2) 属于曲线的点，其投影也属于曲线的投影；

(3) 曲线切线的投影仍为其投影的切线，如图 7-4 所示。

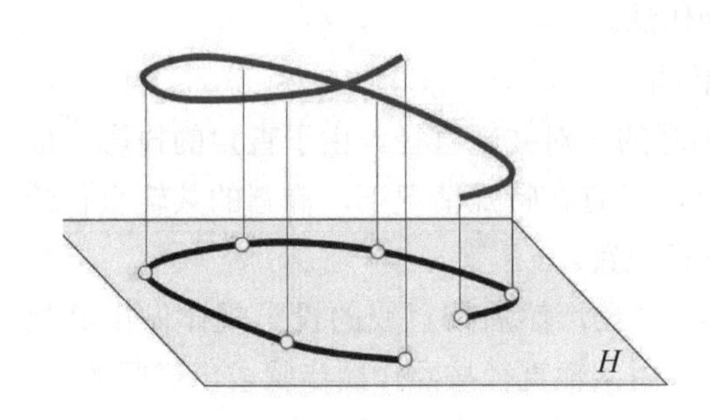

图 7-3　曲线的投影作法

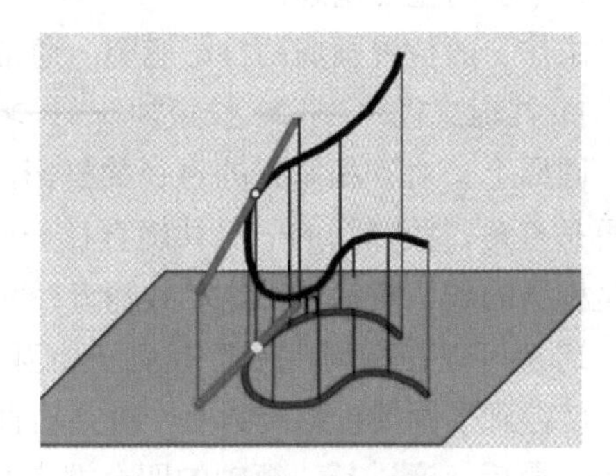

图 7-4　曲线切线的投影

2) 平面曲线的投影特性

平面曲线因其各点位于同一平面上而投影较有规律。

(1) 平面曲线所在的平面平行于投影面时，平面曲线的投影反映实形；

(2) 平面曲线所在的平面倾斜于投影面时，平面曲线的投影仍为曲线，但不反映实形；

(3) 平面曲线所在的平面垂直于投影面时，平面曲线的投影积聚为一条直线。

3) 圆周的投影特性

圆周属于平面曲线，所以它的投影特征如图 7-5 所示。

(1) 当圆周平面平行于投影面时，圆周的投影反映实形；

(2) 当圆周平面倾斜于投影面时，其投影为椭圆，且投影椭圆的长轴为过圆心的一条投影面平行线，而投影椭圆的短轴为过圆心的一条最大斜度线；

(3) 当圆周平面垂直于投影面时，其投影积聚为一条直线。

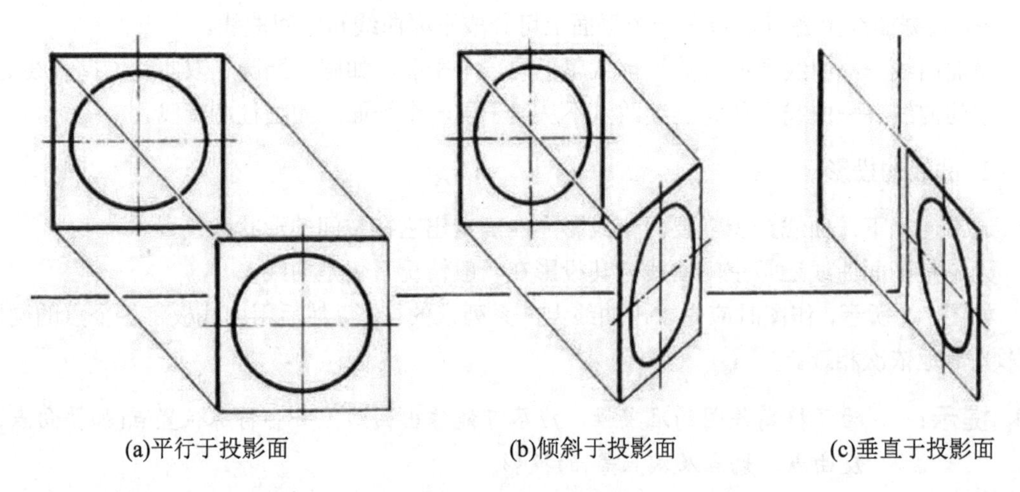

图 7-5　圆周的投影

3. 圆周的投影椭圆作法

圆周在建筑形体中的运用比较常见，由它衍生出的 1/4 圆弧、半圆周等曲线造型更是在建筑细节中频繁出现，在圆周三种位置的投影中，与投影面呈倾斜位置的圆周投影作图较复杂，下面将重点阐述。

求作一般位置圆周的投影椭圆，通常有两种作法。

1) 共轭直径 ⟶ 长短轴 ⟶ 投影椭圆

圆周上一对互相垂直的直径的投影，称为椭圆的一对共轭直径。由于直角的投影一般不再是直角，故椭圆的一对共轭直径一般不垂直。只有在特殊情况下，椭圆的共轭直径恰好是椭圆的长、短轴时，这对共轭直径才处于垂直位置。

通常可以在圆周上任意找到一组互相垂直的直径，然后按直线的投影规律做出其投影，就得到了圆周投影椭圆上一对共轭直径。然后由共轭直径按照作图步骤求出椭圆的长、短轴。最后，通过长、短轴的四个端点和共轭直径的四个端点即可近似地画出圆周的投影椭圆。

如图 7-6 所示，直线 *12* 和 *34* 是已经作出的圆周投影椭圆上的一对共轭直径，其交点 *O* 为椭圆心。现在将通过椭圆上这对共轭直径求出圆周投影椭圆的长、短轴并近似作出投影椭圆。具体作图步骤如下。

(1) 过 O 作 $OG\perp 12$，且 $OG=O1$；

(2) 连接 $4G$，取其中点 S；

(3) 以 S 为圆心、OS 为半径作圆弧，与 $4G$ 的延长线分别交于 M、N；

(4) 连接 OM、ON 即为投影椭圆的长短轴方向，此时需结合题意区分长、短轴；

(5) 在 OM 上量取 $O8=O7=GM=4N$；

(6) 在 ON 上量取 $O5=O6=4M=GN$；

(7) 此时，78、56 就是圆周投影椭圆的长、短轴；

(8) 最后，根据一对共轭直径的四个端点 *1*、*2*、*3*、*4* 和长、短轴的四个端点 *5*、*6*、*7*、*8* 即可近似地画出圆周的投影椭圆。

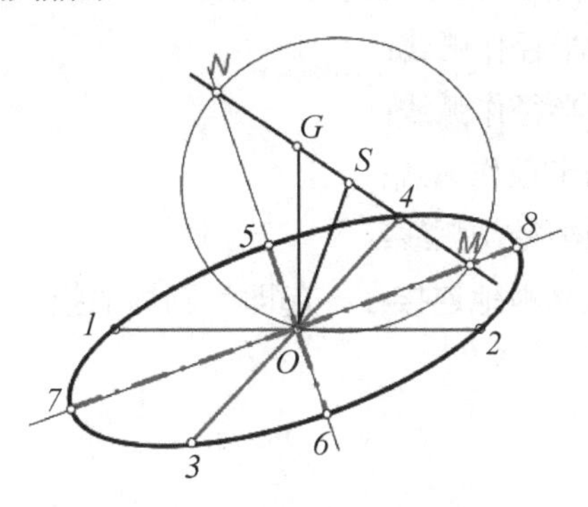

图 7-6　共轭直径求投影椭圆

2) 长、短轴 —四圆弧近似法→ 投影椭圆

在很多情况下，可以根据圆周与投影面的位置，直接判断出投影椭圆的长短轴方向和具体长度，此时有很多种方法都可以作出投影椭圆。在工程图中，一般要求近似地作出投影椭圆即可，所以四圆弧近似法便是一种比较简单并且常见的作图方法。

如图 7-7 所示，已知直线 *AB*、*CD* 分别是圆周投影椭圆的长、短轴，且相交于椭圆心 *O*。现将通过长短轴用四圆弧近似法求作投影椭圆，具体作图步骤如下。

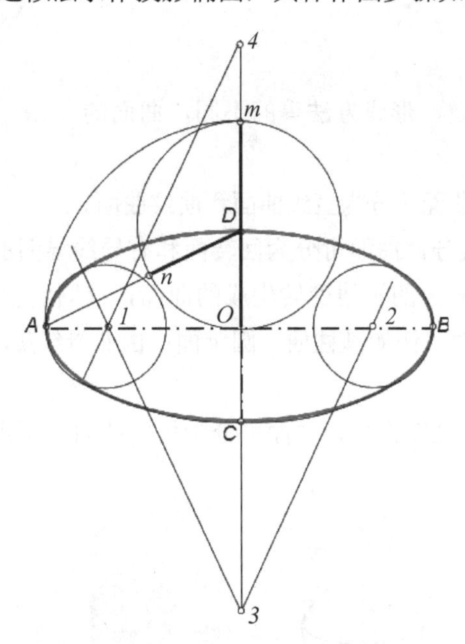

图 7-7　四圆弧近似法求投影椭圆

(1) 以 *O* 为圆心、*OA* 为半径作圆弧与 *OD* 的延长线交于 *m*；

(2) 以 *D* 为圆心、*Dm* 为半径作圆弧与 *AD* 的连线交于 *n*；

(3) 作 *An* 的中垂线交 *AB* 于 *1*，交 *DC* 的延长线为 *3*；

(4) 在 AB 上以 O 为对称点，取 $B2=A1$，在 CD 上以 O 为对称点，取 $D4=C3$；

(5) 此时，*1*、*2*、*3*、*4* 就是四圆弧近似法中的四个圆心；

(6) 以 *1* 为圆心、$A1$ 为半径作弧线；

(7) 以 *2* 为圆心、$B2$ 为半径作弧线；

(8) 以 *3* 为圆心、$D3$ 为半径作弧线；

(9) 以 *4* 为圆心、$C4$ 为半径作弧线；

(10) 最后，将四段圆弧光滑地连接在一起即为圆周的投影椭圆。

7.1.2 曲面

1. 曲面的形成

曲面是一条动线按一定约束条件移动的轨迹。该动线称为母线；曲面轨迹中任一位置的母线统称为素线；控制或约束母线运动的点、线、面，分别称为定点、导线、导面。导线可以是直线或曲线，导面可以是平面或曲面。

如图 7-8 所示曲面，是直线 AA_1 沿着曲线 ABC 运动，且在运动中始终平行于直线 MN 所形成的。

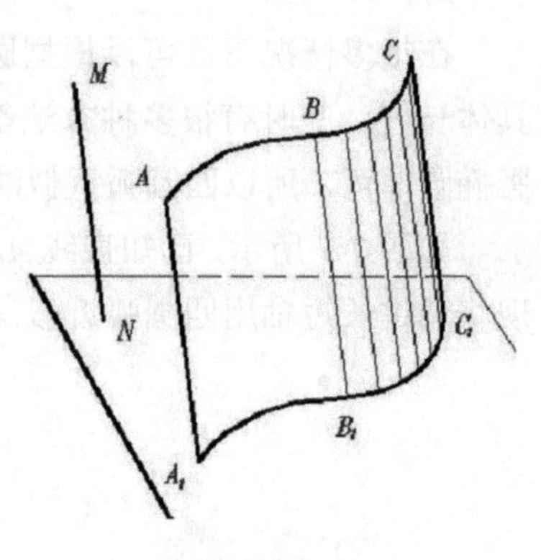

图 7-8 曲面的形成

2. 曲面的分类

根据曲面和母线的性质、形成方法等的不同，曲面的分类如图 7-9 所示。

(1) 按母线的形状分，曲面可分为直纹曲面和曲纹曲面。

(2) 按母线的运动方式分，曲面可分为回转面和有导线导面的曲面。

回转面是由母线绕一固定的轴线旋转生成的曲面，该固定轴线称为旋转轴。由直母线旋转生成的称为直纹回转面，例如圆柱面、圆锥面；由曲母线旋转生成的称为曲纹回转面，例如球面、圆环面等。

(3) 按母线运动是否有规律来分，曲面可分为规则曲面和不规则曲面。

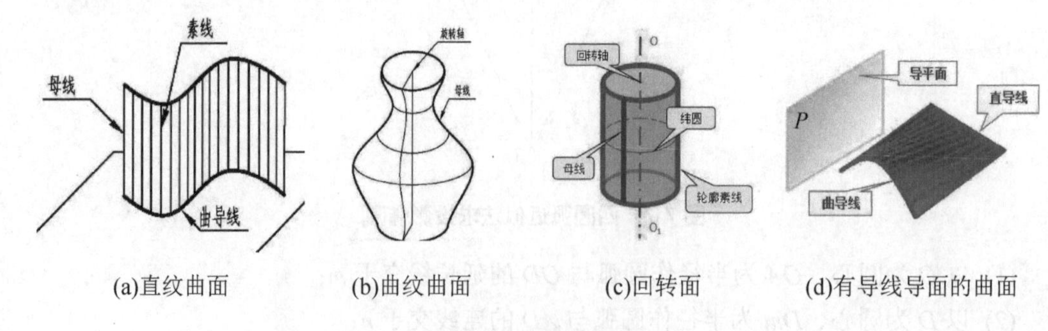

(a)直纹曲面 (b)曲纹曲面 (c)回转面 (d)有导线导面的曲面

图 7-9 曲面的分类

7.2 曲面立体

表面由曲面或曲面和平面围合而成的立体称为曲面立体。

如图 7-10 所示，常见的曲面立体有圆柱、圆锥和球体等。

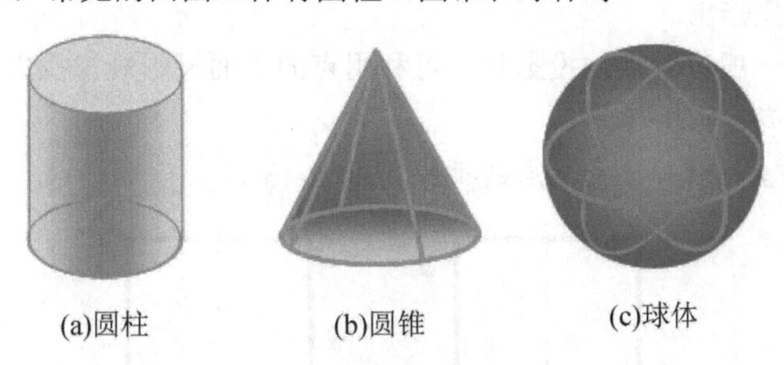

图 7-10　常见的曲面立体

7.2.1　圆柱体

1. 圆柱体的投影

两条平行的直线，以一条为母线另一条为轴线回转，所得的曲面即为圆柱面。

如图 7-11 所示，该圆柱的回转轴垂直于 H 面，水平投影是一个圆，圆心为圆柱中轴线的积聚投影，这个圆既是上底圆和下底圆的重合投影，反映实形，又是圆柱面的积聚投影，其半径等于底圆的半径。

正面投影和侧面投影是两个相等的矩形，矩形的高度等于圆柱的高度，宽度等于圆柱的直径。

如图 7-12 所示，圆柱正面投影的左、右边线分别是圆柱最左、最右的两条轮廓素线的投影，这两条素线把圆柱分为前、后两半，它们在 W 面上的投影与回转轴的投影重合。

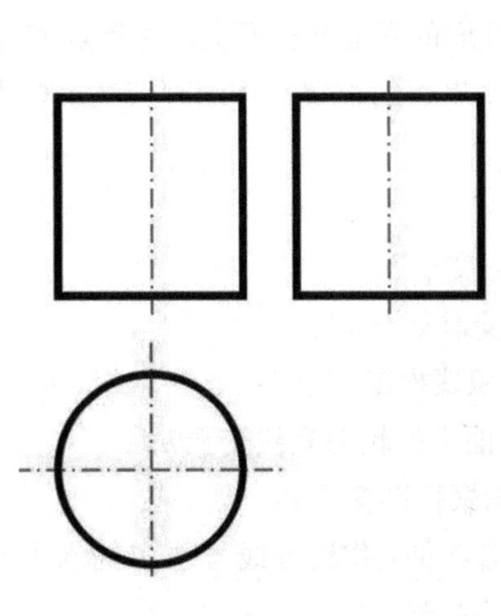

图 7-11　圆柱的三面投影

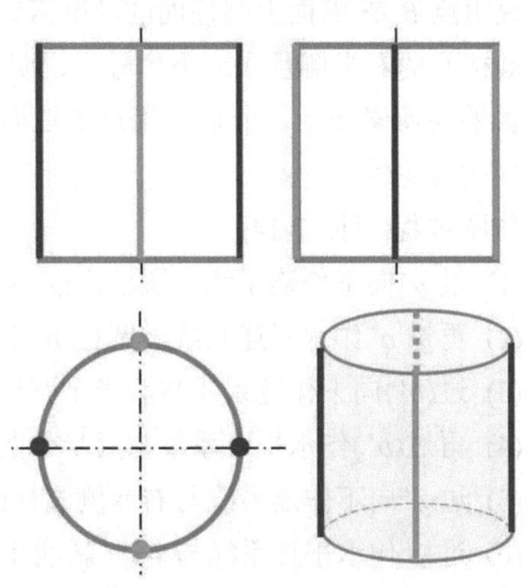

图 7-12　圆柱上的轮廓素线

侧面投影的左、右边线分别是圆柱最前、最后的两条轮廓素线的投影，这两条素线把圆柱分为左、右两半，它们在 V 面上的投影与回转轴的投影重合。

2. 圆柱表面取点

求作圆柱面上一些特殊位置点(如轮廓素线上的点、与回转轴重合的点等)的投影时，通常可利用积聚性直接作出。

求作圆柱面上一般位置点的投影时，可利用点的三面投影规律找出点的位置，作图时注意长对正、高平齐、宽相等。

【例题 7-1】补全圆柱体表面上点的投影(见图 7-13)。

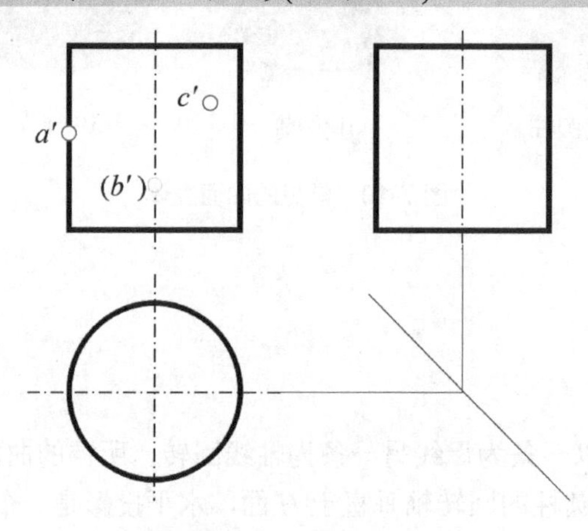

图 7-13 已知条件

【解题分析】观察该圆柱体的三面投影可以发现，点 A、B、C 均是圆柱面上的点。其中点 A 的 V 面投影 a' 位于圆柱 V 面投影的轮廓素线上，而这一轮廓素线在其他投影面上的投影可以直接找出，所以点 A 属于特殊位置的点，可直接求得；观察点 B 的投影 b' 加了小括号，说明点 B 在 V 面不可见，属于后半个圆柱面上的点，而 b' 在 V 面上和回转轴的投影重合，说明点 B 是 W 面上圆柱面的轮廓素线，所以点 B 也是特殊位置的点；点 C 的 V 面投影 c' 在圆柱面的右半侧且未加小括号，说明点 C 在圆柱面的右前半柱面上，并且点 C 不在任何投影的轮廓素线上，所以需用点的三面投影规律找出点的位置；作图时应注意各点在投影图中的可见性。

作图过程(见图 7-14)：

(1) 过 a' 向下作连系线与圆柱面的 H 面积聚投影交于 a；

(2) 再过 a' 作水平连系线与圆柱 W 面回转轴的投影交于 a''；

(3) 过(b')向下作连系线与后半个圆柱面的 H 面积聚投影交于 b；

(4) 再过(b')作水平连系线与后半个圆柱面在 W 面上的轮廓素线交于 b''；

(5) 过 c' 向下作连系线与右前侧圆柱面的 H 面积聚投影交于 c；

(6) 过 c 作水平连系线与 45° 斜线相交，并过交点向上作连系线与过 c' 的水平连系线交于 c''，且由于 c'' 在 W 面不可见，所以需给 c'' 加小括号。

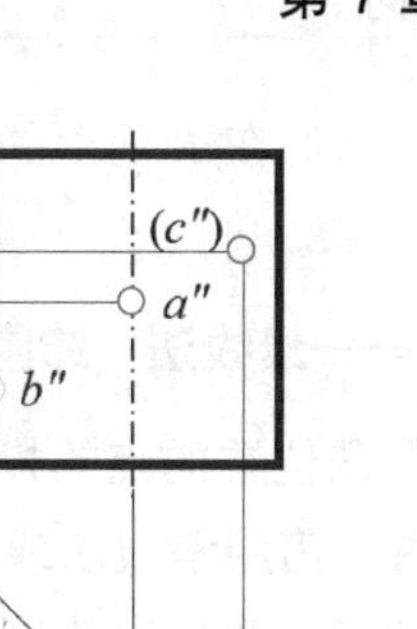

图 7-14　作图过程

7.2.2　圆锥体

1. 圆锥体的投影

两条相交的直线，以一条为母线，另一条为轴线回转，所得的曲面即为圆锥面。

如图 7-15 所示，该圆锥回转轴垂直于 H 面，水平投影是一个圆，这个圆是圆锥底圆和圆锥面的重合投影，反映底圆的实形，其半径等于底圆的半径。

正面投影和侧面投影是两个相等的等腰三角形，高度等于圆锥的高度，底边长等于圆锥底圆的直径。

如图 7-16 所示，圆锥正面投影的左、右边线分别是圆锥最左、最右的两条轮廓素线的投影，这两条素线把圆柱分为前、后两半，它们在 W 面上的投影与回转轴的投影重合，在 H 面上的投影与圆的水平中心线重合。

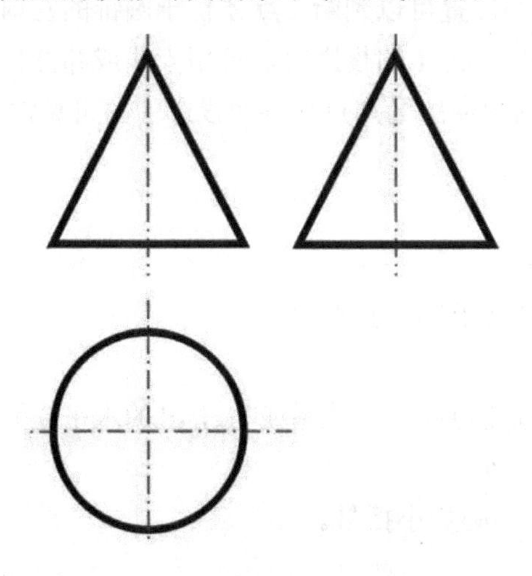

图 7-15　圆锥的三面投影

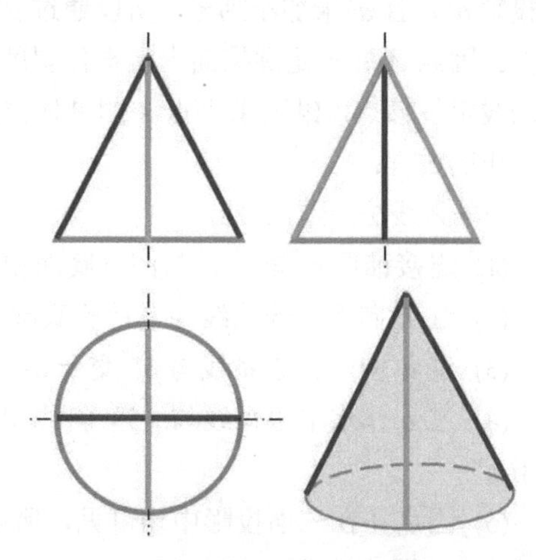

图 7-16　圆锥上的轮廓素线

侧面投影的左、右边线分别是圆锥最前、最后的两条轮廓素线的投影，这两条素线把圆柱分为左、右两半，它们在 V 面上的投影与回转轴的投影重合，在 H 面上的投影与圆的竖直中心线重合。

2. 圆锥表面取点——素线法、纬圆法

求作圆锥面一些特殊位置的点的投影时，同样可以利用积聚性直接作出；求作圆锥面上一般位置点的投影时，需用素线法或纬圆法求得。

圆锥面上过锥顶的任一直线称为圆锥面的素线。素线法即是将圆锥面上一般位置的点定位于某一条素线上，将素线的投影求出作为辅助线，再在素线的投影上找出点的位置。

纬圆是回转面上任一点的运动轨迹，是一个圆周。纬圆法即是以纬圆为辅助线，通过将点定位在回转面的纬圆上，再将纬圆的投影求出，最终找出点的位置。

【例题 7-2】补全圆锥体表面上点的投影(见图 7-17)。

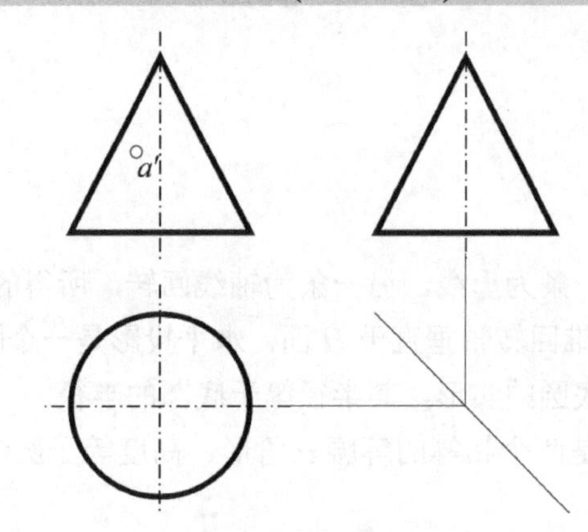

图 7-17　已知条件

【解题分析】从圆锥的三面投影中可见，圆锥的回转轴垂直于 H 面，已知点 A 在 V 面的投影 a'，且 a' 未加小括号，所以通过 a' 在图中的位置可以判断，点 A 位于圆锥的左前侧锥面。因点 A 并不是圆锥面上特殊位置的点，所以作点 A 的投影时，可用素线或纬圆作为辅助线定位该点，继而求出点 A 的具体位置，作图中注意区别点在各面投影中的可见性。

作图过程：

——素线法(见图 7-18)：

(1) 连接锥顶 o' 与 a'，与圆锥底面相交于 $1'$；

(2) 过 $1'$ 向下作连系线与左前侧底圆 H 面投影交于 1，连接 $o1$；

(3) 过 a' 向下作连系线与 $o1$ 交于 a；

(4) 过 a 作水平连系线与 45° 斜线相交，并过交点向上作连系线与过 a' 的水平连系线交于 a''；

(5) 因点 A 在三面投影中均可见，所以投影都不必加小括号。

——纬圆法(见图 7-19)：

(1) 过 a' 作水平线与圆锥面的 V 面轮廓素线交于 $m'n'$；

(2) 过 n' 向下作连系线与右侧轮廓素线的 H 面投影交于 n；

(3) 以 o 为圆心、on 为半径作圆，即为圆锥面上过点 A 的纬圆的 H 面投影；

(4) 过 a' 向下作连系线与纬圆的左前侧交于 a；

(5) 过 a 作水平连系线与 45° 斜线相交，并过交点向上作连系线与过 a' 的水平连系线交于 a''；

(6) 因点 A 在三面投影中均可见，所以投影都不必加小括号。

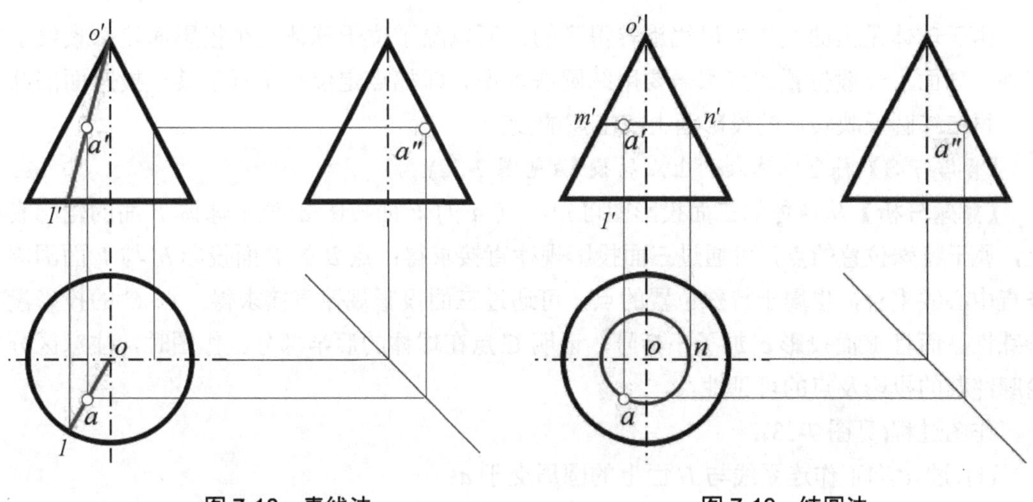

图 7-18　素线法　　　　图 7-19　纬圆法

7.2.3　球体

1. 球体的形成

球体是半圆形绕其直径旋转一周而成。

如图 7-20 所示，球体的三个投影为直径相等的圆周，并且它们的直径均等于球体的直径。但这三个圆并不是球体上同一个圆周的投影，而分别是圆球三个方向轮廓素线的投影。

如图 7-21 所示，球体水平投影的圆周是过球心平行于 H 面的大圆的投影，这个大圆把球体分为上、下两半，它在 V 面和 H 面上的投影与圆的水平中心线重合。

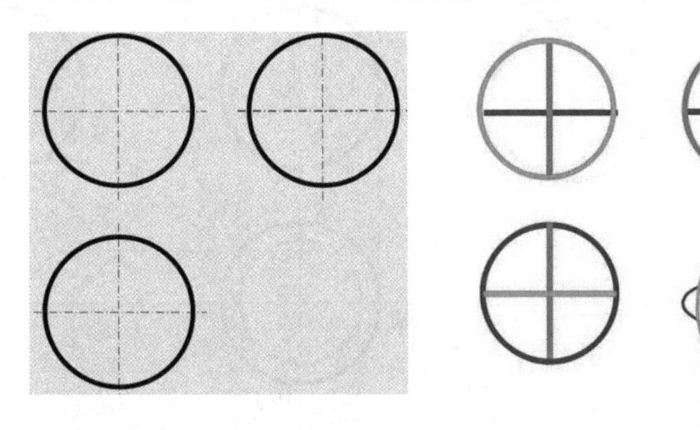

图 7-20　球体的三面投影　　　　图 7-21　球体投影的轮廓素线

球体正面投影的圆周是过球心平行于 V 面的大圆的投影，这个大圆把球体分为前、后两半，它在 W 面上的投影与圆的竖直中心线重合，在 H 面上的投影与圆的水平中心线重合。

球体侧面投影的圆周是过球心平行于 W 面的大圆的投影，这个大圆把球体分为左、右两半，它在 V 面和 H 面上的投影均与圆的竖直中心线重合。

2. 球体表面取点

由于球体是由曲线作为母线旋转得到的，所以除了位于球体三个投影面轮廓素线上的点外，球面上一般位置的点都需要用纬圆法求得。即把点定位在平行于某一投影面的纬圆上，再在纬圆反映实形的投影面上找出点的投影。

【例题 7-3】 补全球体表面上点的投影(见图 7-22)。

【解题分析】 从球体的三面投影图可知，点 A 的 V 面投影 a' 位于球体 V 面的轮廓素线上，属于特殊位置的点，可通过三面投影规律直接求得；点 B 的 V 面投影 b' 与 V 面圆周的竖直中心线重合，也属于特殊位置的点，可通过三面投影规律直接求得；点 C 的投影没有特殊性，而且 V 面投影 c' 加了小括号，证明 C 点在球体的后半部分。作图时，注意区分各轮廓纬圆的投影及点的可见性。

作图过程(见图 7-23)：

(1) 过 a' 向下作连系线与 H 面上的圆周交于 a；

(2) 过 a' 作水平连系线与 W 面上圆周的竖直中心线交于 a''；

(3) 过 b' 作水平连系线与 W 面上的圆周交于 b''；

(4) 过 b'' 向下作连系线与 45° 斜线相交，并过交点作水平连系线与 H 面上圆周的竖直中心线交于 b，并给 b 加小括号；

(5) 过 c' 作水平线与 V 面的圆周交于 $1'2'$，过 $2'$ 向下作连系线与 H 面上圆周的水平中心线交于 2；

(6) 以 o 为圆心、$o2$ 为半径作纬圆，过 c' 向下作连系线与纬圆的后侧交于 c；

(7) 过 c 作水平连系线与 45° 斜线相交，并过交点向上作连系线与过 c' 的水平连系线交于 c''。

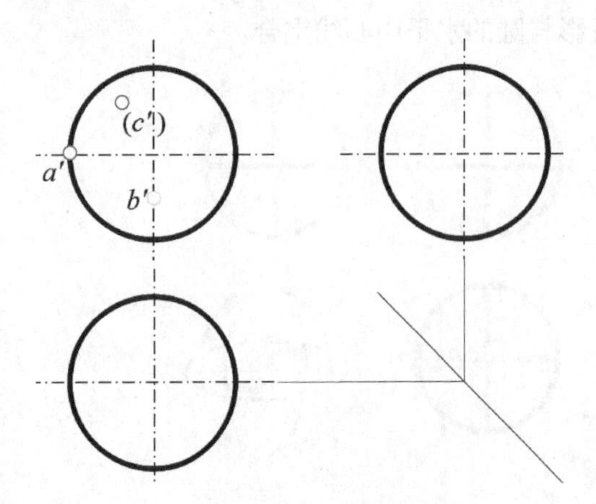

图 7-22 已知条件

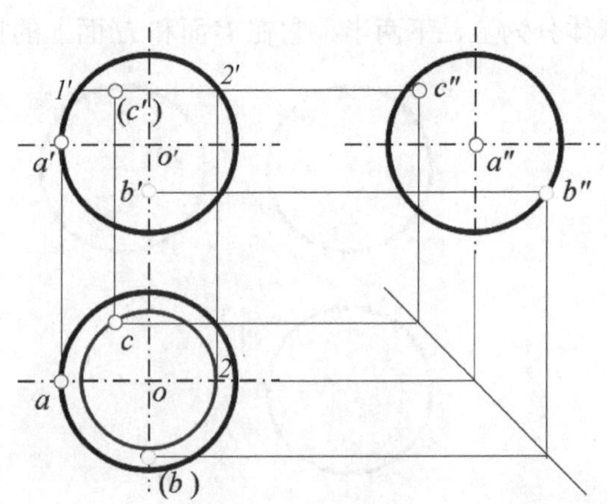

图 7-23 作图过程

7.3　平面和曲面立体相交

1. 截交线

如图 7-24 所示，平面与曲面立体相交，也叫截割，所得截交线一般情况下是平面曲线，也有的是由曲线和直线围合而成的平面图形。

截交线同样具有闭合性和共有性的特点。

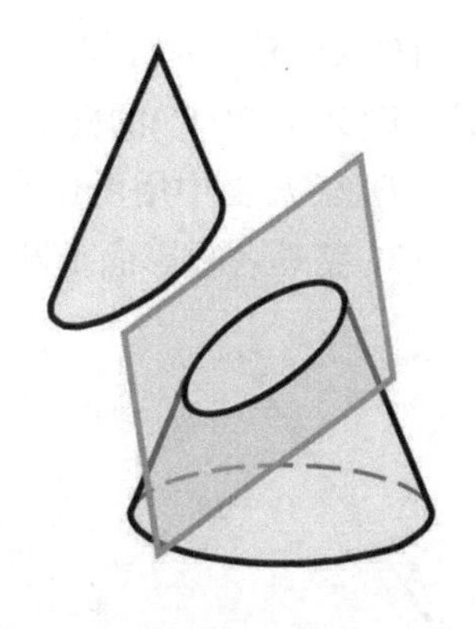

图 7-24　平面和曲面立体相交

2. 截交线的求法

一般求作曲面立体表面截交线的方法主要有两种。

1) 素线法

在曲面立体的表面上取若干素线，求出素线与截平面的交点，然后依次光滑连接即可。

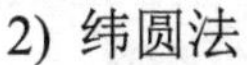
2) 纬圆法

在曲面立体的表面上取若干纬圆，求出纬圆与截平面的交点，然后依次光滑连接即可。

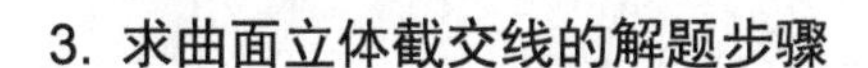
3. 求曲面立体截交线的解题步骤

(1) 进行线面分析，判断截交线的形状和特点；

(2) 作特殊位置点的投影；

(3) 作一般位置点的投影；

(4) 画截交线；

(5) 整理轮廓。

在实际作图时应注意，一定要求出截交线上所有特殊点的投影，尤其是与中心轴线及轮廓素线相交的点。同时还要记得区别所作各点在各投影面上的可见性，注意整理图形轮廓。

【例题 7-4】求圆柱体的截交线(见图 7-25)。

【解题分析】从圆柱体的已知三面投影图可知，圆柱体的回转轴及侧棱面均垂直于 *W* 面，截平面是一个 *V* 面垂直面，其投影在 *V* 面积聚为一直线，则截平面与圆柱面的截交线也必在此积聚成一直线。运用线面分析可判断，截交线前后对称，而且是一个椭圆。

作图时在 *V* 面投影中应先标注特殊位置的点，尤其是轮廓素线、与回转轴重合的点等，再标注一些一般位置的点用来辅助给截交线定位，点取得越多，作出的曲线就越精确，只要将所求各点的同名投影光滑地连接起来即得圆柱体表面的截交线；最后不要忘记整理轮廓，区别可见性。

作图过程(见图 7-26)：

(1) 在 *V* 面上标注截交线上各特殊位置点 $1'$、$2'$、$3'(4')$及一般位置点 $5'(6')$、$7'(8')$；

(2) 先过 $1'$、$2'$ 向下作连系线与 *H* 面上回转轴的投影交于 *1*、*2*；

(3) 过 3′(4′)向下作连系线与 H 面上侧棱面前、后轮廓素线的投影交于 3、4；

(4) 过 1′、2′、3′(4′)作水平连系线与 W 面圆周交于 1″、2″、3″、4″，由 V 面标注可知 3″在前 4″在后；

(5) 过 5′(6′)、7′(8′)作水平连系线与 W 面圆周交于 5″、6″、7″、8″，由 V 面标注可知 5″、7″在前 6″、8″在后；

(6) 过 5″、6″、7″、8″向下作连系线与 45° 斜线相交，并过交点作水平连系线与 V 面过 5′(6′)、7′(8′)的向下连系线交于 5、6、7、8；

(7) 在 H 面中用所作八个点的投影光滑地连接成圆柱的截交线；

(8) 整理各投影面上圆柱体剩余部分的轮廓，将可见轮廓线加粗表示。

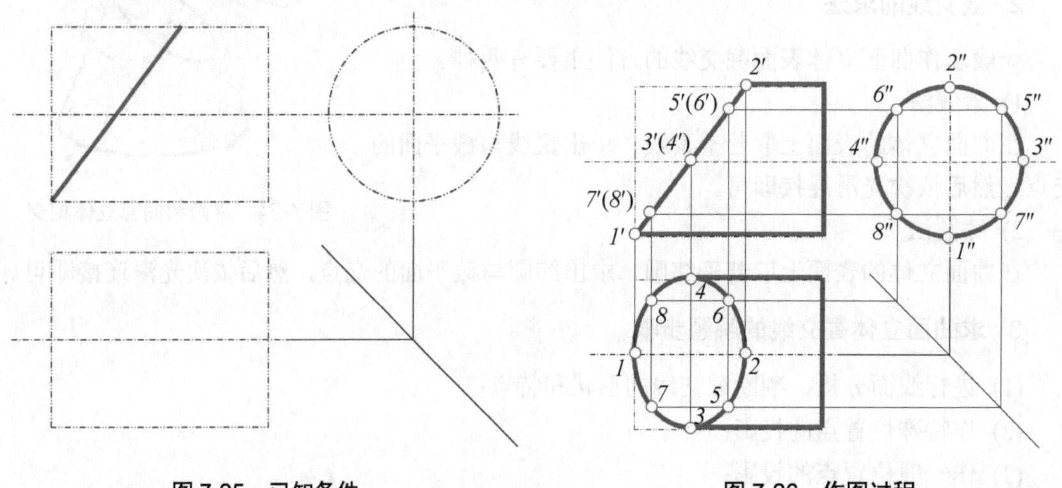

图 7-25　已知条件　　　　图 7-26　作图过程

【例题 7-5】求圆锥体截交线(见图 7-27)。

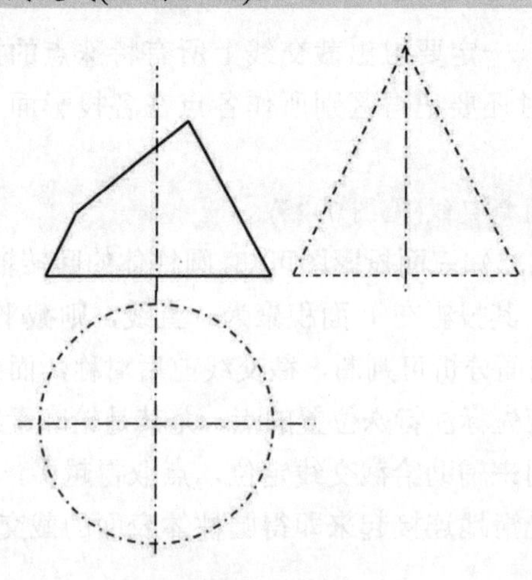

图 7-27　已知条件

【解题分析】从圆锥体的三面投影图中可见，该圆锥体的回转轴垂直于 H 面，而截平面是一个 V 面垂直面，其投影在 V 面积聚为一直线，则截平面与圆锥面的截交线也必定在此积聚成一直线。

作图时，首先运用线面分析可判断，截交线前后对称。然后，在 *V* 面投影中先标注特殊位置的点，尤其是轮廓素线、与回转轴重合的点等，标注时遇到重影点，可见点在前，不可见点在后，再适当标注一些一般位置的点用来辅助给截交线定位。根据圆锥面的投影性质，一般位置的点可用纬圆法进行求作。各点的投影求出之后，只需将其各面上的同名投影光滑地连接起来即得圆锥体表面的截交线；最后不能忘记整理轮廓，区别可见性。

作图过程(见图 7-28)：

(1) 在 *V* 面上标注截交线上各特殊位置点 *1′*、*2′*、*3′*(*4′*)及一般位置点 *5′*(*6′*)、*7′*(*8′*)；

(2) 先过 *1′*、*2′* 向下作连系线与 *H* 面上圆周的水平中心线交于 *1*、*2*，再过 *1′*、*2′* 作水平连系线与 *W* 面上圆锥的回转轴交于 *1″*、*2″*；

(3) 过重影点 *3′*(*4′*)作水平连系线与 *W* 面上圆锥的前、后轮廓素线分别交于 *3″*、*4″*；

(4) 过 *3″*、*4″* 向下作连系线与 45° 斜线相交，并过交点作水平连系线与过 *3′*(*4′*)作的向下连系线交于 *3*、*4*；

(5) 过重影点 *7′*(*8′*)作水平连系线与圆锥面的 *V* 面轮廓素线交于 *m′*，过 *m′* 向下作连系线与右侧轮廓素线的 *H* 面投影交于 *m*，以 *o* 为圆心、*om* 为半径作纬圆，过 *7′*(*8′*)向下作连系线与所作纬圆交于 *7*、*8*，并且 *7* 在前 *8* 在后；

(6) 过 *7*、*8* 作水平连系线与 45° 斜线相交，并过交点向上作连系线与过 *7′*(*8′*)的水平连系线交于 *7″*、*8″*；

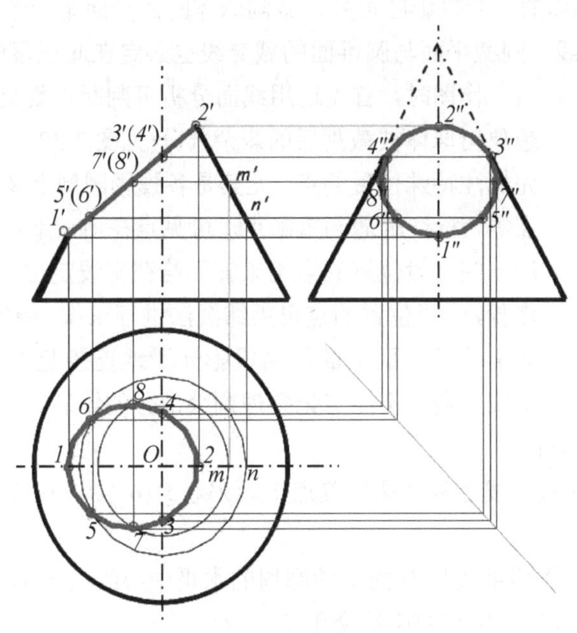

图 7-28 作图过程

(7) 过 *5′*(*6′*)作水平连系线与圆锥面的 *V* 面轮廓素线交于 *n′*，过 *n′* 向下作连系线与右侧轮廓素线的 *H* 面投影交于 *n*，以 *o* 为圆心、*on* 为半径作纬圆，过 *5′*(*6′*)向下作连系线与所作纬圆交于 *5*、*6*，并且 *5* 在前 *6* 在后；

(8) 过 5、6 作水平连系线与 45° 斜线相交，并过交点向上作连系线与过 5′(6′)的水平连系线交于 5″、6″；

(9) 在 H 面和 W 面中用所作八个点的投影光滑地连接成圆锥的截交线；

(10) 整理各投影面上圆锥体剩余部分的轮廓，将可见轮廓线加粗表示。

【例题 7-6】求球体的截交线(见图 7-29)。

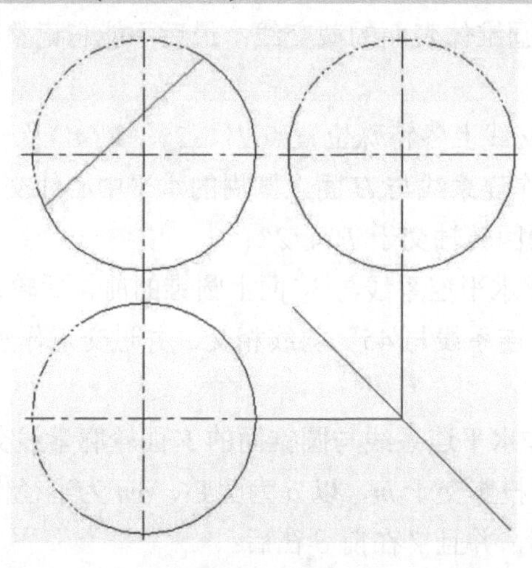

图 7-29 已知条件

【解题分析】从球体的三面投影图可知，截割球体的截平面是一个 V 面垂直面，其投影在 V 面上积聚为一直线，则截平面与圆锥面的截交线也必定在此积聚成一直线。

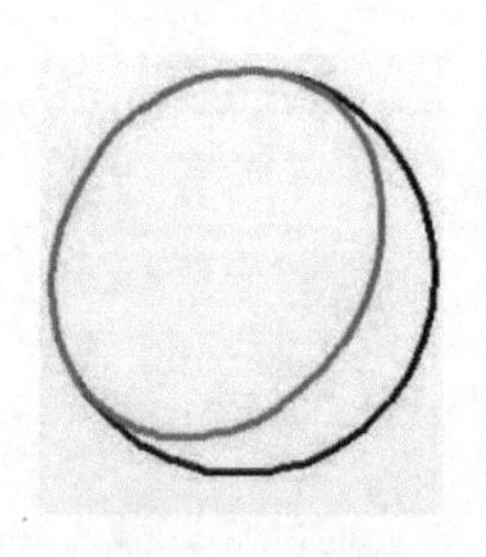

图 7-30 空间状况

作图时，首先运用线面分析可判断，截交线前后对称，并应能想象出球体被截割后的剩余部分(见图 7-30)。然后，在 V 面投影中先标注特殊位置的点，尤其是各投影圆周上及与圆周中心线重合的点等，标注时遇到重影点，可见点在前，不可见点在后，再适当标注一些一般位置的点用来辅助给截交线定位。根据球体表面取点的步骤，一般位置的点可用纬圆法进行求作。待各点的投影求出之后，只需将其各面上的同名投影光滑地连接起来即得到球体表面的截交线；最后不能忘记整理剩余部分的轮廓。

作图过程(见图 7-31)：

(1) 在 V 面上标注截交线上各特殊位置点 1′、2′、5′(6′)、7′(8′)及一般位置点 3′(4′)、a′(b′)、c′(d′)；

(2) 过 1′、2′ 向下作连系线与 H 面上的圆周的水平中心线交于 1、2，再过 1′、2′ 作水平连系线与 W 面上的圆周的竖直中心线交于 1″、2″；

(3) 过 5′(6′)向下作连系线与 H 面上的圆周交于 5、6，再过 5、6 作水平连系线与 45° 斜线相交，并过交点向上作连系线与 W 面上的圆周的水平中心线交于 5″、6″；

(4) 过 7′(8′)作水平连系线与 W 面上的圆周交于 7″、8″，再过 7″、8″ 向下作连系线与 45° 斜线相交，并过交点作水平连系线与 H 面上的圆周的竖直中心线交于 7、8；

(5) 过 $a'(b')$作水平线与圆球面的 V 面轮廓素线交于 n'，过 n' 向下作连系线与 H 面上圆周的水平中心线交于 n，以 o 为圆心、on 为半径作圆，过 $a'(b')$向下作连系线与所作纬圆交于 a、b，并且 a 在前 b 在后；

(6) 过 a、b 作水平连系线与 45° 斜线相交，并过交点向上作连系线与过 $a'(b')$的水平连系线交于 a''、b''；

(7) 用相同的方法作出 H 面上的 3、4、c、d 及 W 面上的 3″、4″、c''、d''；

(8) 在 H 面和 W 面中将所作各点的同名投影光滑地连接成球体的截交线；

(9) 整理各投影面上球体剩余部分的轮廓，将可见轮廓线加粗表示。

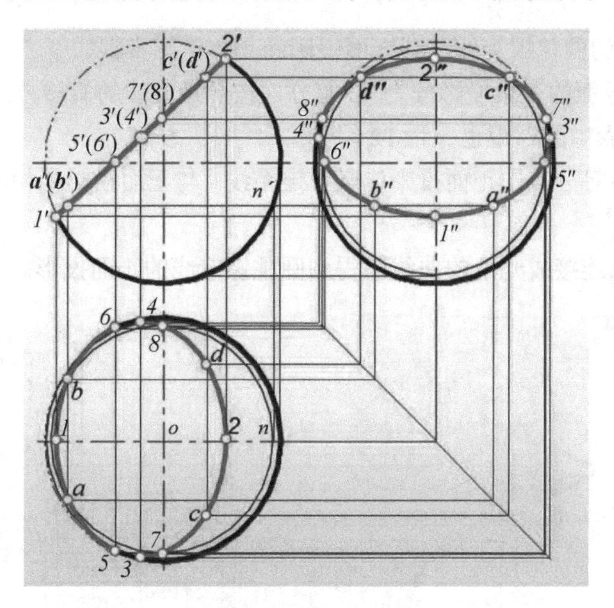

图 7-31　作图过程

7.4　螺旋线和螺旋面

7.4.1　圆柱螺旋线

螺旋线是空间曲线，根据其导面的不同可分为圆柱螺旋线、圆锥螺旋线和圆弧螺旋线。

以圆柱面为导面时形成的是圆柱螺旋线；

以圆锥面为导面时形成的是圆锥螺旋线；

以圆弧面为导面时形成的是圆弧螺旋线。

1. 圆柱螺旋线的形成

如图 7-32 所示，一动点沿着一圆柱的母线做等速运动，而母线又同时绕圆柱的轴线做等速旋转，则该点的运动轨迹就是圆柱螺旋线。此圆柱叫作导圆柱。当母线旋转一周时，动点在该直线上移动的距离称为螺距。

2. 圆柱螺旋线的画法

因为圆柱螺旋线在 H 面上的投影与导面的积聚投影重合为一圆周，且动点一直做等速运动，所以，当螺旋线的螺距为已知，就可将导面在 H 面上的积聚投影划分成若干相同的份数，那么动点在 V 面上的螺距也就随之等分为相同的距离，只要分别求出动点在每个位置上的 V 面投影，然后将它们光滑地连接起来，就作出了圆柱螺旋线的 V 面投影。

提示： 在作圆柱螺旋线的过程中，将动点的运动轨迹划分的等分点越多，作出的螺旋线也就越精确，选取多少等分合适，要根据题意及作图繁简度综合考虑。

如图 7-33 所示的圆柱螺旋线，其立面投影的具体作图步骤如下。

(1) 把 H 面上导面的积聚投影分为 12 等分，按照螺旋线的旋转方向将等分点逆时针标记，同时把 V 面投影中的螺距也分为 12 等分；

(2) 过圆周上各等分点向正面投影作竖直连系线，与正面投影中相应的水平线相交，得到相应的交点；

(3) 把这些交点连接成光滑的曲线即得到圆柱螺旋线的正面投影。

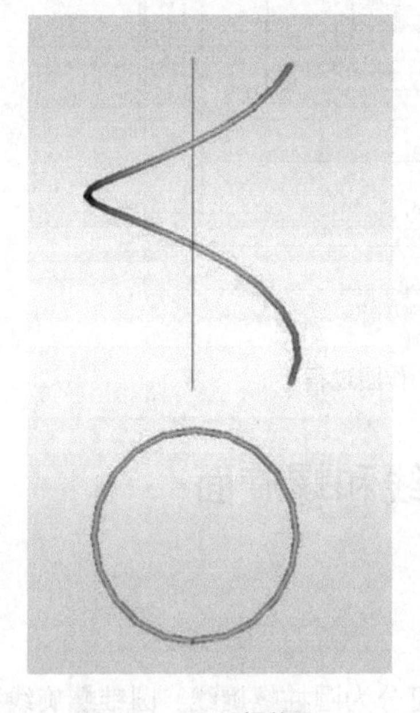

图 7-32 圆柱螺旋线

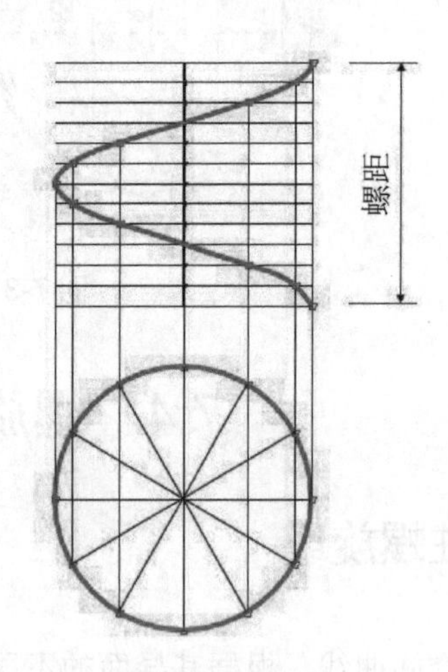

图 7-33 圆柱螺旋线的作法

7.4.2 正螺旋面

螺旋面是直母线做螺旋运动的轨迹。螺旋面的种类可分为正螺旋面(见图 7-34)和斜螺旋面(见图 7-35)。

以圆柱螺旋线及轴线为导线，直母线沿此两条导线运动的同时，直母线垂直于轴线所得的轨迹为正螺旋面，直母线与轴线成一定倾角所得的轨迹为斜螺旋面。

1. 正螺旋面的形成

如图 7-34 所示，一直线沿一圆柱螺旋线运动，并且始终与螺旋线的导圆柱的轴线相交成 90°，则所得曲面叫作正螺旋面。

2. 正螺旋面的画法

因正螺旋面形成时，以圆柱上螺旋线为导线，动线始终垂直于圆柱中轴线，所以正螺旋面的内、外边缘线均为圆柱螺旋线，作图时只要求出若干个动线的 V 面投影，将它们内、外两侧端点的轨迹分别连接，即可组成圆柱螺旋线的 V 面投影。

具体作图步骤如下(见图 7-36)。

(1) 在 H 面投影中将圆柱螺旋面分为 12 等分，并按次序逆时针进行标注；

(2) 在 V 面投影中，根据 H 面的等分数，将螺距划分为相应的 12 等分；

(3) 由 H 面投影向上作连系线分别画出动线在等分处的 V 面投影；

(4) 在 V 面上，光滑连接所作动线的内、外两侧端点的投影，即为正螺旋面内、外两侧边线的 V 面投影；

(5) 根据可见性整理轮廓。

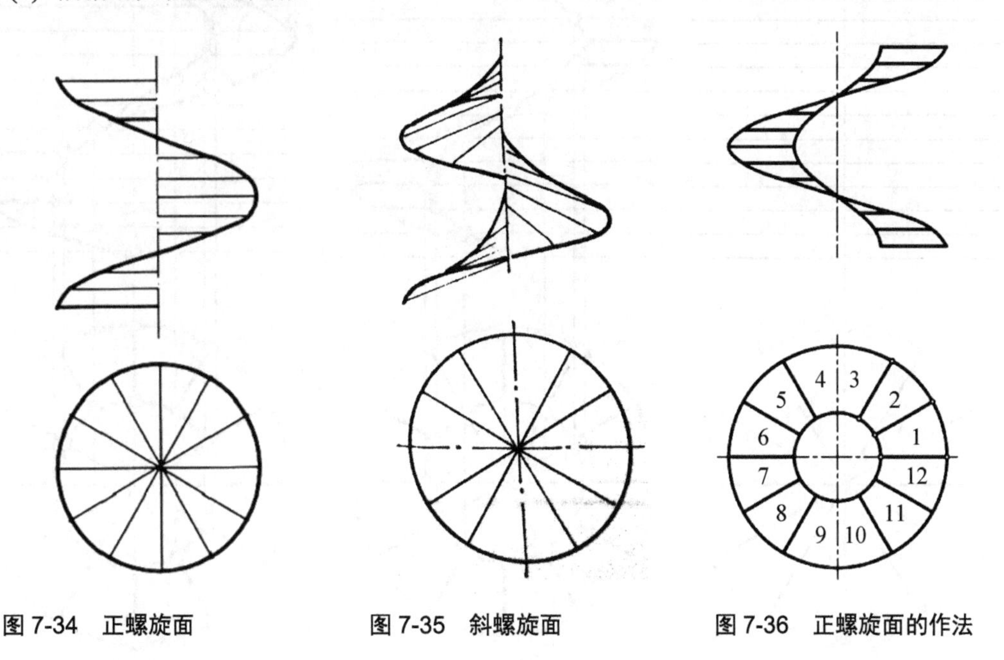

图 7-34　正螺旋面　　图 7-35　斜螺旋面　　图 7-36　正螺旋面的作法

7.4.3　螺旋楼梯

1. 螺旋楼梯的概念

螺旋楼梯(见图 7-37)通常称为旋转形或旋转式楼梯，通常是围绕一根单柱布置。由于其流线造型美观、典雅，节省空间而受到欢迎。建筑工程中也常利用螺旋楼梯来丰富室内空间。

2. 螺旋楼梯的画法

如图 7-38 所示，螺旋楼梯的底面为正螺旋面，内、外边缘为圆柱螺旋线，螺旋楼梯的具体画法如下。

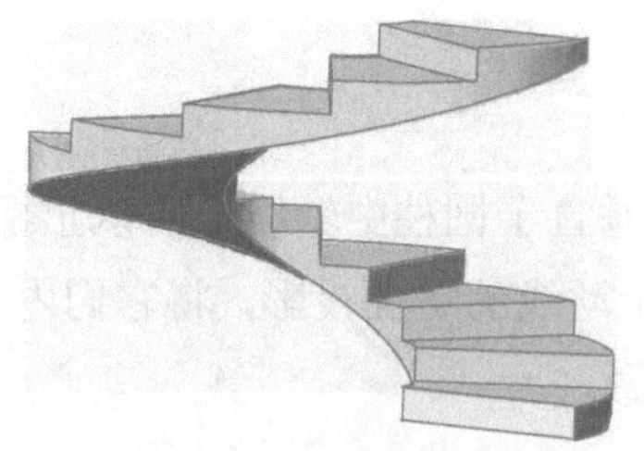

图 7-37 螺旋楼梯

(1) 根据圆弧范围内的踏步数或每个踏步的圆心角，作出踏步的 H 面投影；

(2) 在 V 面投影中，根据踏步数及各级踏步的高度，先画出表示所有踏步高度的水平线，如图 7-38(a)所示；

(3) 由 H 面投影画出各踏步的 V 面投影，并把可见的踏步轮廓线加粗，如图 7-38(b)所示；

(4) 由各踏步的两侧，向下量出楼梯板的垂直方向高度，即可连得楼梯底面的正螺旋面的两条边缘螺旋线；

(5) 根据可见性整理轮廓，如图 7-38(c)所示。

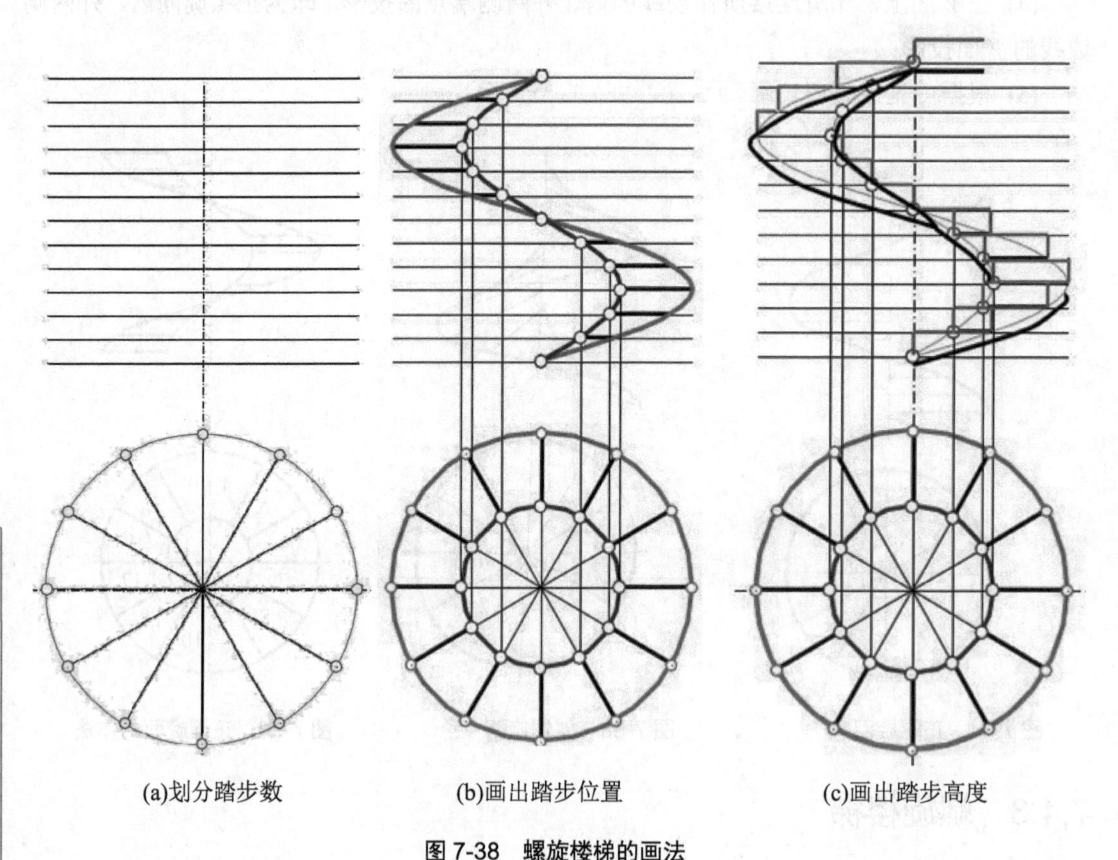

图 7-38 螺旋楼梯的画法

本 章 小 结

曲线与曲面在建筑工程中成为越来越普遍的表达形式，所以熟练地掌握曲线与曲面的投影作图，有利于学生在日后专业课程的拓展应用。本章通过对常用工程曲线、曲面及其投影特性的介绍，使学生首先了解曲线与曲面的概念、分类及图示特点。在圆周的投影椭圆作图中，用共轭直径求长短轴和四圆弧近似法是首个难点，学生应注意作图的熟练度。在曲面立体的投影中，应掌握圆柱、圆锥和球体的投影图特征，并能熟练运用素线法、纬圆法在立体表面准确找点。求曲面立体表面的截交线也是本章的难点，学生应该认识到截交线的投影作图与在曲面立体表面上特殊点的选择密切相关，因此选择合适的点，有利于准确定位曲线进行综合解题。螺旋线和螺旋面是本章最后介绍的内容，其中螺旋楼梯在建筑形体中运用较多，掌握其作图规律及技巧有利于日后对建筑方案的准确表达。

第8章 轴测投影

【本章教学要点】

知识要点	掌握程度
轴测投影	熟悉
轴测投影的分类	掌握
轴测投影相关术语	掌握
轴测图的投影特性	重点掌握

【本章技能要点】

技能要点	掌握程度
正等轴测图的作法	重点掌握
正面斜二测图的作法	重点掌握
水平斜等轴测图的作法	重点掌握

【本章导读】

轴测投影属于平行投影，因其有一定的立体感，所以在工程图中主要用于建筑的辅助表现。轴测投影作图简单，规律性强，是建筑效果图常用的一种表现方式。本章将对轴测投影的形成、分类等进行一一介绍，使学生了解轴测投影的基本原理及相关知识。本章还将选取常用的几种轴测投影图，例如正等轴测投影图、斜二测轴测投影图等，详细讲解各种轴测投影的具体作图步骤及注意事项。学习轴测投影的作图，将弥补我们以前正投影图没有立体感的缺憾，可使建筑形体在工程图中以多种视角的形式全面、完整地表现出来。

8.1 轴测投影的基本知识

人们知道，正投影图可以较完整、确切地表达出建筑各部分的形状及尺寸，且作图方便，但正投影图直观性较差；而轴测投影图是用平行投影法将形体向某个投影面投射得到的单面投影，它能同时反映形体长、宽、高三个方向的形状，具有立体感强、形象直观的优点，但轴测投影图不能确切地表达出建筑形体原来的形状与大小，因而轴测投影图在工程图中一般仅用作辅助图样。

轴测投影图是将空间形体连同定位它的直角坐标系，沿不平行于任一投影面的方向，用平行投影法将其投射在单一投影面上所得到的具有立体感的图形，简称轴测图。

8.1.1 轴测图的形成及特性

1. 轴测图的形成

轴测图属于平行投影，平行投影可分为正投影和斜投影，所以轴测投影一般可通过作正投影和斜投影的方式形成。

1) 正轴测投影

如果用正投影来作轴测投影的话，就不能像正投影图一样，让物体的三个主平面平行于投影面放置，而是应将物体倾斜，即三个坐标轴都倾斜于轴测投影面，这样在轴测投影面上才能得到因同时有长、宽、高三个视角而具有立体感的图形。

正轴测投影是将物体的三个主平面均倾斜于投影面，而投射线垂直于投影面的轴测投影。

如图 8-1 所示，投射方向 S 与轴测投影面 P 垂直，此时物体倾斜放置，物体上的三个坐标面和 P 面都倾斜，这样所得的投影图称为正轴测投影图。

2) 斜轴测投影

如果用斜投影来作轴测投影图，那么就可以将物体正着放，而投射线倾斜于投影面，这样也能保证在一个投影图中反映出物体三个方向的形状。

斜轴测投影是将物体的某一主平面平行于投影面，而投射线倾斜于投影面的轴测投影。

如图 8-2 所示，投射方向 S 与轴测投影面 P 倾斜，为了便于作图，通常取平行于 XOZ 坐标面的平面为轴测投影面 P，这样所得的投影图称为斜轴测投影图。

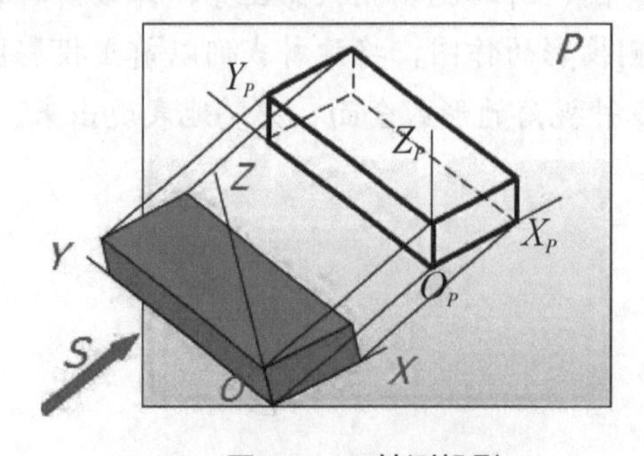

图 8-1　正轴测投影

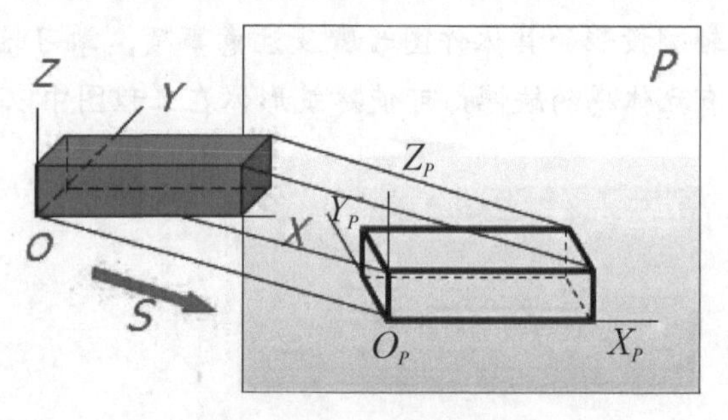

图 8-2　斜轴测投影

2. 轴测投影中的相关术语

轴测轴：形体上的直角坐标轴 OX、OY、OZ 在轴测投影面上的投影 O_1X_1、O_1Y_1、O_1Z_1 称为轴测轴。

轴间角：相邻两根轴测轴之间的夹角 $\angle X_1O_1Y_1$、$\angle X_1O_1Z_1$、$\angle Y_1O_1Z_1$ 称为轴间角。

轴向变形系数：轴测轴 O_1X_1、O_1Y_1、O_1Z_1 上的线段与原来坐标轴 OX、OY、OZ 上的线段的长度比值 p、q、r，分别称为 X、Y、Z 轴的轴向变形系数。

简化变形系数：绘图时，由于用伸缩系数计算尺寸时过于烦琐，就将各变形系数之间的比值称为简化变形系数或称简化系数。这样画图就方便多了，但使用简化系数绘制出来的轴测投影往往比变形系数绘制出来的大一些。

次投影：空间几何元素在任一坐标面上正投影的轴测投影。

3. 轴测投影的基本特性

因轴测投影属于平行投影，所以它具有一些平行投影的基本特征。

(1) 形体上与坐标轴平行的线段，其轴测投影仍与相应的轴测轴平行；

(2) 形体上相互平行的线段，它们的轴测投影仍相互平行；

(3) 空间同一直线上的两线段长度之比以及两平行线段长度之比，在轴测投影中仍保持不变。

8.1.2 轴测图的分类

1. 轴测图的分类

如图 8-3 所示，轴测图一般可按照以下方法进行分类。

(1) 按投射线对投影面是否垂直，可将轴测投影分为正投测投影和斜轴测投影。

正轴测投影中的所有投射线垂直于轴测投影面。斜轴测投影中的所有投射线倾斜于轴测投影面。

(2) 按三个轴的变形系数是否相等，可将轴测投影分为三等轴测投影、二等轴测投影和不等轴测投影。

三等轴测投影中三个轴的变形系数均相等，也称等轴测投影。

二等轴测投影中有两个轴的变形系数相等。

不等轴测投影中三个轴的变形系数都不相等。

(3) 在斜投影图中，如形体的正立坐标面 OXZ 与轴测投影面平行则在所形成的轴测投影名称前加“正面”二字；如形体的水平坐标面 OXY 与轴测投影面平行则在所形成的轴测投影名称前加“水平”二字。

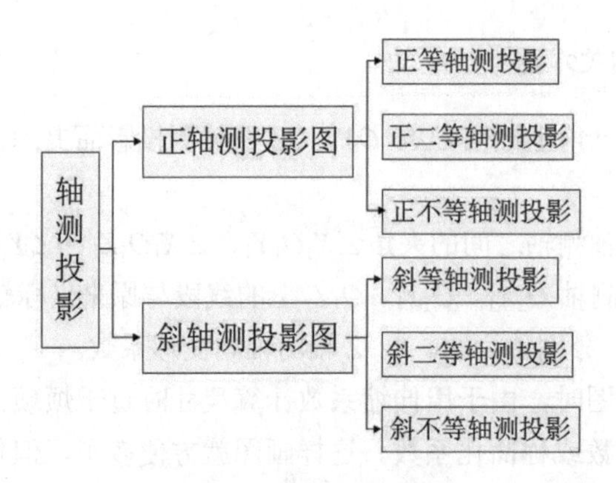

图 8-3　轴测投影的分类

提示：在给轴测投影具体命名时，往往按照两种分类方法同时进行。在此要注意区分“正”和“正面”的不同含义，如正等轴测投影、正面斜等轴测投影。

2. 常见的几种轴测投影图

表 8-1 列出了工程图中常用的几种轴测投影，并给出了这几种轴测投影的轴间角、轴向变形系数和轴测轴的定位方法。其中在变形系数后面括号中的数字为简化系数。

对于常用轴测图中的轴测轴和变形系数等都可通过查表 8-1 直接得出。

表 8-1　常见的几种轴测投影图

种类	正等轴测投影	正二等轴测投影	正面斜等轴测投影	正面斜二等轴测投影
轴间角和轴向变形系数	Z_P；0.82(1)；120°；120°；120°；O_P；X_P 0.82(1)；Y_P 0.82(1)	Z_P；0.94(1)；97°10′；131°25′；131°25′；O_P；X_P 0.94(1)；Y_P 0.47(0.5)	Z_P；1；90°；135°, 120°, 150°；X_P 1；O_P；Y_P 1	Z_P；1；90°；135°, 120°, 150°；X_P 1；O_P；Y_P 0.5, 0.75
轴测轴定位方法	Z_P；30°；30°；O_P；X_P；Y_P	Z_P；7；8；1；X_P；O_P；Y_P	Z_P；X_P；O_P；45°, 30°, 60°；Y_P	Z_P；X_P；O_P；45°, 30°, 60°；Y_P

8.2　正等轴测投影

8.2.1　正等轴测投影的形成及特性

1. 正等轴测投影的形成

形体的三个坐标轴倾斜于轴测投影面，而投射线垂直于轴测投影面时的轴测投影称为正轴测投影。在正轴测投影中，当形体与轴测投影面倾斜为某一特定角度时，形体上三个坐标轴的轴向变形系数均相等，此时形成的轴测投影称为正等轴测投影(见图 8-4)。

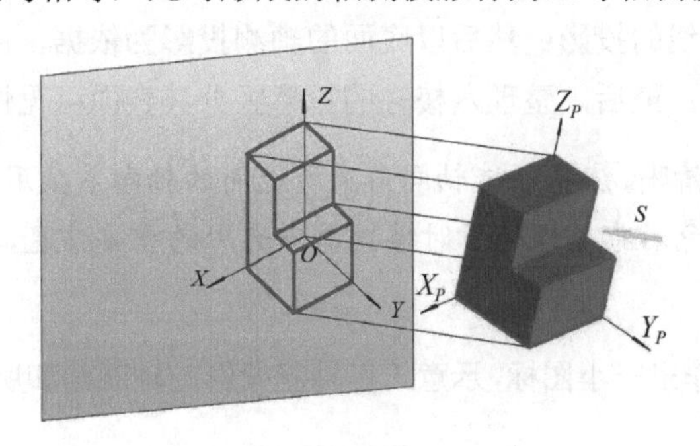

图 8-4　正等轴测投影

2. 正等轴测投影的特性

当形体的三个坐标轴与轴测投影面的倾角均相等(约为 35°)时，正轴测图具有以下特性。

(1) 三个轴间角均为120° (见图8-5)。作图时可利用三角板和直尺相互配合作出轴测轴。

(2) 三个轴向变形系数都相等，$p=q=r=0.82$。为简便作图，常取简化系数 1∶1∶1(见图 8-6)。

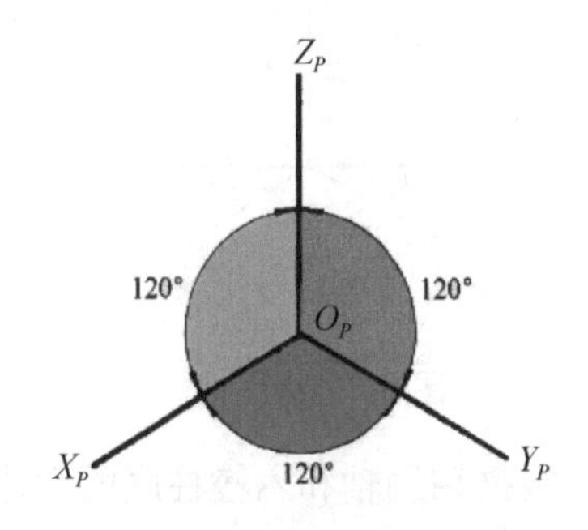

图 8-5　正等轴测图的轴间角

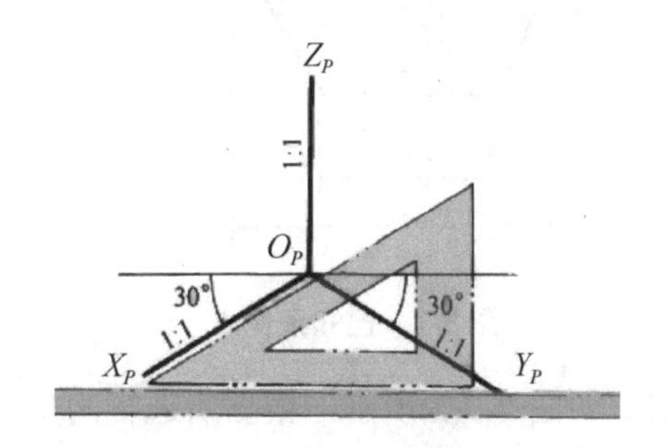

图 8-6　正等轴测图的简化系数

8.2.2　正等轴测投影的作法

绘制建筑形体的正等轴测投影的方法主要有坐标法、叠加法和切割法三种。

1. 坐标法

坐标法主要是根据立体表面上各顶点的坐标，分别画出它们的轴测投影，然后依次连接立体表面的轮廓线。

【例题 8-1】作图示正六棱柱的正等测图(见图 8-7)。

【解题分析】已知该六棱柱的上下底面平行于 H 面，中心轴垂直于 H 面。作六棱柱的正等轴测投影时，应先定出所绘轴测投影的轴间角、轴向变形系数，因本题要作的是正等轴测投影，所以轴间角应选 120° 且三个轴间角均相同，题中并没有指出用变形系数还是简化系数绘图，为作图方便，可选用 1∶1∶1 的简化系数作图。

作图时先根据棱线和各轴的关系作底面的轴测投影，一般先作与轴线平行的棱线的轴测投影，再找出其他棱线的投影；然后以底面的轴测投影为依据，由相应各点在平行于 Z_P 轴方向作出棱柱的高度；最后，整理六棱柱的轮廓区分其表面可见性即可。

提示：为作图清晰，应将所选轴间角及所选用的轴向系数用小图的形式绘于图中一角，避免后期整理轮廓时擦掉图中选用的重要信息，使作图无迹可循。

作图过程：

(1) 在图中一角先作出一小图标，示意正等轴测投影的轴间角和所选系数，如图 8-8 所示；

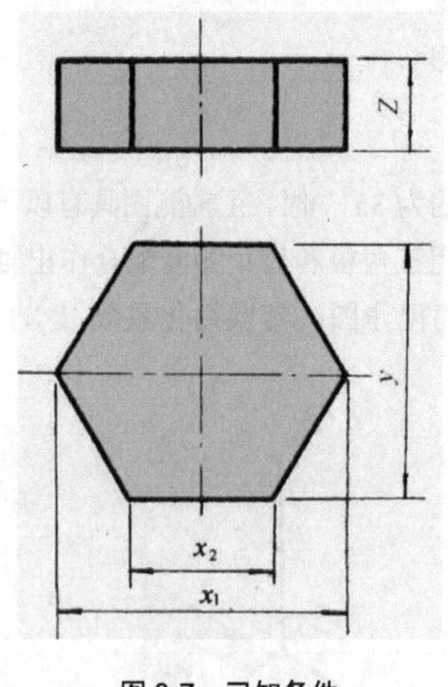

图 8-7　已知条件

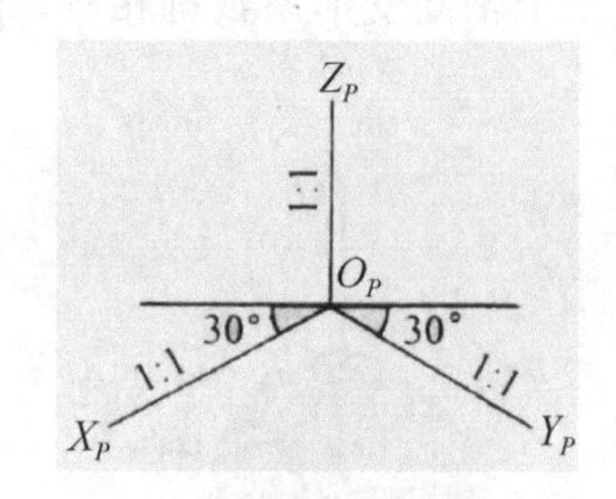

图 8-8　小图标

(2) 如图 8-9(a)所示，根据所选轴间角画出轴测轴，根据轴测轴和六棱柱底面六边形边线的平行关系画出六棱柱的底面；

(3) 如图 8-9(b)所示，过已作出的六边形底面顶点作平行于 Z_P 轴的侧棱线，量取六棱柱的高度；

(4) 如图 8-9(c)所示，区别轴测投影中各棱线的可见性，整理六棱柱正等轴测投影的轮廓。

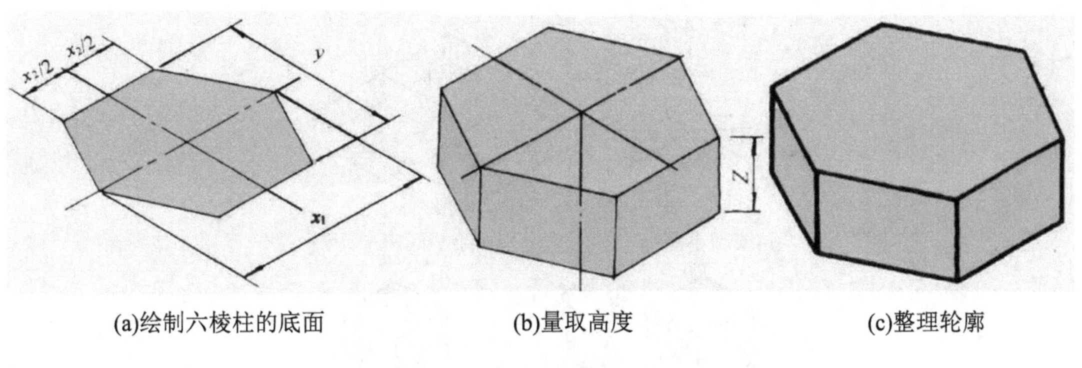

(a)绘制六棱柱的底面 (b)量取高度 (c)整理轮廓

图 8-9 作图过程

2. 叠加法

叠加法是将建筑形体看作是由若干个基本体叠加而成，将每一个基本体作为单独的体块作出轴测投影后，通过叠加组成形体的轴测投影。

作图中，可先用坐标法作出第一个基本体的轴测投影，然后根据各基本体之间的相对位置，顺次作出各个基本体的轴测投影即可。

【例题 8-2】作图示柱脚的正等测图(见图 8-10)。

【解题分析】图中已知柱脚的两面投影图，从图中可见，柱脚造型比较复杂，表面上棱线较多，直接用坐标法作图不便着手，对于这类复杂的建筑形体可运用叠加法作图。

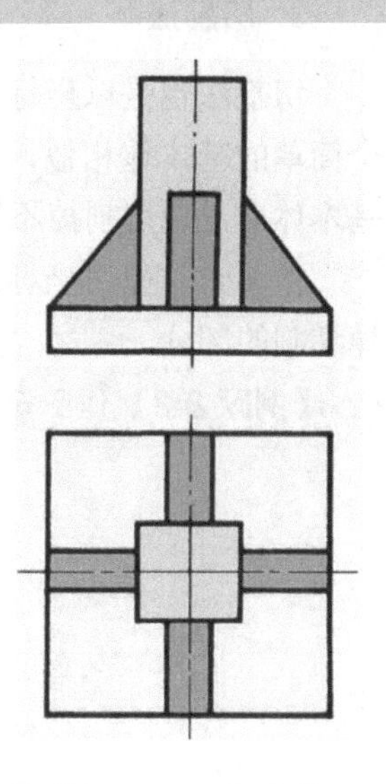

图 8-10 已知条件

作此柱脚的正等轴测图时，首先应对柱脚进行形体分析，将复杂形体转化为若干个简单的基本体，此柱脚可视为由底座、中心柱子和四边上的四个三角支撑组成。接下来，按从下到上的顺序，先用坐标法作出底面基座的轴测投影，再作中心柱子的轴测投影，最后将四边支撑的轴测投影也一并作完。作基本体的轴测投影时，可暂时不考虑其与其他基本体衔接处的可见性，先将其按一个个独立的体块求作轴测图，每个基本体的轴测投影都作完后，再将它们叠加在一起，最后区别建筑形体的可见性，整理轮廓即可。

作图过程：

(1) 如图 8-11(a)所示，先在一角作出代表正等轴测投影的小图标；

(2) 如图 8-11(b)所示，用坐标法作出底座的正等轴测图；

(3) 如图 8-11(c)所示，作中心柱子的正等轴测图；

(4) 如图 8-11(d)所示，作出四边三角支撑的正等轴测投影图；

(5) 相互叠加区别可见性，整理柱脚的轮廓线。

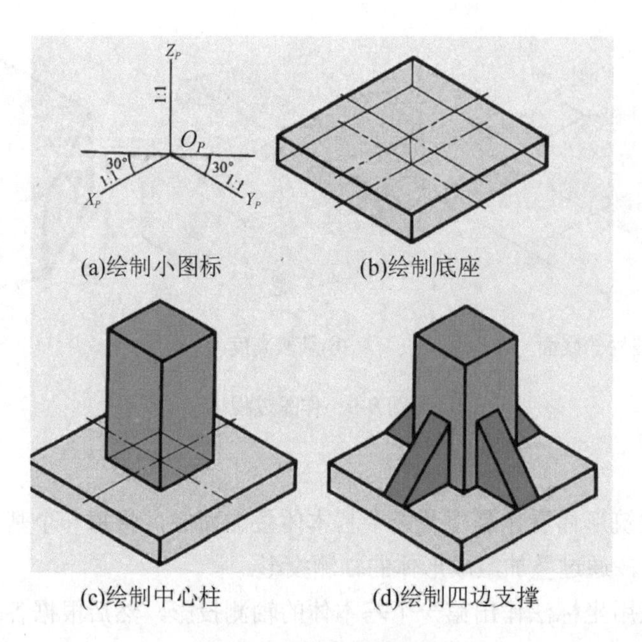

(a)绘制小图标 (b)绘制底座

(c)绘制中心柱 (d)绘制四边支撑

图 8-11 作图过程

3. 切割法

切割法也是以坐标法为基础，适用于比较复杂的建筑形体，但建筑形体轮廓必须与某个简单的基本体相似，以便于能将建筑形体整体先作为某个简单的基本体进行作图，再在基本体上一一切割掉不要的部分。

作图时，先用坐标法画出未被切割的建筑形体的轴测投影，然后用切割的方法逐一去掉切割的部分。

【例题 8-3】作图示立体的正等轴测图(见图 8-12)。

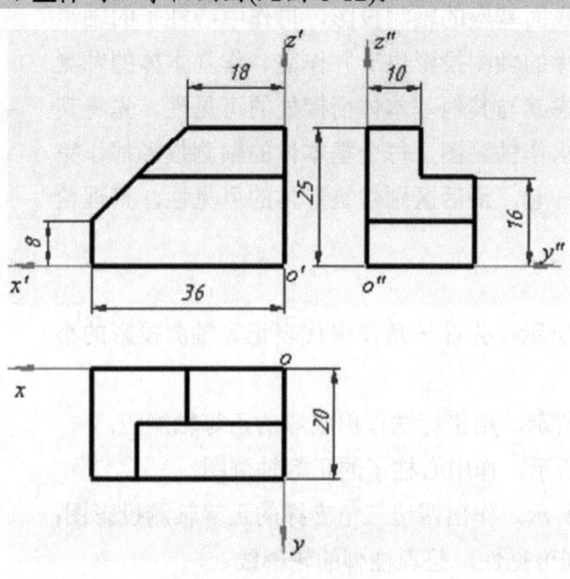

图 8-12 已知条件

【**解题分析**】图中已知立体的三面投影及各部分尺寸，从图中可见，立体造型比较复杂，表面上棱线较多，直接用坐标法作图不便着手，建筑整体比较接近一个长方体，对于这类建筑形体可运用切割法作图。

作此立体的正等轴测图时，首先应将建筑整体填补成一个长方体，将此长方体的正等轴测投影作为切割的原型。然后进行形体分析，在长方体上去掉一角后，再切去一个小长方体即成为所求立体的正等轴测投影。

作切割时应多注意形体各部分尺寸的量取，不能混淆。

作图过程：

(1) 如图 8-13(a)所示，先在一角作出代表正等轴测投影的小图标；

(2) 如图 8-13(b)所示，用坐标法作出基本长方体的正等轴测图，尺寸量取方向应与轴向平行；

(3) 如图 8-13(c)所示，根据投影图上的尺寸，在基本长方体上切割掉一角，与轴平行的棱线仍与轴测轴平行；

(4) 如图 8-13(d)所示，再根据投影图上的尺寸，在剩余形体上切割出一个小长方体；

(5) 整理剩余部分的轮廓线，区别可见性。

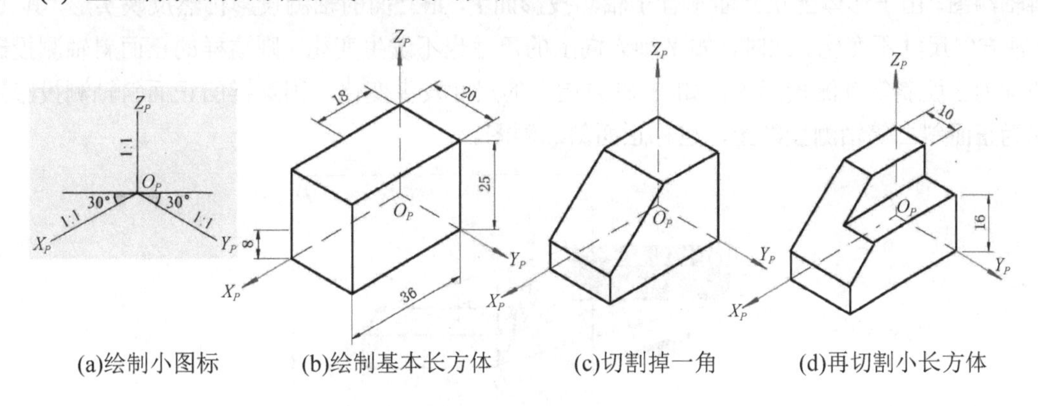

(a)绘制小图标　(b)绘制基本长方体　(c)切割掉一角　(d)再切割小长方体

图 8-13　作图过程

8.3　斜轴测投影

8.3.1　斜轴测投影的形成

如图 8-14 所示，为便于作图，常使空间形体上较能体现空间形体形状特征的平面平行于轴测投影面，而投射线倾斜于轴测投影面所形成的轴测投影称为斜轴测投影。其中，将形体的正立面平行于轴测投影面的轴测投影称为正面斜轴测投影；将形体的底面平行于轴测投影面的轴测投影称为水平斜轴测投影。

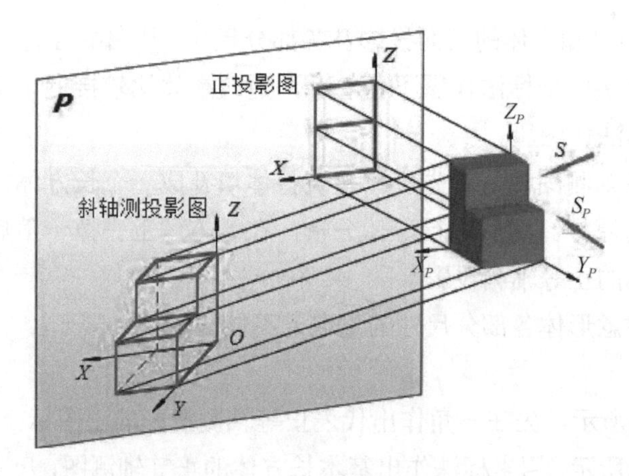

图 8-14　斜轴测投影的形成

8.3.2　正面斜二等轴测投影图

如图 8-15 所示，当形体上坐标面 XOZ 平行于轴测投影面 P 时所得的斜轴测图称为正面斜轴测图。由于形体上正立面平行于轴测投影面 P，正立面的轴测投影仍然反映实形，其 X、Z 轴方向尺寸不变化。此时，如 Y 轴方向上的尺寸也不发生变化，则这样的正面斜轴测投影图称为正面斜等轴测投影图；如 Y 轴方向上的尺寸发生变化，则这样的正面斜轴测投影图称为正面斜二等轴测投影图，也称正面斜二测图。

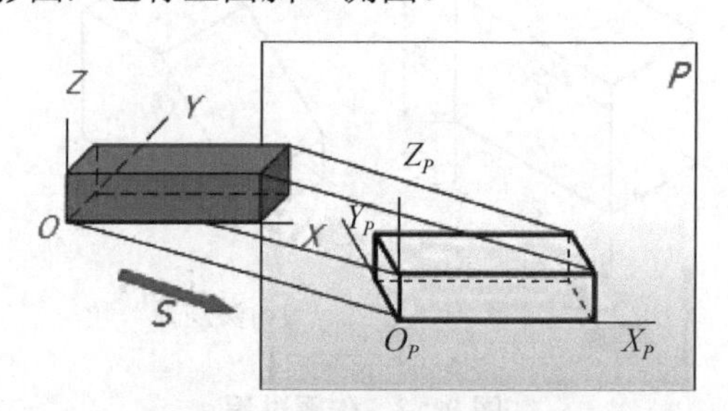

图 8-15　正面斜二等轴测投影

1. 正面斜二等轴测图的投影特性

(1) 平行于投影面的形体立面的投影不变形，轴间角 $\angle X_PO_PZ_P=90°$，轴向伸缩系数 $p=r=1$。

(2) O_PY_P 轴对水平线的倾角取 45°（或 30°、60°），轴向伸缩系数 $q=0.5$。

2. 正面斜二测图常用的轴间角和轴向变形系数

如图 8-16 所示，图中为正面斜二等轴测投影常用的轴间角和轴向变形系数。当视线从右侧高处俯瞰形体时为右俯视图，因视线位于形体右上侧，所以形体右上侧部分可见，因而轴测轴 Y_P 在正立面的右上侧；当视线从左侧高处俯瞰形体时为左俯视图，因视线位于形体左上侧，所以形体左上侧部分可见，因而轴测轴 Y_P 在正立面的左上侧；当视线从右侧低处仰视形体时为右仰视图，因视线位于形体右下侧，所以形体右下侧部分可见，因而轴测轴 Y_P 在正立面的右下侧；当视线从左侧低处仰视形体时为左仰视图，因视线位于形体左下侧，所以形体左下侧部分可见，因而轴测轴 Y_P 在正立面的左下侧。

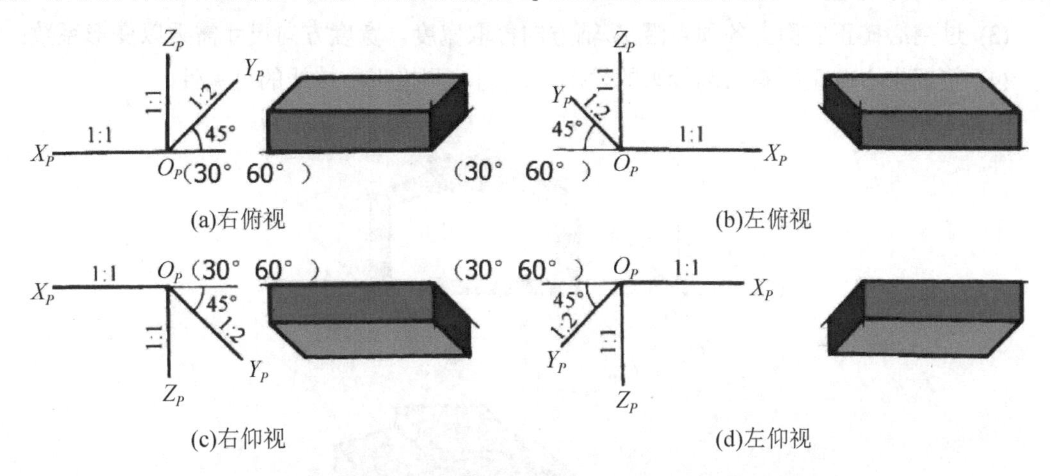

图 8-16　正面斜二轴测投影常用的轴间角和轴向变形系数

无论轴测轴 Y_P 取什么位置，与 Z_P 轴都大多采用 45° 的夹角，而且 X_P、Y_P、Z_P 三个轴的简化系数均是 1∶0.5∶1。

3. 正面斜二等轴测投影图的作法

在作正面斜二等轴测投影图时，由于形体的正面投影不发生变化，所以可以直接按照投影图作出形体的正面投影，再由正面投影的各个顶点沿选定的 Y_P 轴方向作宽度，然后根据适当的变形系数计算并截取 Y_P 轴宽度，最后整理形体轴测投影的轮廓线及区别形体表面可见性即可。

【例题 8-4】根据空心砖的两面投影，画出其正面斜二测图(见图 8-17)。

【解题分析】作轴测投影时，首先应定出所绘轴测投影的轴间角、轴向变形系数，因本题要作的是正面斜二测图，所以 O_PX_P 和 O_PZ_P 之间的轴间角应选为 90°，因题中并未给出视图方向，所以只要 Y_P 轴与 Z_P 轴间夹角为 45° 即可，视图方向可自选，正面斜二测图应选变形系数为 1∶0.5∶1 作图。

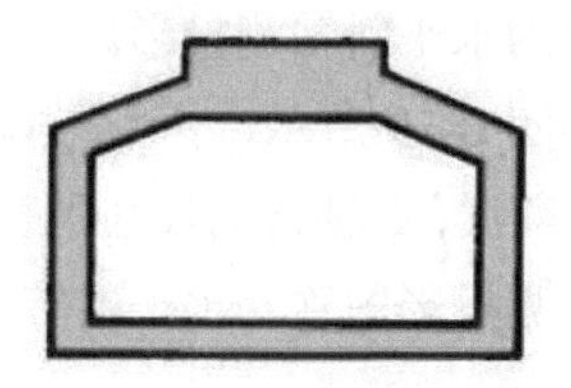

从空心砖的两面投影图中可知，空心砖的正立面平行于 V 面，在 V 面中反映实形。

作空心砖的正面斜二测图时只需将空心砖的正面投影按实形画出，然后沿 Y_P 轴方向按变形系数截取空心砖宽度即可。

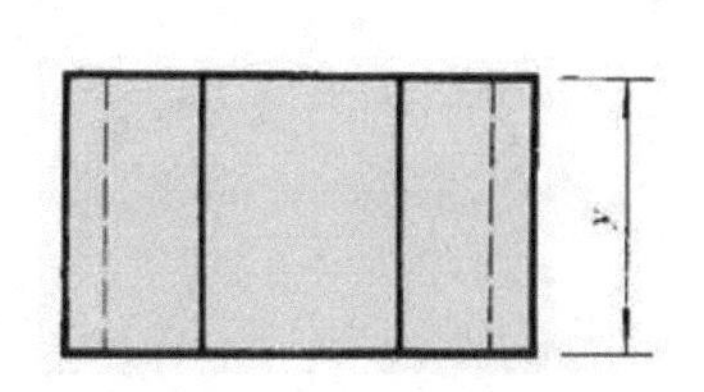

图 8-17　已知条件

作图过程(见图 8-18)：

(1) 在图中一角先作出一个小图标，示意正面斜二测投影的轴间角和所选系数；

(2) 根据所选轴间角画出轴测轴，根据空心砖 V 面中正立面的实形画出空心砖正立面的投影，尺寸按实形量取；

(3) 过空心砖正立面上各顶点沿 Y_P 轴方向截取宽度，宽度方向尺寸需乘以变形系数；

(4) 整理空心砖正面斜二测投影的轮廓，区别轴测投影中棱线的可见性。

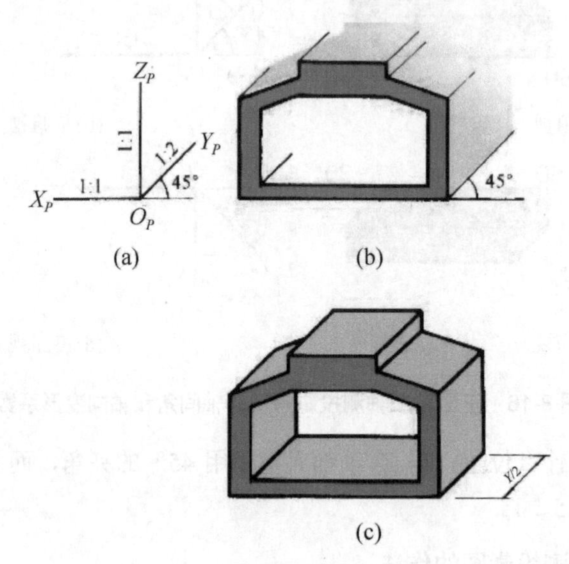

图 8-18 作图过程

8.3.3 水平斜等轴测图

1. 水平斜等轴测图的形成

当坐标面 XOY(水平面)平行于轴测投影面 P 时，投射线倾斜于轴测投影面所形成的轴测投影称为水平斜轴测投影。

如图 8-19 所示，由于形体上水平面平行于轴测投影面 P，水平面的轴测投影仍然反映实形，其 X、Y 轴方向尺寸不变化。此时，如 Z 轴方向上的尺寸也不发生变化，则这样的水平斜轴测投影图称为水平斜等轴测投影图。

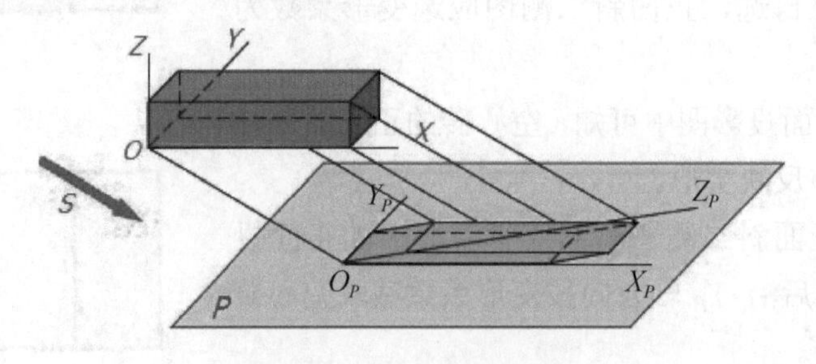

图 8-19 水平斜等轴测图

2. 水平斜等轴测图的投影特性

(1) 平行于投影面的形体上、下表面的投影不变形，轴间角$\angle X_PO_PY_P$=90°，轴向伸缩系数p=q=1。

(2) O_PZ_P轴对水平线的倾角取 45°(或 30°、60°、90°)，轴向伸缩系数r=1。

3. 常用轴间角和轴向变形系数

如图 8-20 所示，图中为水平斜等轴测投影常用的轴间角和轴向变形系数，从图中可见，Z_P轴在常见的几种位置时，水平斜等轴测图的规律性较强，不仅X_P轴与Y_P轴的夹角始终为 90°，而且X_P、Y_P、Z_P三个轴的简化系数均是 1∶1∶1。水平斜等轴测图的这种规律在作图时能极大地简化作图，提高作图效率。

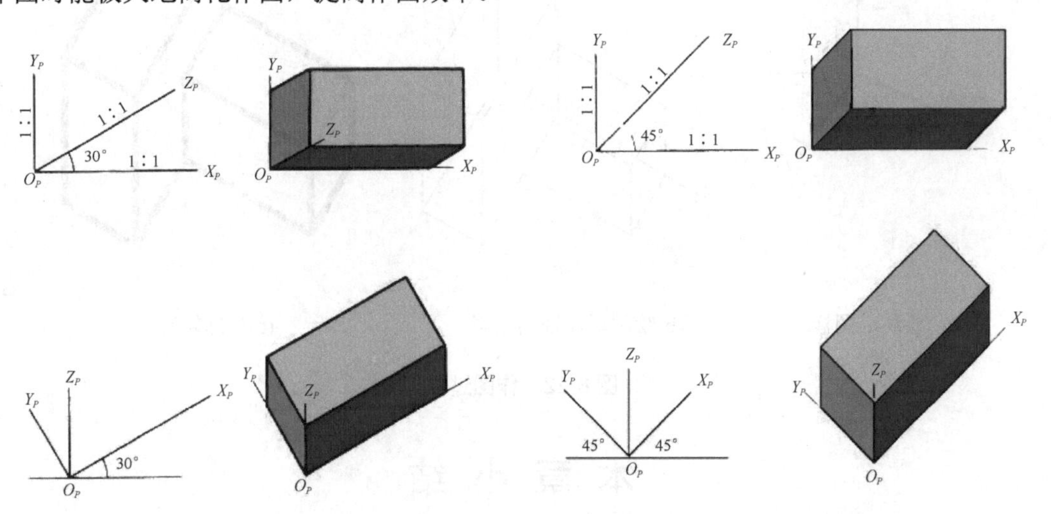

图 8-20　水平斜等轴测图常用轴间角和轴向变形系数

【例题 8-5】根据建筑形体的两面投影，画出其水平斜等轴测图(见图 8-21)。

【解题分析】作轴测投影时，首先应定出所绘轴测投影的轴间角、轴向变形系数，因本题要作的是水平斜等轴测图，所以O_PX_P和O_PY_P之间的轴间角应选为 90°，因题中并未给出视图方向，所以需自己选定Z_P轴方向，本题中选取Z_P轴为竖直位置，且X_P轴、Y_P轴与水平线的夹角分别为 30°和 60°。水平斜等轴测图的变形系数为 1∶1∶1。

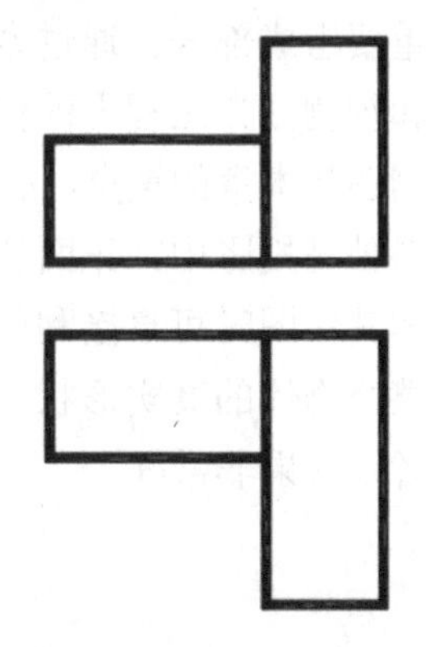

图 8-21　已知条件

从建筑形体的两面投影图中可知，建筑形体的上、下底面平行于H面，在H面中反映实形。

作建筑形体的水平斜等轴测图时，只需将建筑形体的底面投影按实形画出，然后沿Z_P轴方向截取建筑形体的高度即可。

作图过程：

(1) 如图 8-22(a)所示，在图中一角先作出一小图标，示意水平斜等轴测图的轴间角和所选系数；

(2) 如图 8-22(b)所示，根据所选轴间角画出轴测轴，根据建筑形体 H 面的投影实形画出建筑形体底面的轴测投影，尺寸按实形量取；

(3) 过建筑形体底面上各顶点沿 Z_P 轴方向截取高度，因高度方向不变形，所以尺寸也按实形量取；

(4) 如图 8-22(c)所示，整理建筑形体水平斜等轴测图的轮廓，区别轴测投影中棱线的可见性。

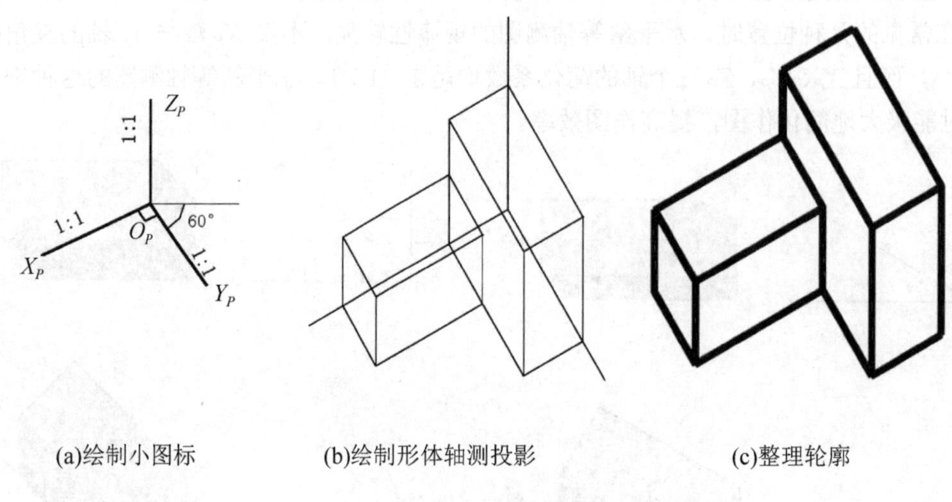

(a)绘制小图标　　(b)绘制形体轴测投影　　(c)整理轮廓

图 8-22　作图过程

本 章 小 结

轴测图是用平行投影法绘制的形体的单面投影图，它在一个投影面上能同时反映建筑长、宽、高三个方向的尺寸，有一定的立体感，主要作为施工中的辅助图纸，是工程图的重要组成部分。通过本章学习，要求学生能够了解轴测投影的基本特点、轴测图的优缺点和轴测图在工程上的作用；熟练掌握常见的几种轴测投影的基本绘图方法。其中，正等轴测图是本章的重点，必须熟练掌握利用坐标法、叠加法、切割法作建筑形体的正等轴测图。斜轴测投影中，正面斜二等轴测投影和水平斜等轴测投影都是比较常见的斜轴测投影图，因其作图时可直接利用形体的某一投影，所以规律性强，应多加练习。轴测图虽不能反映整个物体的真实形状，但学会画轴测图，对空间想象能力的提升帮助很大，尤其对于初学者，效果非常好。

配 套 习 题

1. 点 的 投 影

1-1　已知点 $A(20,15,25)$，画其三面投影。

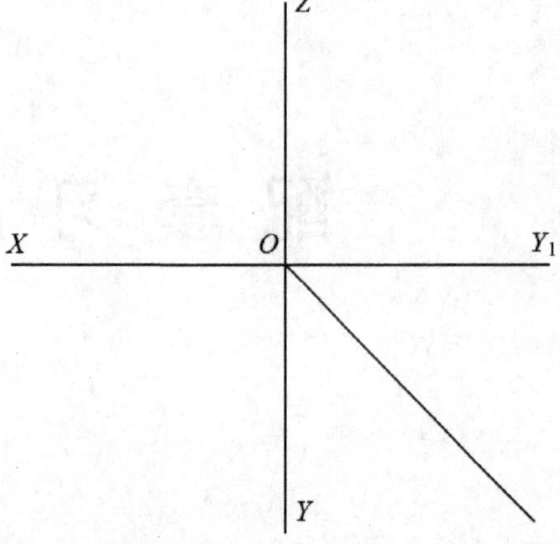

1-2　已知点 $A(15,0,0)$、$B(0,20,0)$、$C(0,0,0)$，画出各点的三面投影。

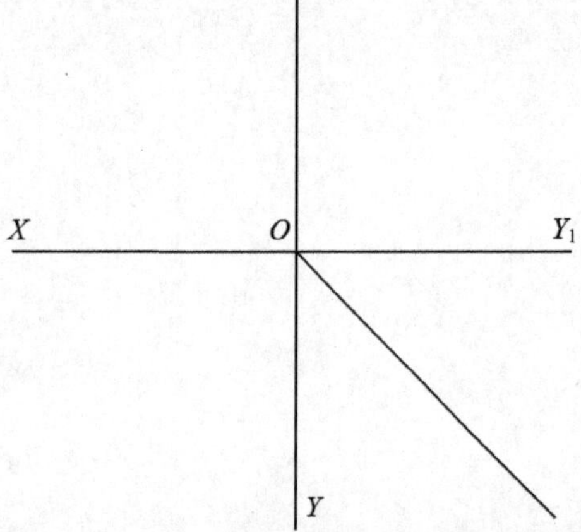

1-3　已知点的两面投影，求第三面投影。

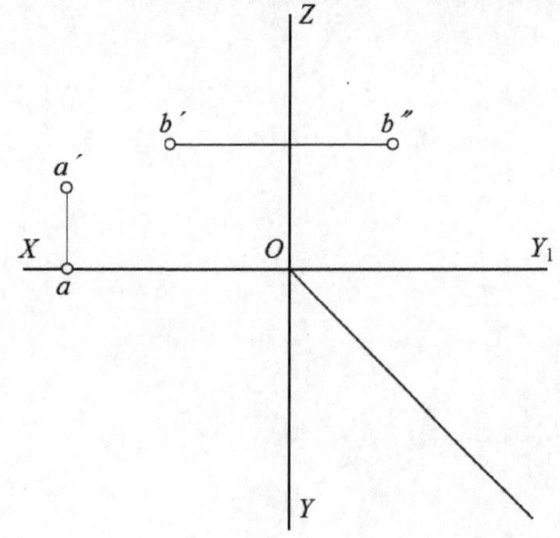

1-4　已知点的两面投影，求第三面投影。

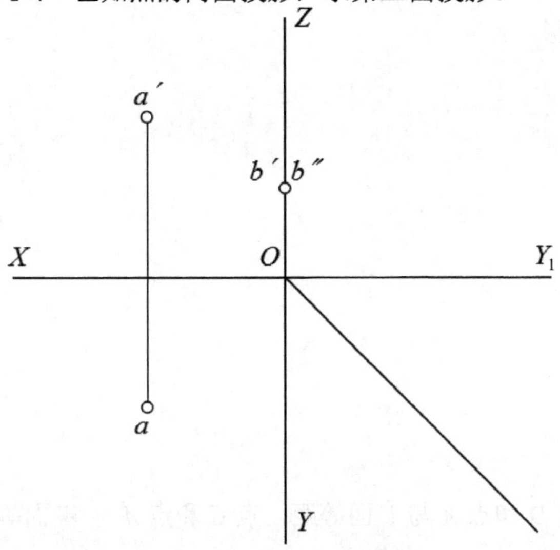

1-5　完成点 A、B、C 的三面投影。

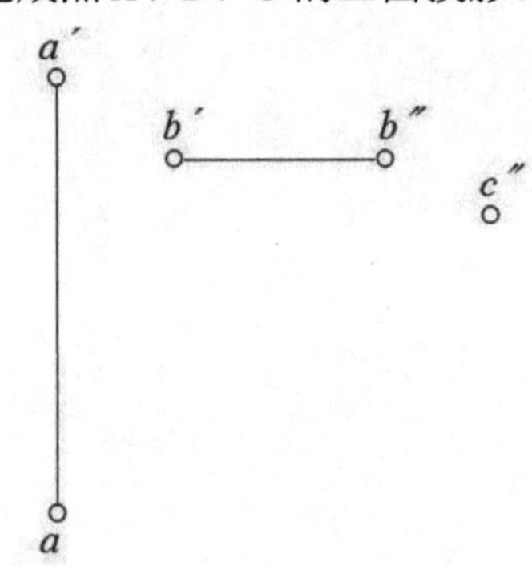

1-6　设点 B 在点 A 的左方 15mm、前方 20mm、下方 10mm，求作点 B 的三面投影。

1-7　设点 B 在点 A 的正前方 15mm，点 C 在点 A 的正上方 10mm，点 D 在点 A 的正左方 20mm。求作 B、C、D 三点的三面投影。

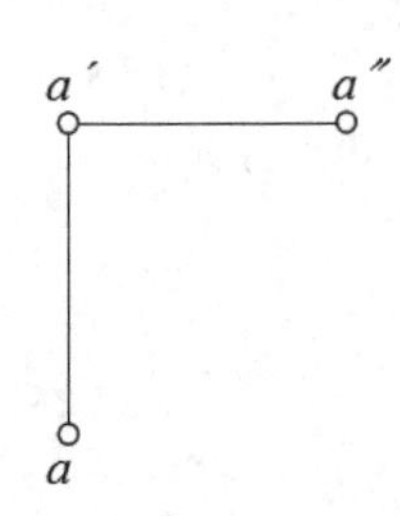

1-8　设点 B 和点 A 与 H 面等距，点 D 和点 A 与 V 面等距，点 C 和点 A 与 W 面等距。完成 B、C、D 三点的三面投影。

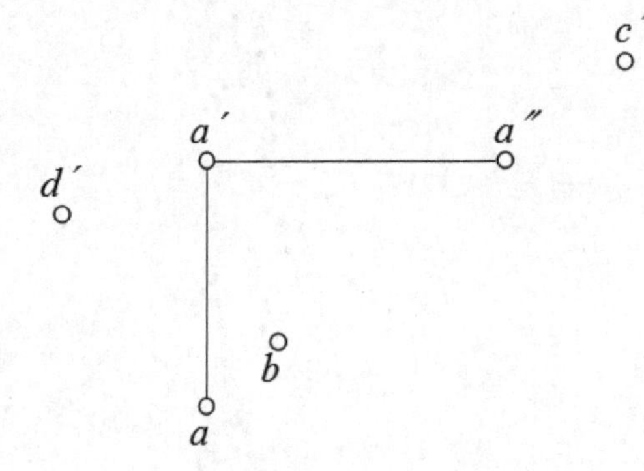

2. 直线的投影

2-1　已知直线 AB 的两面投影，求作直线对三投影面的倾角 α、β 和 γ(应在图上注出相应的字母 α、β、γ)，并注出实长________mm。

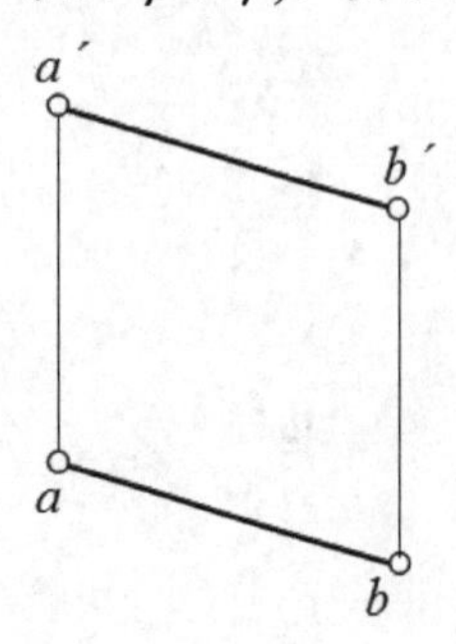

2-2　设点 C 在直线 AB 上，长度 AC=20mm，求点 C 的两面投影。

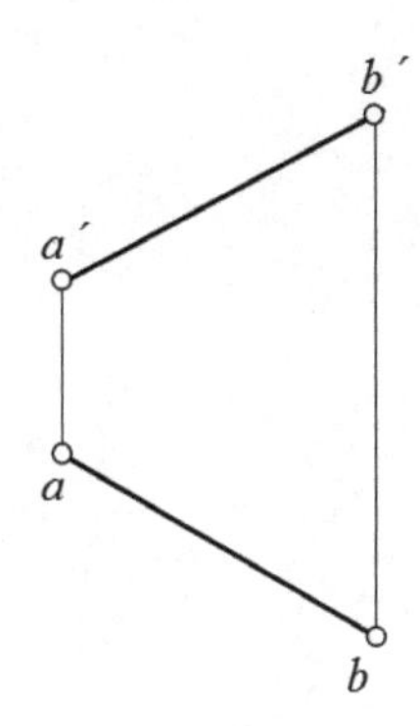

2-3　已知直线 AB 的前方 A 点的 H 面投影，设直线的实长为 30mm，完成直线 AB 的 H 面投影。

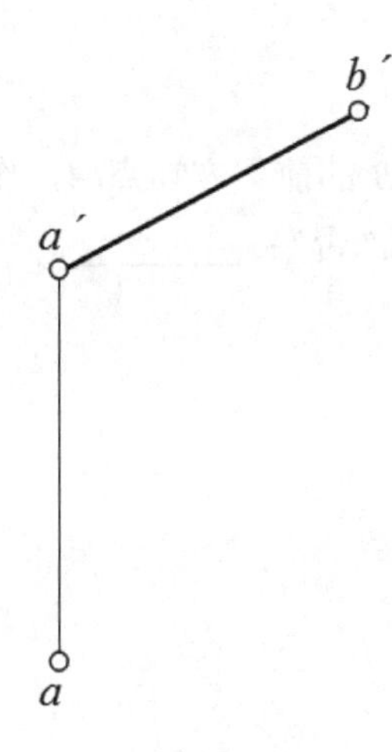

2-4　已知直线 AB 的前方 B 点的 H 面投影，设直线 AB 与 H 面的倾角 α=30°，完成直线 AB 的 H 面投影。

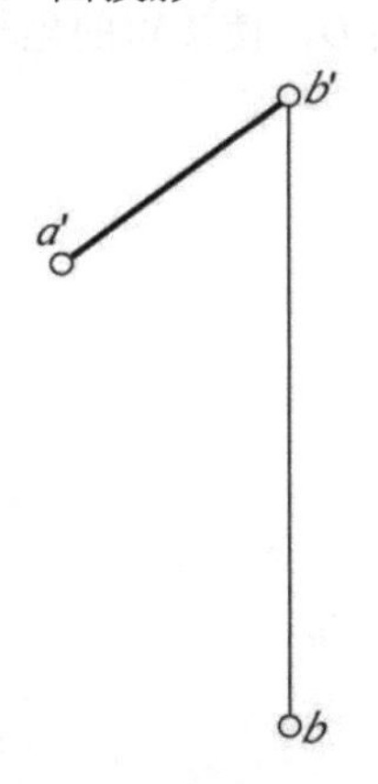

2-5　设直线 AB 长 40mm，倾角 α=45°，β=30°，AB 的指向为朝前方左上角，已知中点 M 的投影，作出 AB 的两面投影。

2-6　直线 AB 长 30mm，倾角 α=45°；由 W 面平行线 AB 的前下方端点 A，作 AB 的三面投影，并判别点 K 是否在 AB 上，请在横线上填写"是"或"否"：________。

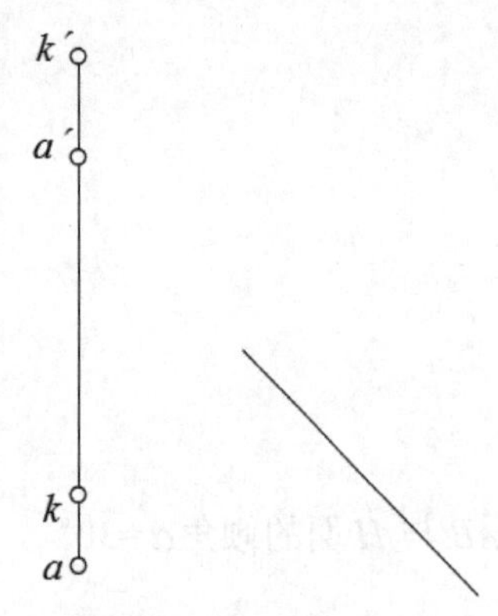

2-7　在直线 AB 上取一点 C，与 H 面、V 面等距；再取一点 D，使该点的坐标 z=2y。

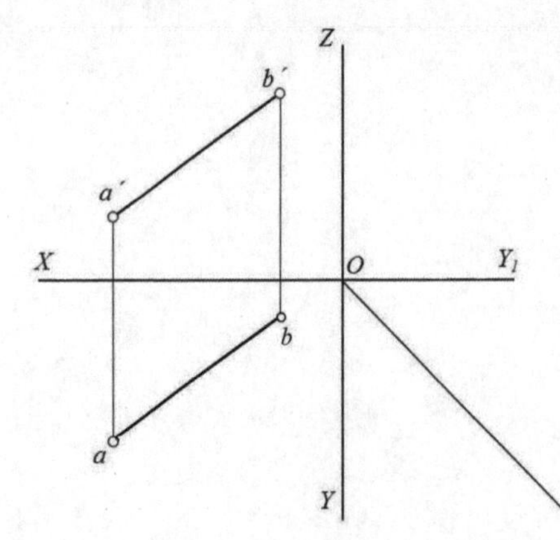

2-8　设 H 面平行线 AB 长 20mm，β=45°，并知左后方点 A 的两面投影。作直线 AB 的三面投影，并求出迹点的投影。

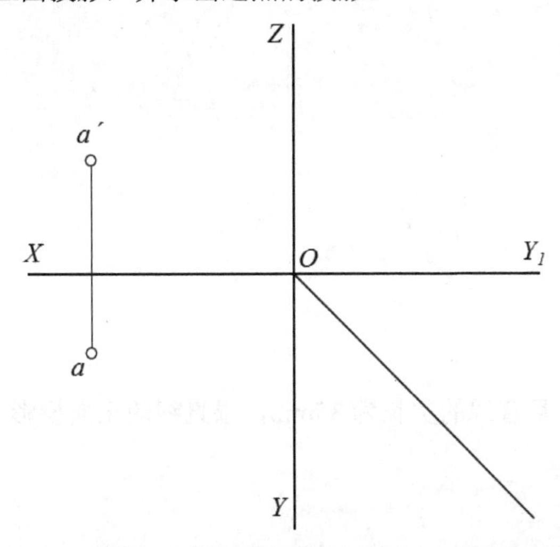

2-9　判断下列各对直线 AB 和 CD 的相对位置(平行、相交、交叉、垂直)。

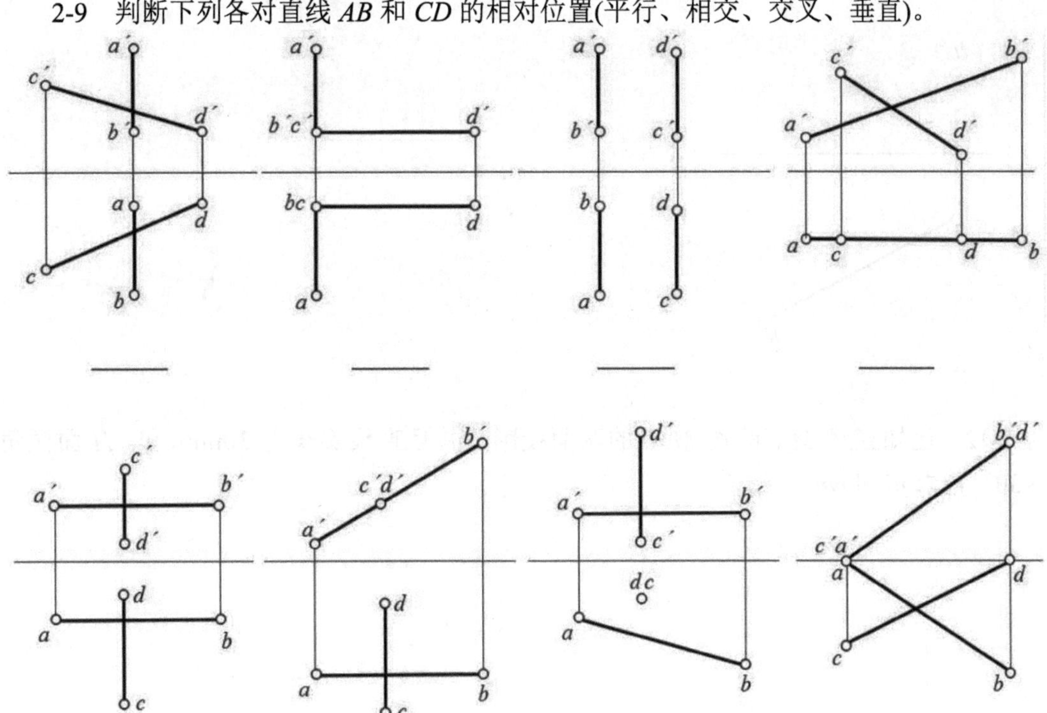

2-10　求直线 AB 的实长及对两投影面的倾角。

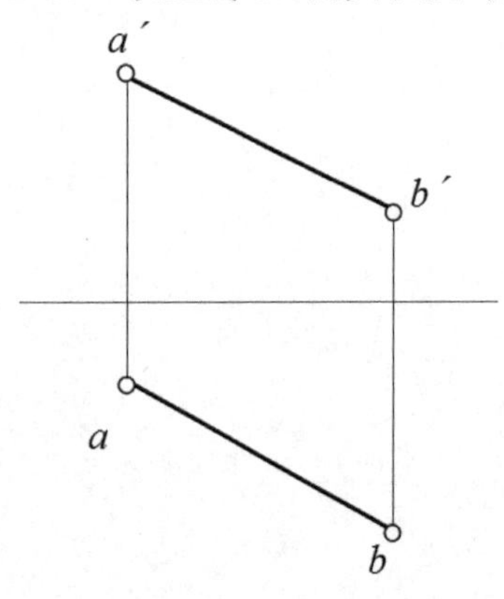

2-11　已知直线下方 A 点的两面投影，且直线的实长为 35mm，求直线的正面投影。

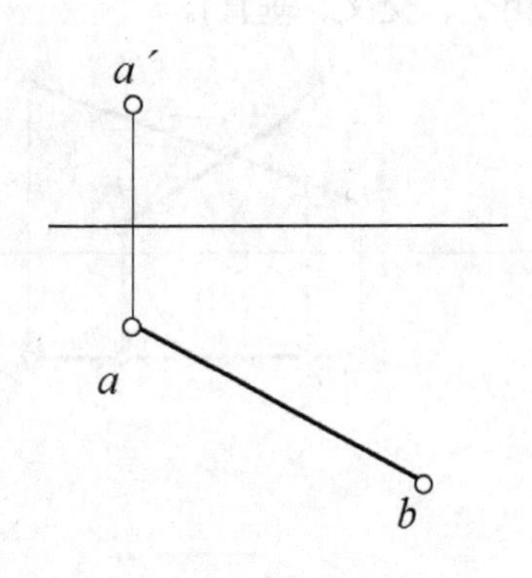

2-12　已知直线 MN 前端 M 点的两面投影，并且直线实长为 30mm，与 H 面倾角 $\alpha=30°$，求 n' 和 mn。

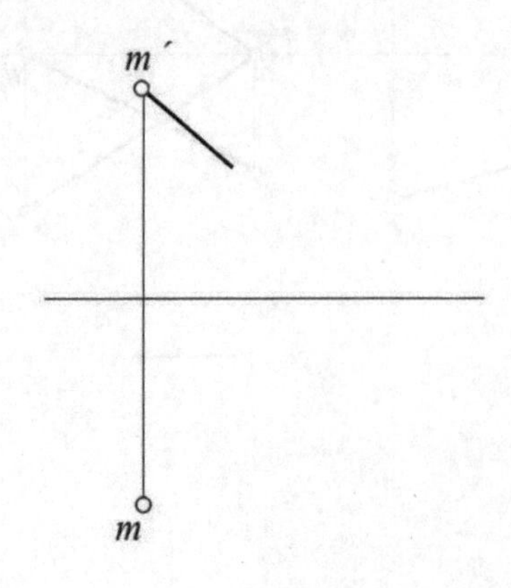

2-13　已知直线 AB 下端 A 点的两面投影，且直线 AB 两点到 H 面的距离差为 15mm，求直线的正面投影及倾角 β。

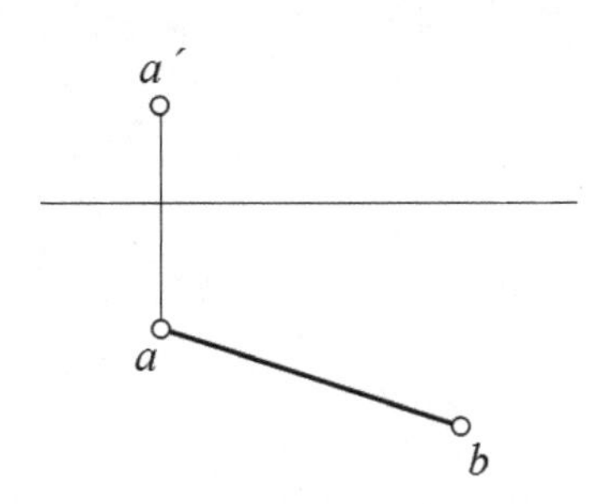

2-14　判断交叉两直线 AB、CD 在投影图中重影点的可见性，由重影点投影的字母先后表示。

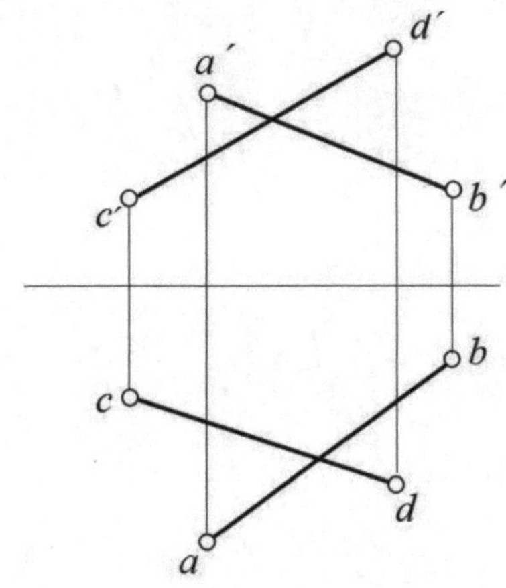

2-15　完成直线 AB、CD 的三面投影，判别投影图中重影点的可见性。

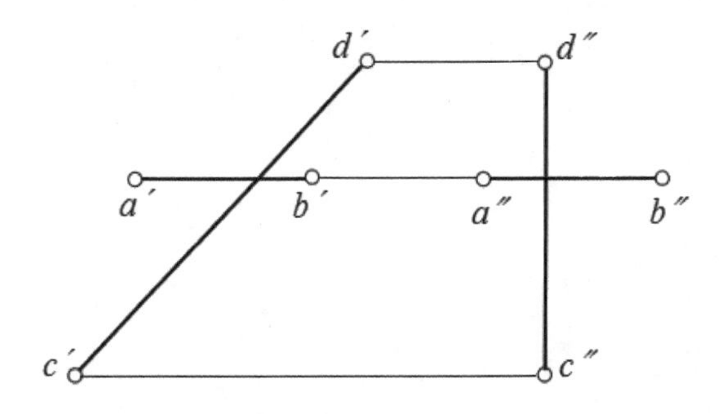

2-16　作 V 面平行线与直线 A、B、C 相交，并标注交点 A_1、B_1、C_1 的投影的字母。

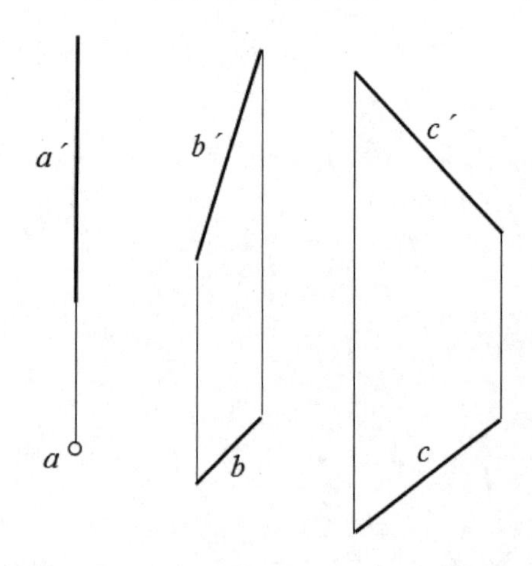

2-17　作交叉两直线 AB 和 CD 的公垂线，垂足为 E、F。

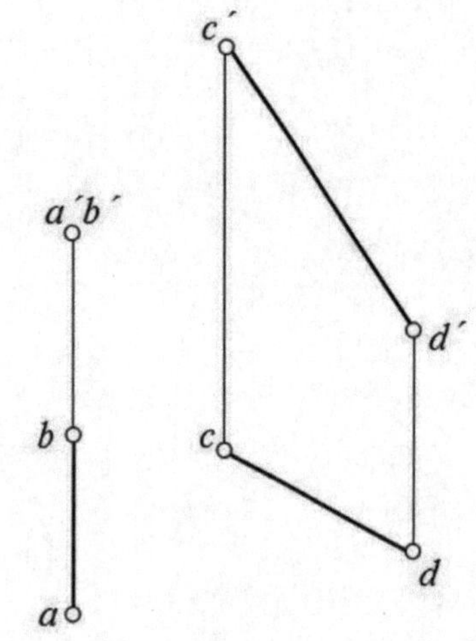

2-18　求两 V 面平行线 AB 和 CD 之间的距离。

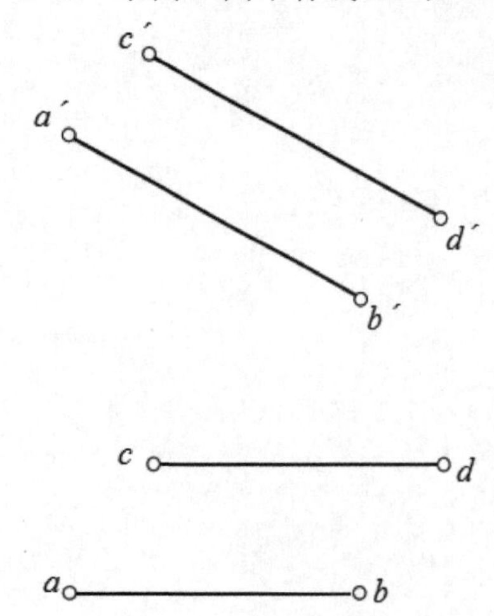

2-19　作直线 JL 与直线 AB、CD 和 EF 相交，并与直线 CD 垂直，交点为 J、K、L。

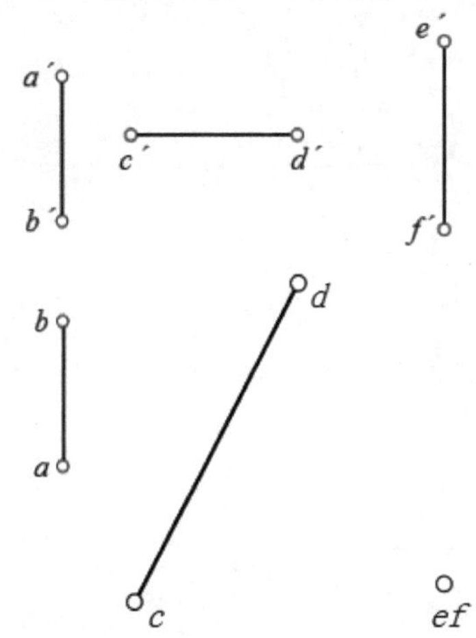

3. 平面的投影

3-1　已知平面 $ABCD$ 上三角形 Ⅰ Ⅱ Ⅲ 的 H 面投影，作出其 V 面投影。

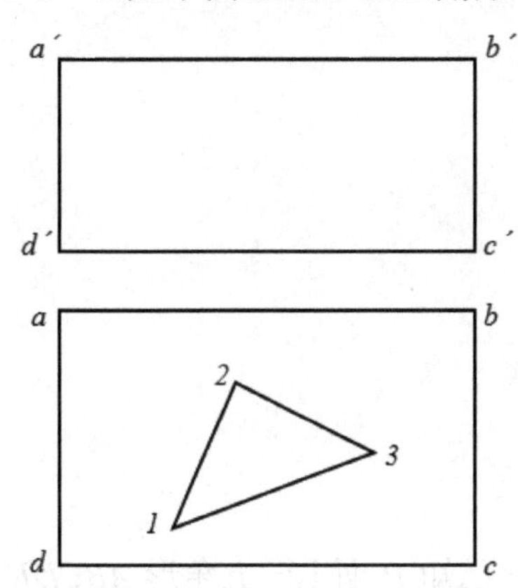

3-2　在平面 ABC 上，作一条 H 面平行线，比点 C 高 15mm。

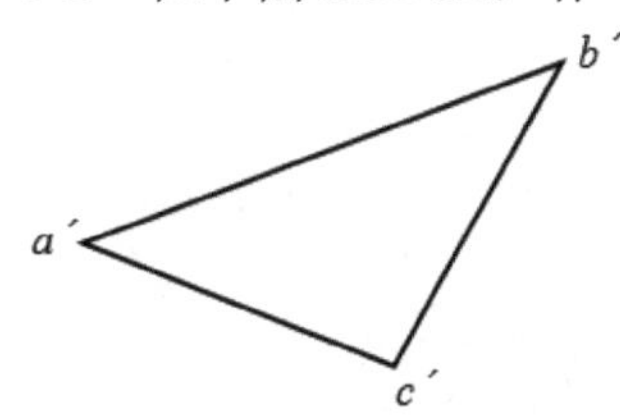

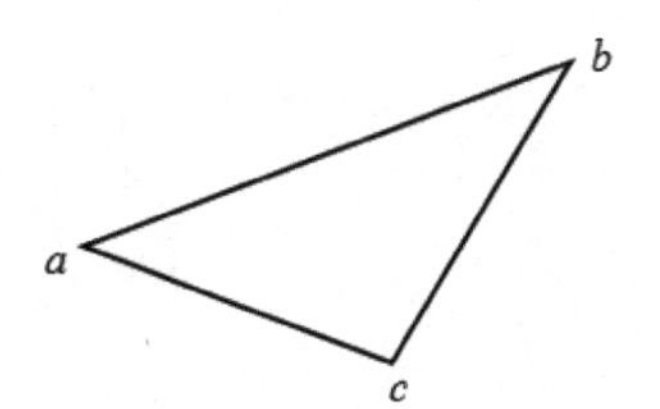

3-3　完成五边形平面 *ABCDE* 的 *H* 面投影。

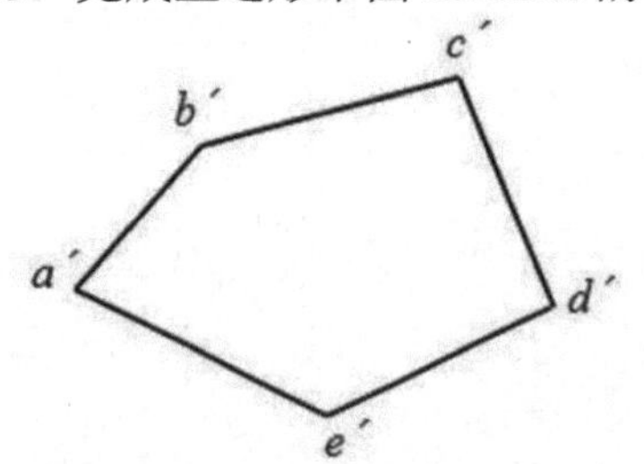

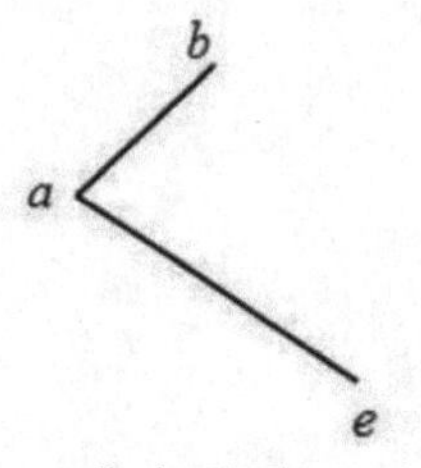

3-4　求出平面 *ABC* 的倾角 α 和 β。

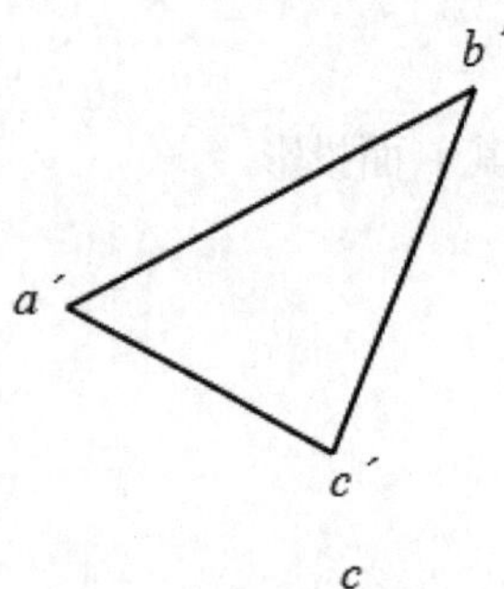

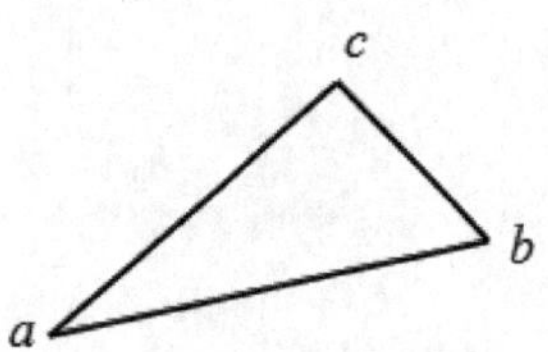

3-5　一 *W* 面垂直面 *P*，前高后低，倾角 α=45°，已知 *P* 面上一五角形 *ABCDE* 的 *V* 面投影，求 *W* 面和 *H* 面投影。

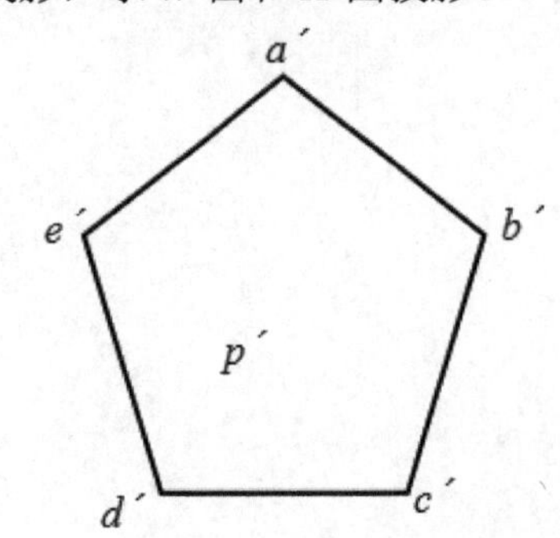

3-6　已知一正方形 $ABCD$ 的一条对角线 AC，另一条对角线 BD 为 H 面平行线，作出该正方形的三面投影。

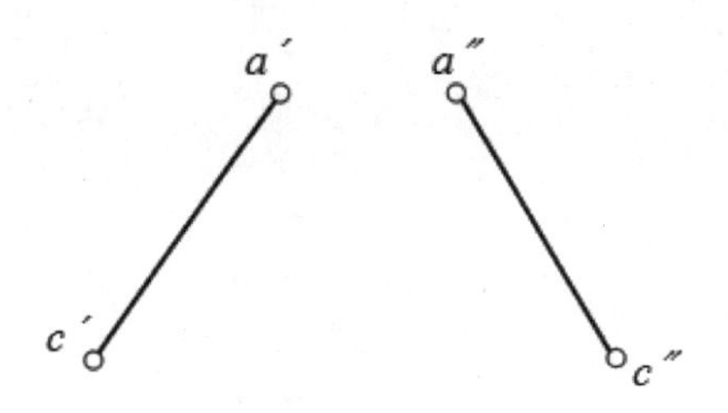

3-7　已知迹线平面 P 上直线 AB、CD 的两面投影，求作迹线 P_H、P_V 和 P_W。

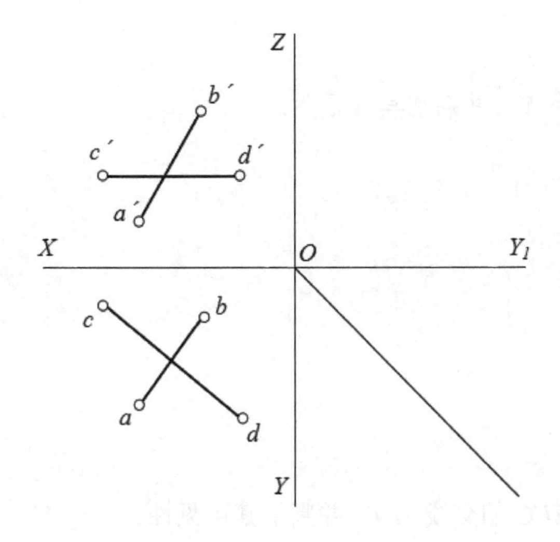

3-8　已知直线 AB 和三角形 CDE 互相平行，完成三角形 CDE 的 V 面投影。

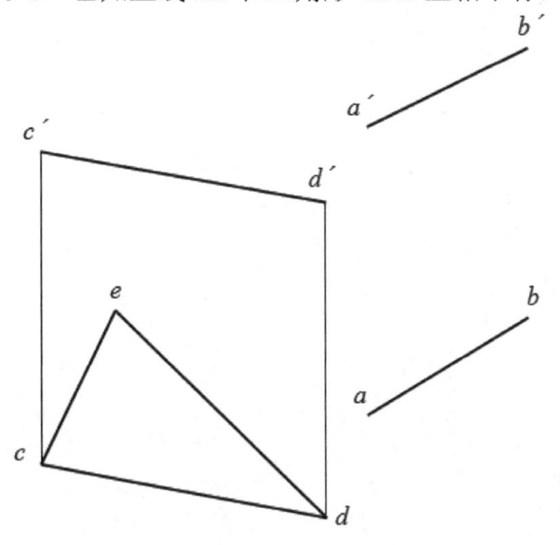

3-9　已知等腰三角形 *ABC* 的 *V* 面投影和底边 *BC* 的 *H* 面投影，作全三角形 *ABC* 的 *H* 面投影。

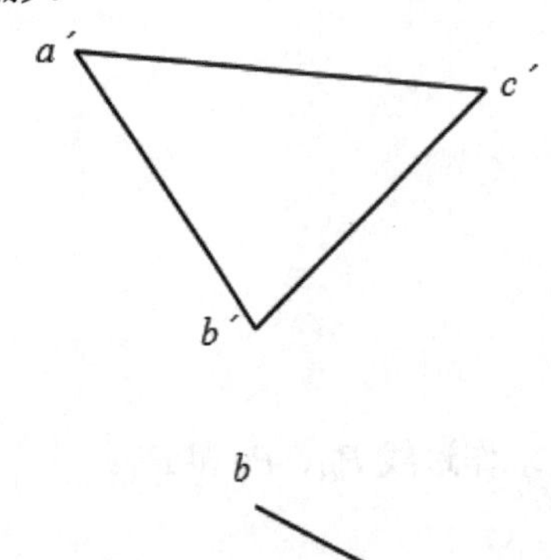

3-10　求直线 *AB* 与三角形 *CDE* 的交点 *K*，并判别其可见性。

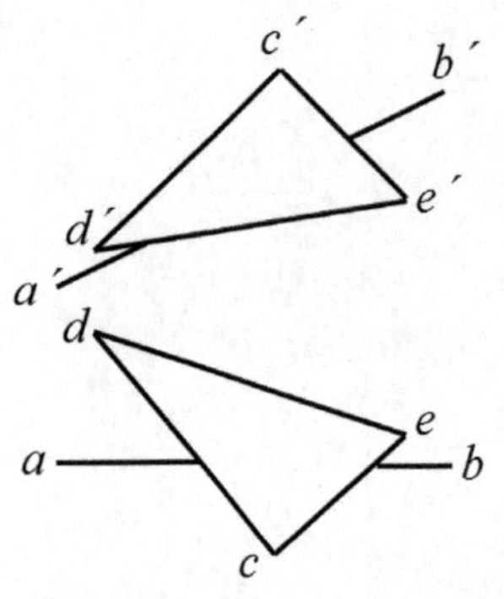

3-11　求三角形 *ABC* 与平行四边形 *DEFG* 的交线 *MN*，并判别其可见性。

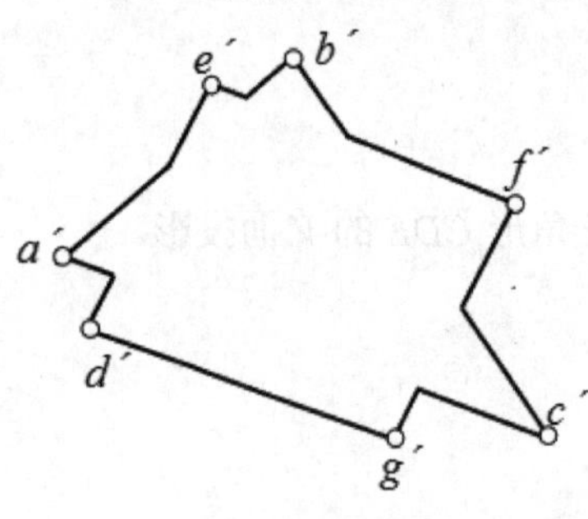

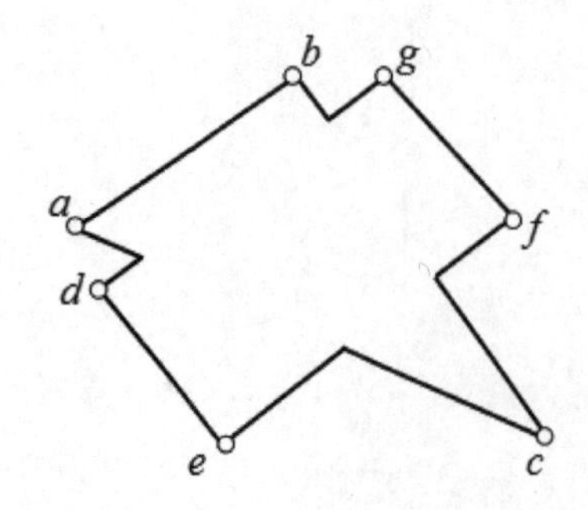

3-12　求三角形 *ABC* 与三角形 *DEF* 的交线 *KL*，并判别其可见性。

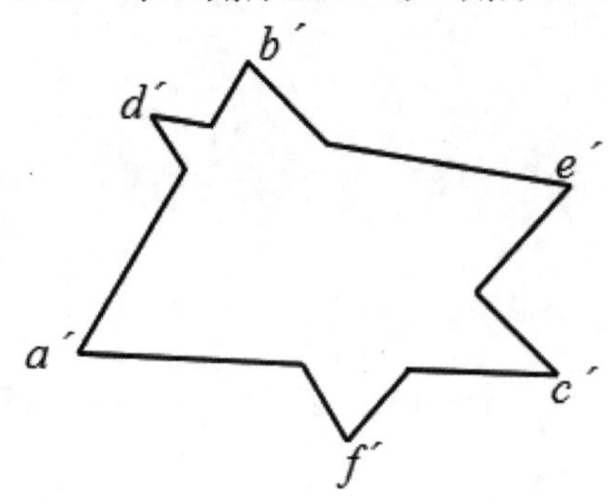

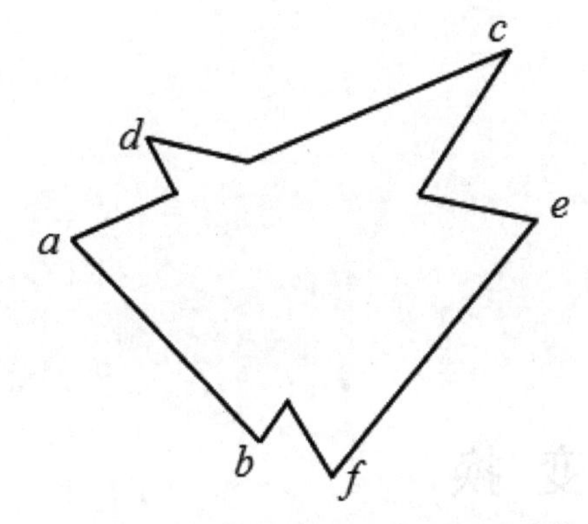

3-13　求点 *A* 对称于直线 *BC* 的对称点 A_1 的投影。

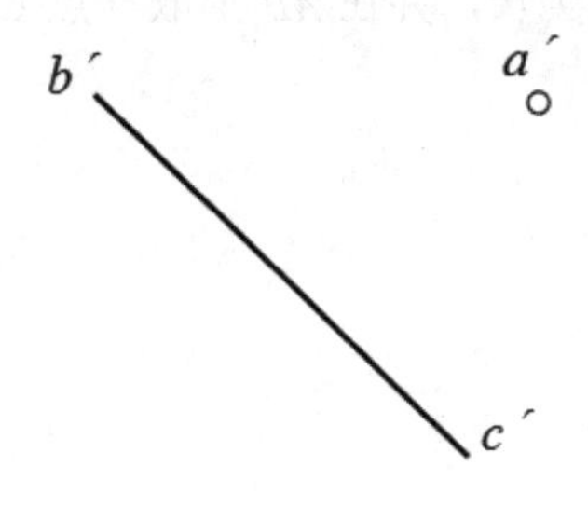

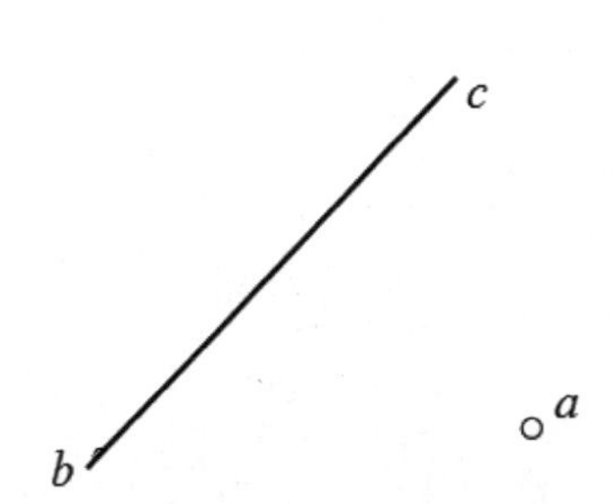

3-14　直线 LK 与三角形 ABC 互相垂直，垂足为点 K，作三角形 ABC 的 H 面投影。

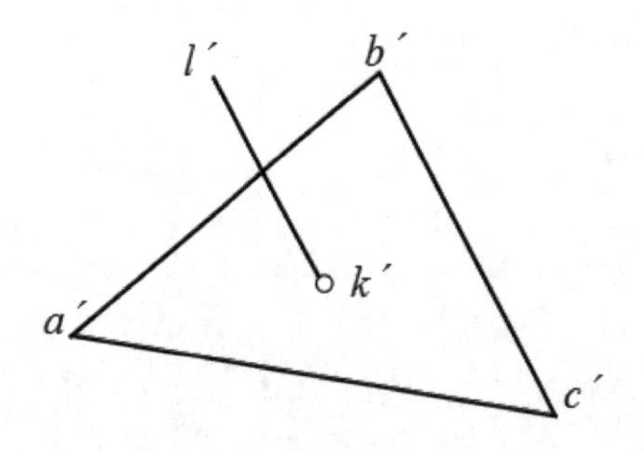

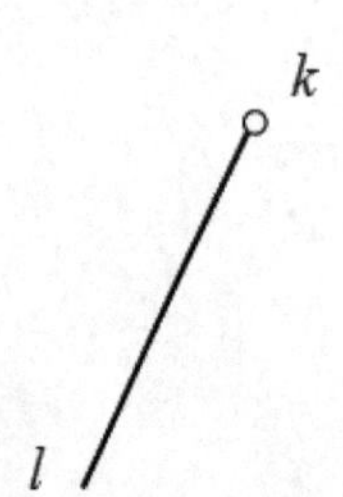

4. 投 影 变 换

4-1　用辅助投影面法，求直线 AB 对 H 面的倾角 α 及实长，并在 AB 上取一点 C 的投影，使 AC=15mm。

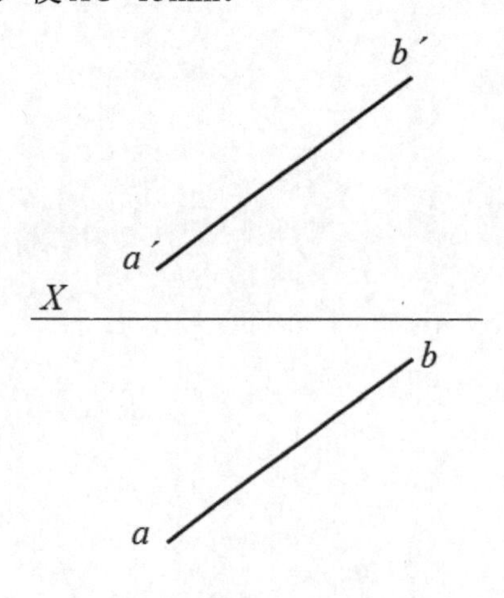

4-2　已知直线 AB 的实长为 45mm 且端点 A 位于后侧，用辅助投影面法作出 AB 的 W 面投影，并求出对 V 面的倾角 β。

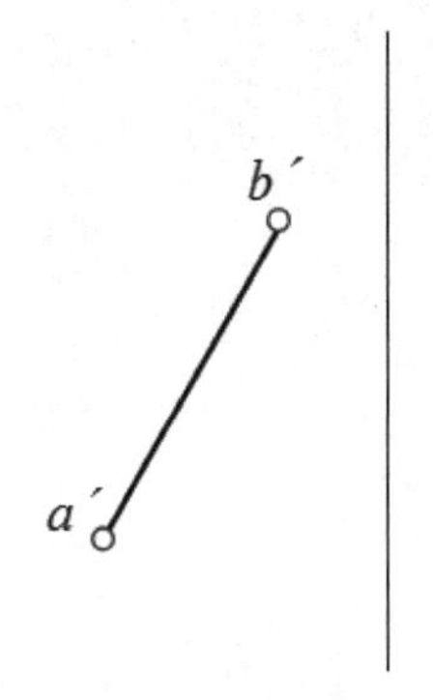

4-3　用辅助投影面法，求出点 K 到直线 AB 的距离。

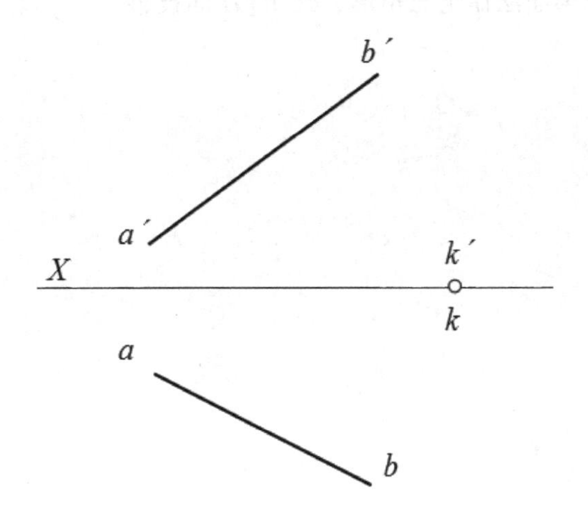

4-4　用辅助投影面法，求三角形 ABC 对 V 面的倾角 β 及实形。

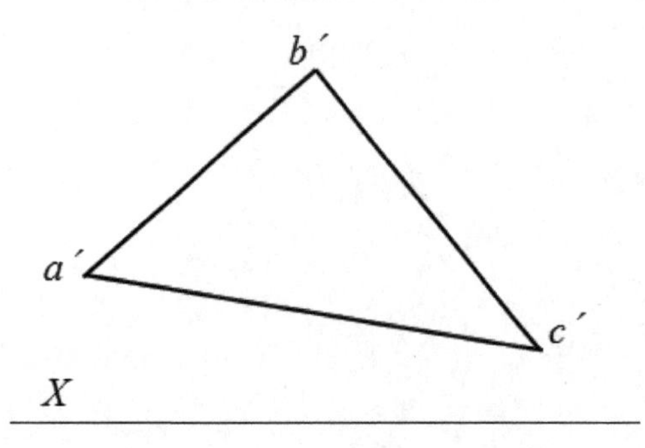

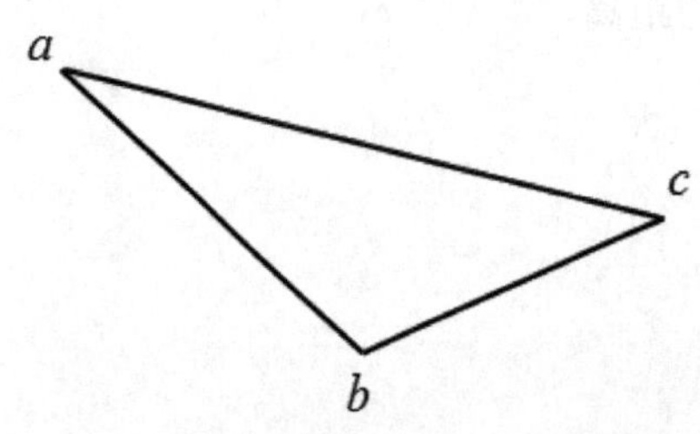

4-5　点 K 距三角形 10mm，用辅助投影面法作全三角形 ABC 的 H 面投影。

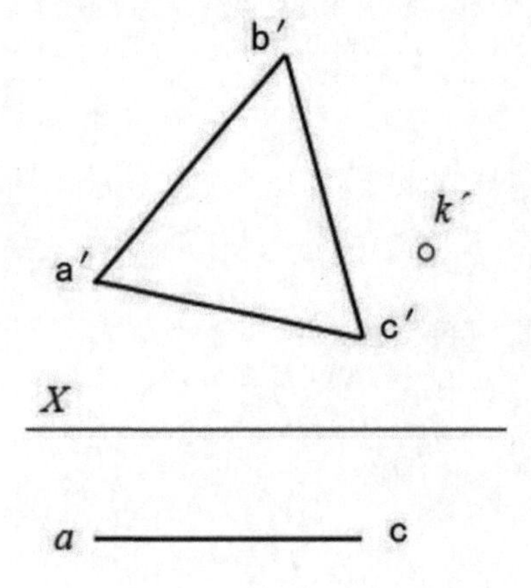

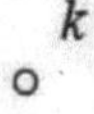

4-6 用辅助投影面法，由点 A 作直线 AD 与直线 BC 交于点 D，且两线成夹角 60°。

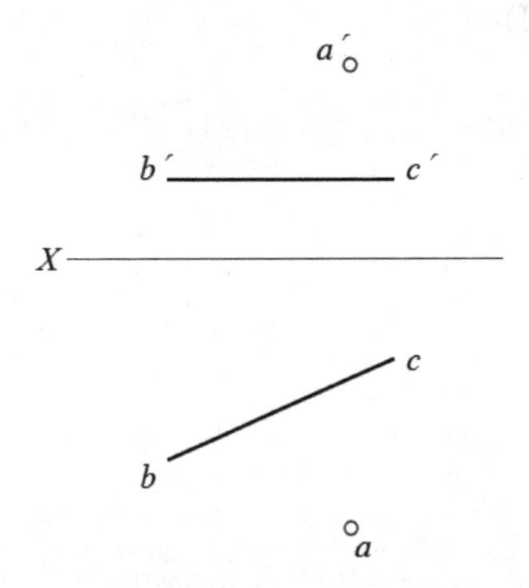

4-7 以直线 AB 为底边作一等腰三角形，顶点 C 在直线 DE 上，用辅助投影面法完成该三角形的两面投影。

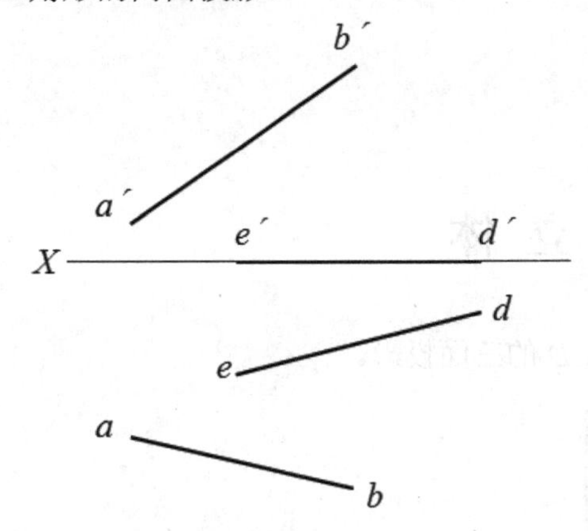

4-8 用辅助投影面法，求出交叉两直线 AB 和 CD 的公垂线 MN 的两面投影。

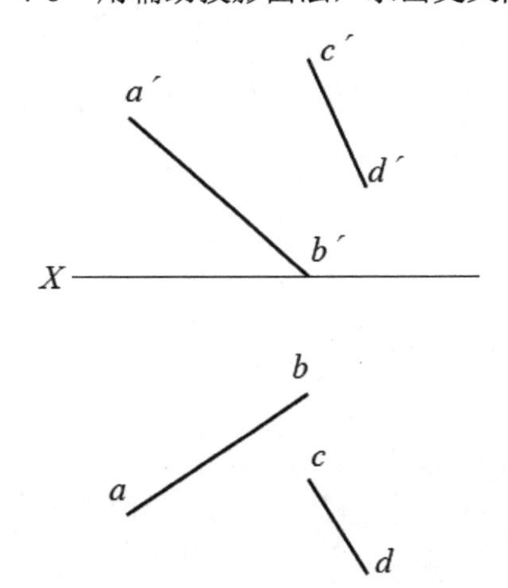

4-9　三角形 *ABC* 和三角形 *ABD* 相交，其夹角为 30°，三角形 *ABD* 为等边三角形，用辅助投影面法完成三角形 *ABD* 的两面投影(一解即可)。

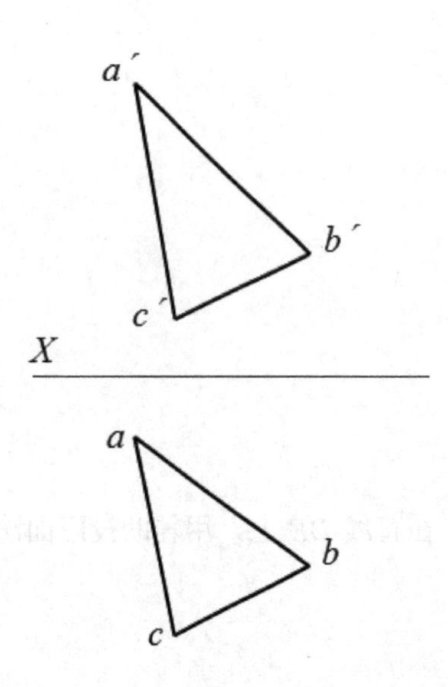

5. 平 面 立 体

5-1　完成五棱柱棱面上点 *A*、点 *B* 和直线 *CD* 的三面投影。

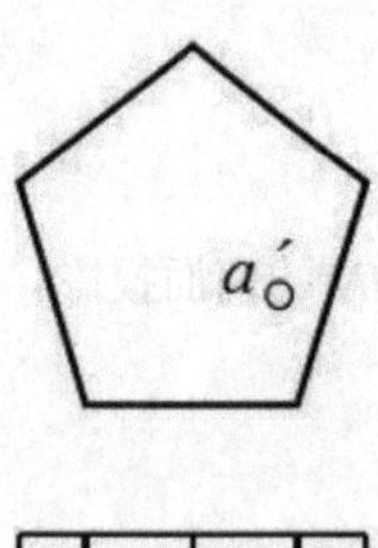

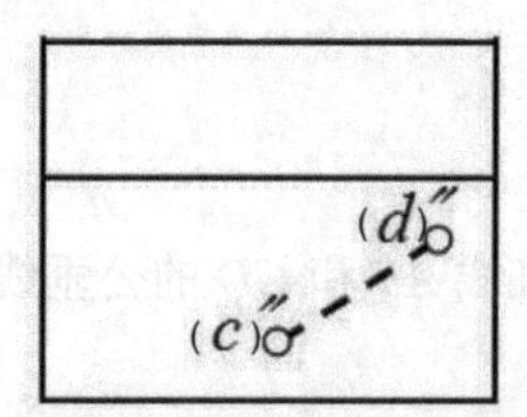

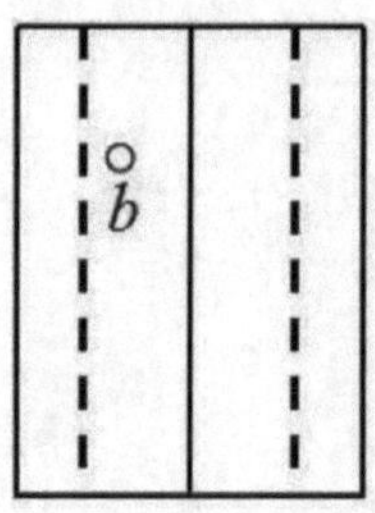

5-2　作出三棱锥的 W 面投影，又已知锥面上一组线段 $ABCDEA$ 的 V 面投影，求其余投影。

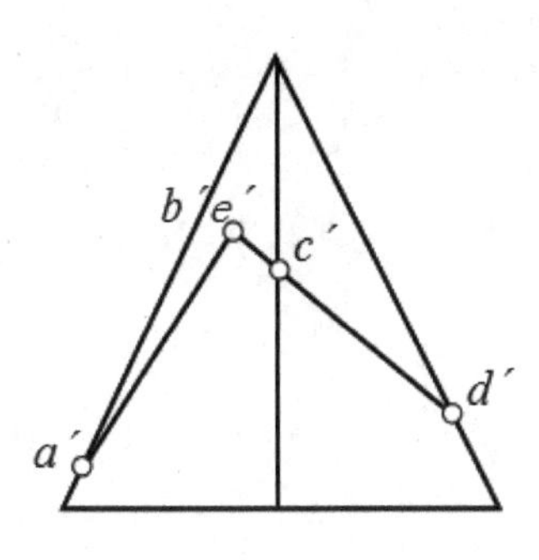

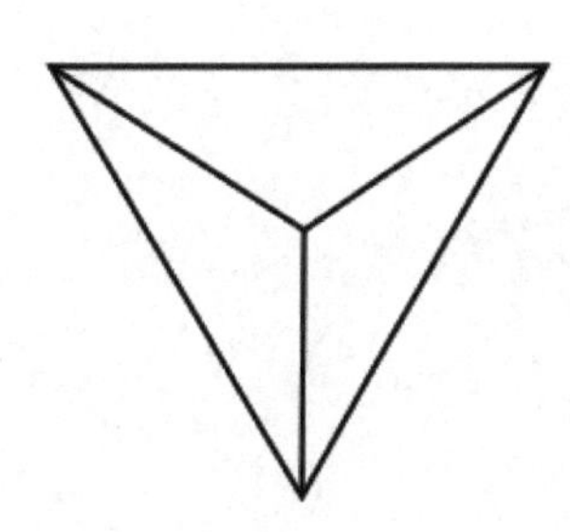

5-3　作五棱柱被 V 面垂直面 P 截断后下半部分的 W 面投影、截断面实形。

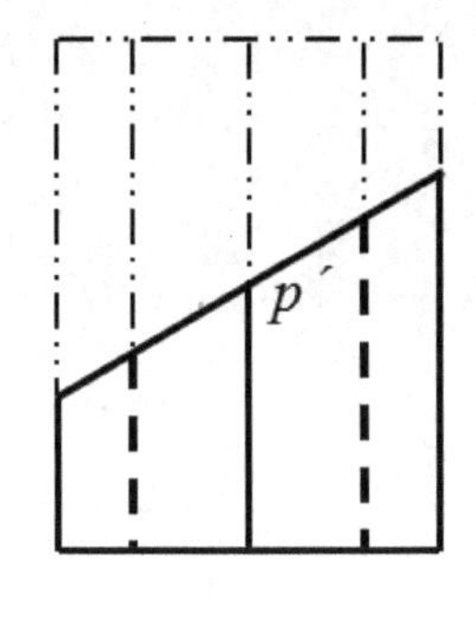

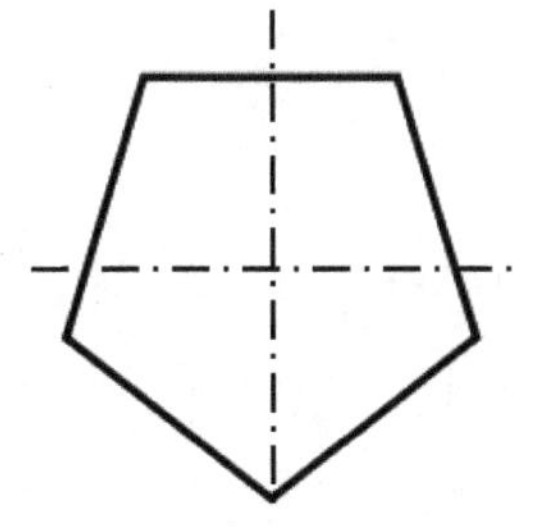

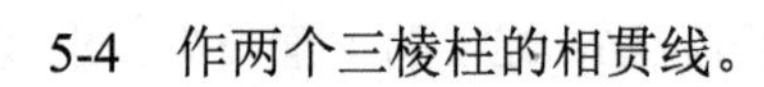

5-4　作两个三棱柱的相贯线。

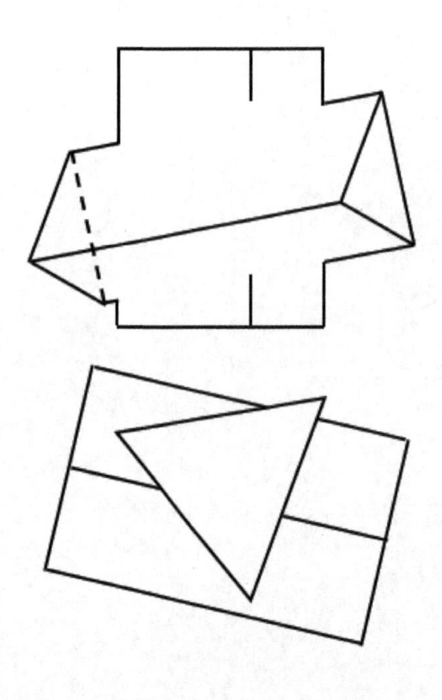

5-5　作全具有切口的四棱台的 H 面和 W 面投影。

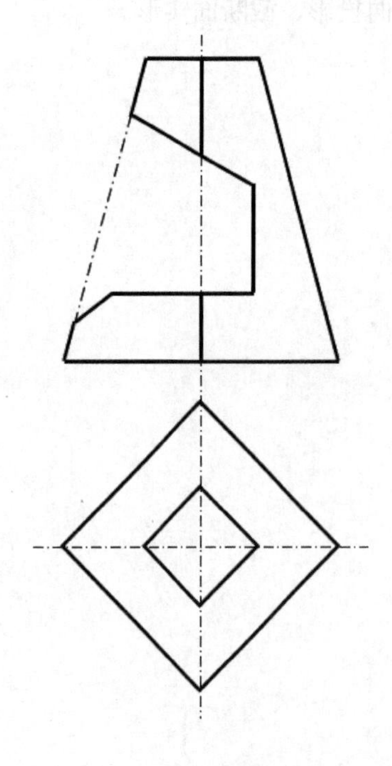

6. 曲线及曲面立体

6-1 已知圆柱的 V 面投影，作其 W 面投影。

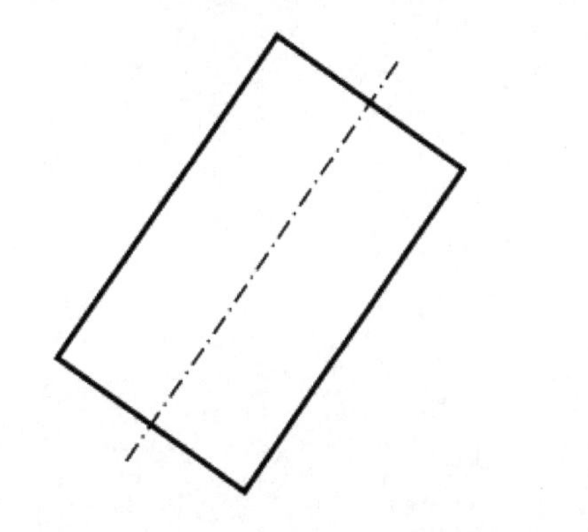

6-2 完成具有切口的圆柱的三面投影。

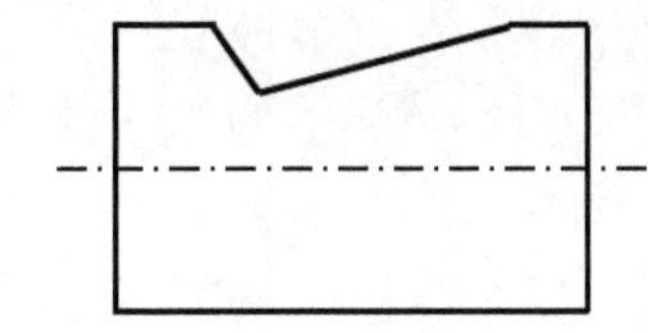

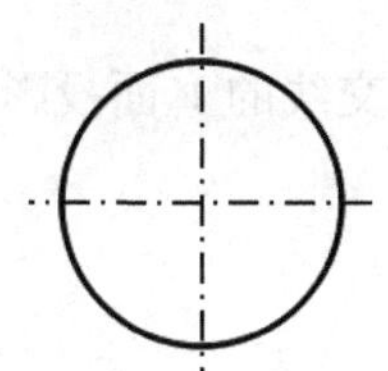

6-3 作圆柱与三棱锥相交后的 V 面投影。

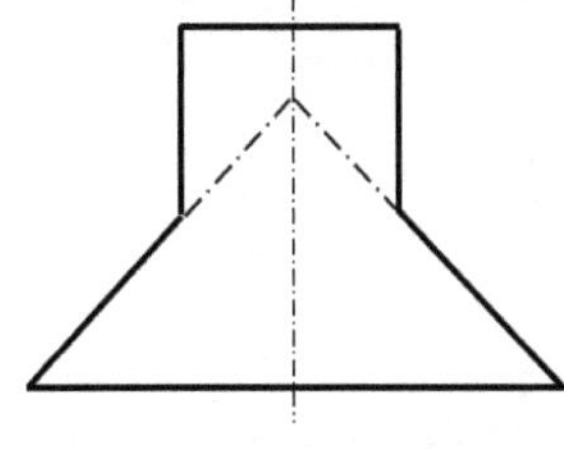

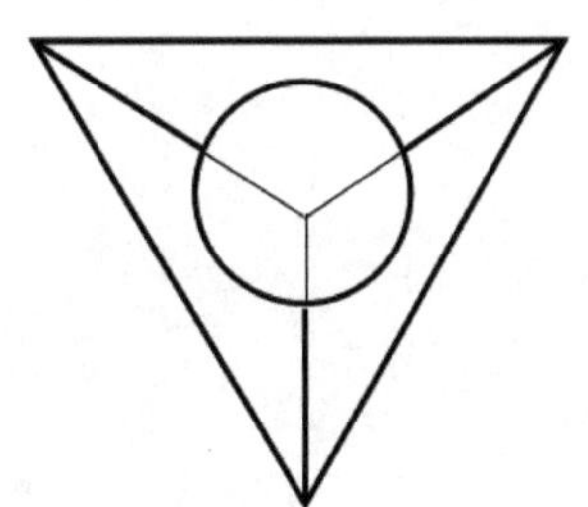

6-4　作椭圆锥被 P 面截断后下半部分的三面投影。

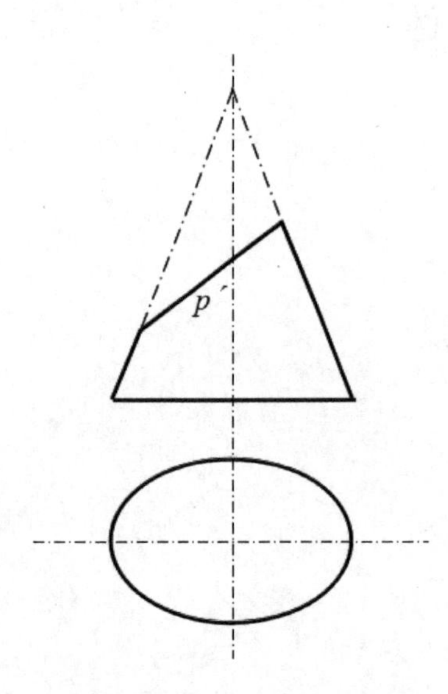

6-5　作圆锥面与 V 面平行面 P 的截交线的 V 面投影。

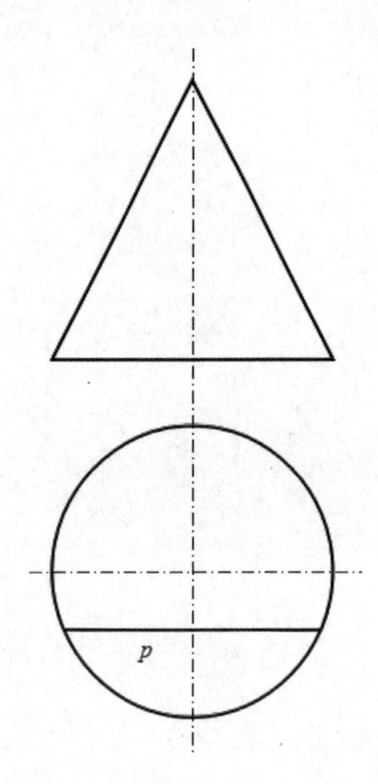

6-6 作出球面上一组曲线 *ABCDA* 的 *H* 面投影。

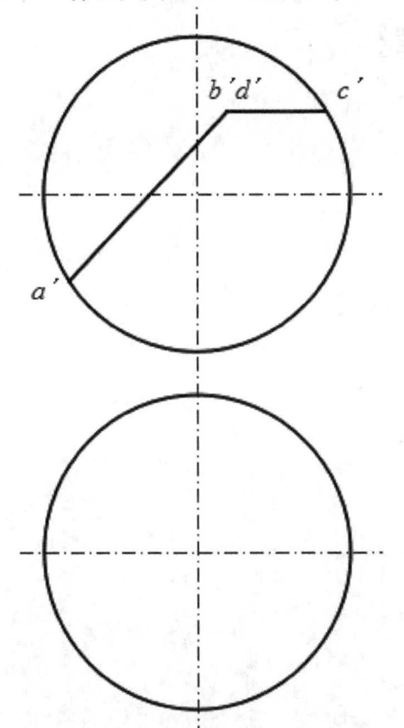

6-7 作出螺旋楼梯的 *V* 面投影。

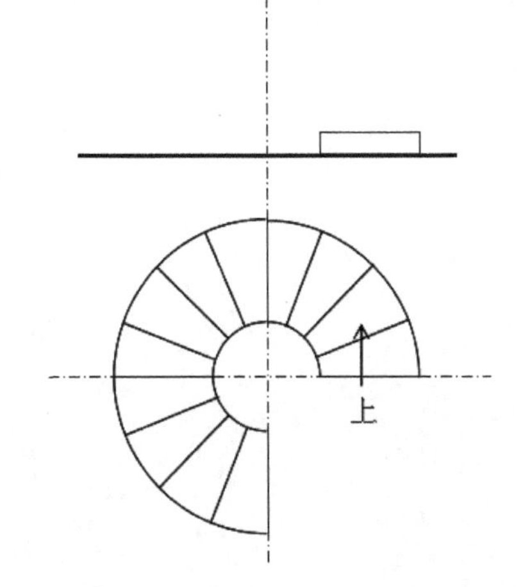

7. 轴 测 投 影

7-1 用伸缩系数作桥台的正等轴测投影。

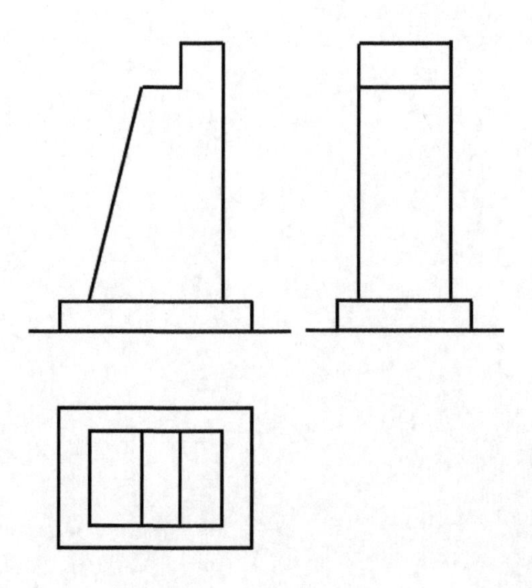

7-2 用简化系数作房屋轮廓的正二等轴测投影。

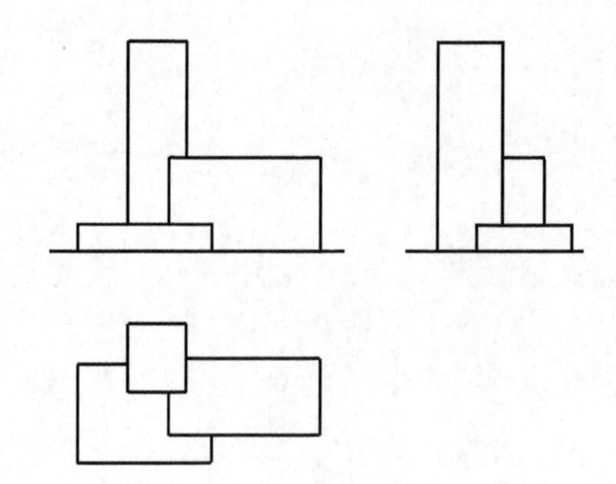

7-3　作台阶的正面斜等轴测投影。

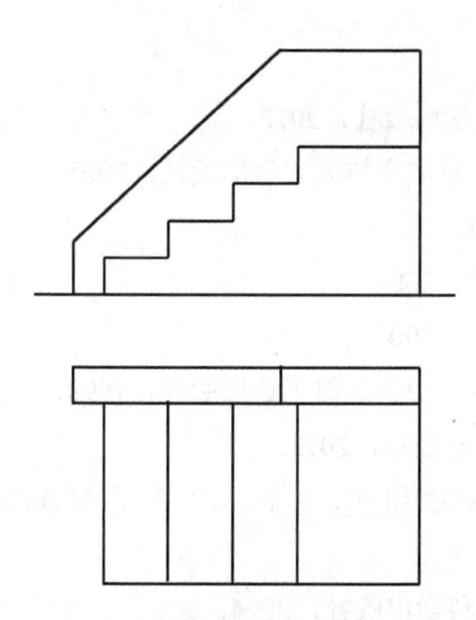

7-4　作具有切口的正四棱台的正面斜二等轴测投影。

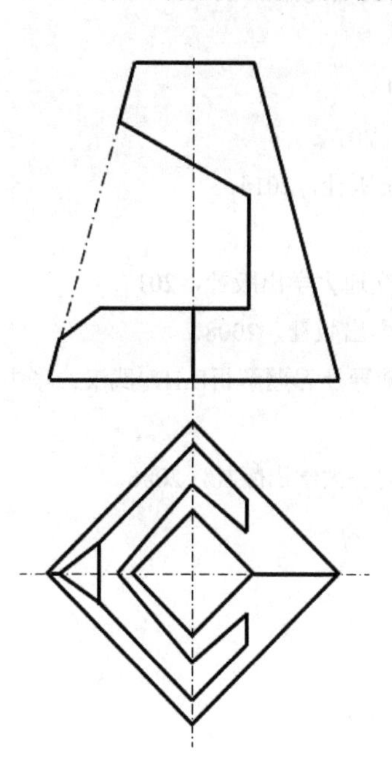

参 考 文 献

[1] 同济大学建筑制图教研室．画法几何[M]．5 版．上海：同济大学出版社，2012．

[2] 赵景伟，魏秀婷，张晓玮．建筑制图与阴影透视[M]．北京：北京航空航天大学出版社，2005．

[3] 建筑制图标准汇编[M]．修订版．北京：中国计划出版社，2003．

[4] 王书文．画法几何及土木工程制图[M]．苏州：苏州大学出版社，2002．

[5] 莫章金．建筑工程制图习题集[M]．北京：中国建筑工业出版社，2004．

[6] 曹宝新，齐群．画法几何及土建制图习题集[M]．修订版．北京：中国建材工业出版社，1998．

[7] 唐人卫．画法几何及土木工程制图[M]．3 版．南京：东南大学出版社，2013．

[8] 朱育万，卢传贤．画法几何及土木工程制图：土建、水利类专业适用[M]．3 版．北京：高等教育出版社，2005．

[9] 汪颖，李娟．画法几何与建筑工程制图(含习题集)[M]．北京：科学出版社，2004．

[10] 刘继海．画法几何与土木工程制图[M]．2 版．武汉：华中科技大学出版社，2008．

[11] 蔡樱．画法几何[M]．重庆：重庆大学出版社，2015．

[12] 周玉明．画法几何与建筑制图[M]．北京：清华大学出版社，2013．

[13] 龚伟．画法几何与建筑工程制图[M]．2 版．北京：科学出版社，2014．

[14] 龚伟．画法几何与建筑工程制图习题集[M]．2 版．北京：科学出版社，2014．

[15] 鲍泽富．画法几何与工程制图[M]．北京：科学出版社，2016．

[16] 谢平，涂晓斌，周慧芳．画法几何及土建制图[M]．成都：西南交通大学出版社，2017．

[17] 王德芳，刘政．画法几何工程制图解题指导[M]．上海：同济大学出版社，2008．

[18] 华中科技大学土木建筑制图课程组．画法几何与工程制图学习辅导及习题解析[M]．武汉：华中科技大学出版社，2007．

[19] 顾文逵，缪三国．画法几何解题分析与指导[M]．2 版．上海：同济大学出版社，2006．